建筑结构设计原理与构造研究

李汇锋　何瑞金　朱燕◎著

吉林科学技术出版社

图书在版编目（CIP）数据

建筑结构设计原理与构造研究 / 李汇锋，何瑞金，朱燕著. -- 长春 : 吉林科学技术出版社，2023.5
ISBN 978-7-5744-0461-8

Ⅰ. ①建… Ⅱ. ①李… ②何… ③朱… Ⅲ. ①建筑结构—结构设计—研究 Ⅳ. ①TU318

中国国家版本馆 CIP 数据核字(2023)第 105639 号

建筑结构设计原理与构造研究

作　　者　李汇锋　何瑞金　朱　燕
出 版 人　宛　霞
责任编辑　赵　沫
幅面尺寸　185mm×260mm
开　　本　16
字　　数　337 千字
印　　张　14.75
版　　次　2023 年 5 月第 1 版
印　　次　2023 年 5 月第 1 次印刷

出　　版　吉林科学技术出版社
发　　行　吉林科学技术出版社
地　　址　长春市净月区福祉大路 5788 号
邮　　编　130118
发行部电话/传真　0431-81629529　81629530　81629531
81629532　81629533　81629534
储运部电话　0431-86059116
编辑部电话　0431-81629518
印　　刷　北京四海锦诚印刷技术有限公司

书　　号　ISBN 978-7-5744-0461-8
定　　价　90.00 元

前　言

建筑业是国民经济中的重要支柱产业，特别是改革开放以来，已经为国家创造了大量财富，为提高人民生活水平做出了巨大的贡献。在当前，建筑结构设计对建筑工程有着重要的作用，是建筑过程中复杂而又不可缺少的部分，对建筑物的安全性、使用性能、经济性及外观等有着直接影响。

建筑结构设计是根据建筑、给排水、电气和采暖通风的要求，合理地选择建筑物的结构类型和结构构件，采用合理的简化力学模型进行结构计算，然后依据计算结果和国家现行结构设计规范完成结构构件的计算，最后依据计算结果绘制施工图的过程，可以分为确定结构方案、结构计算与施工图设计三个阶段。因此，建筑结构设计是一项非常系统的工作，需要我们掌握扎实的基础理论知识，并具备严肃、认真和负责的工作态度。

本书首先介绍了建筑结构的类型、设计内容、作用、荷载和结构抗力、建筑结构的极限状态等关于建筑结构的基础内容；其次依据现行最新规范、规程和标准，论述了单层厂房结构、砌体建筑结构、高层建筑结构、多层框架结构的设计分析的方法；最后介绍了民用建筑的墙体、门窗、楼地层、楼梯、屋顶的基本设计、构成、组合方式及构造方法的基本要点和设计方法。本书可作为高等院校土建类、房地产类专业学生学习民用建筑的基本设计、构成、组合方式和构造方法的教材使用，也可供房地产业、建筑业土建工程技术人员学习民用建筑的基本设计和构造方法使用。

本书在撰写过程中借鉴、吸收了不少学者的理论和著作，在此一并表示感谢。但由于时间限制加之精力有限，虽力求完美，书中仍难免存在疏漏与不足之处，希望各专家、学者和广大读者批评指正，以使本书更加完善。

作者

2023.5

目 录

第一章 建筑结构概述

第一节 建筑结构的类型、设计内容与作用

一、建筑结构的类型

建筑物有各种不同的使用功能要求，因此，有许多类型及分类方法。根据建筑物的用途，可以分为工业建筑与民用建筑；根据建筑物的层数，可以分为单层、多层、高层和超高层建筑。冶金、机械等重工业厂房一般采用单层结构，民用建筑中的体育馆、展览厅等大跨度建筑也常常是单层的。多层和高层的界限，世界各国的规定不尽相同。我国《钢筋混凝土高层建筑结构设计与施工规程》中规定，8层及以上的建筑物为高层建筑，这也是必须设置电梯的界限；在《民用建筑设计防火规范》中规定，10层及以上的住宅、高度超过24m除体育馆等大跨度公共建筑以外的其他民用建筑为高层建筑，其划分原则以我国消防车供水能力等为依据。一般将高度超过100m的建筑称为超高层建筑。建筑物根据所使用的结构材料可以分为木结构、砌体结构、混凝土结构、钢结构和混合结构等。因木材来源少且有防火要求，木结构已很少使用。由于砌体材料的抗拉性能较差，纯粹的砌体结构很少，一般与其他材料混合使用，砌体材料多用于竖向构件，如：砌体—木结构、砌体—混凝土结构。混合结构是指不同部位的结构构件由两种或两种以上结构材料组成的结构（同一部位的构件由不同结构材料组成一般称为组合结构，如钢骨混凝土、钢管混凝土、组合楼板），如：砌体—混凝土结构、混凝土—钢结构。建筑物根据其结构形式，可以分为排架结构、框架结构、剪力墙结构、筒体结构和大跨度结构等。

梁、柱铰接，在结构中称为排架，单层工业厂房常采用排架结构。这种结构对地基的不均匀沉降不敏感。框架又称为刚架，是目前多层房屋的主要结构形式。剪力墙结构和筒体结构主要用于高层建筑。大跨度结构包括桁架结构、网架结构、壳体结构、膜结构、拱结构和索结构。桁架有铰接和刚接之分，铰接桁架中的杆件为轴向受力构件，刚接桁架的杆件除有轴力外，还产生弯矩和剪力。

壳体结构承受竖向荷载的性能非常优越，厚度可以做得很薄。常用的有穹顶、筒壳、折壳、双曲扁壳和双曲抛物面壳等，多用作屋盖结构。

拱结构和索结构是桥梁的两种主要结构形式，在房屋建筑中也有应用。北京工人体

育馆屋顶采用了索结构，设内外两个环，两环之间的上、下层索采用高强钢丝。德国法兰克福国际机场机库为双跨悬索结构，每跨135m。随着科学技术的发展和人们对建筑物新的要求，会不断出现新的结构形式和结构材料。上述的各种基本结构形式可以组合，形成复合结构形式，如：框架—剪力墙结构、网—壳结构等。不同的结构形式可以使用不同的材料，如：混凝土排架结构、钢排架结构等。在后面的各章节中将介绍几种最基本的结构形式。

建筑结构由上部结构和下部结构组成。通常将天然地坪以上的部分称为上部结构，以下部分称为下部结构。上部结构又由水平结构体系和竖向结构体系两部分组成。大跨度结构就是根据水平结构体系进行分类的，其余的结构一般根据竖向结构体系进行分类。本书主要介绍竖向结构体系的设计方法。下部结构主要包括地下室和基础。基础可以分为柱下独立基础、墙下和柱下条形基础、十字形基础、片筏基础、箱基础和桩基础。

二、结构设计的基本内容

（一）结构设计的程序

建筑物的设计包括建筑设计、结构设计、排水设计、暖气通风设计和电气设计。每一部分的设计都应围绕设计的四个基本要求：功能要求、美观要求、经济要求和环保要求。功能要求是指建筑物必须符合使用要求；美观要求是指建筑物必须满足人们的审美情趣；经济要求是指建筑物应具有最佳的技术经济指标；环保要求指建筑物应符合可持续发展，成为绿色建筑。建筑结构是一个建筑物发挥其使用功能的基础，结构设计是建筑物设计的一个重要组成部分，可以分为以下四个过程：

1. 方案设计

方案设计又称为初步设计。结构方案设计包括结构选型、结构布置和主要构件的截面尺寸估算。

（1）结构选型

结构选型包括上部结构选型和基础选型，主要依据建筑物的功能要求、场地的工程地质条件、现场施工条件、工期要求和当地的环境要求，经过方案比较和技术经济分析加以确定。方案的选择应体现科学性、先进性、经济性和可实施性。科学性要求结构受力合理；先进性要求采用新技术、新材料、新结构和新工艺；经济性要求尽可能降低材料的消耗量和劳动力使用量以及建筑物的维护费用；可实施性要求方便施工。

（2）结构布置

结构布置包括定位轴线、构件布置和设置变形缝。定位轴线用来确定所有结构构件的水平位置，一般有横向定位轴线和纵向定位轴线，当建筑平面形状复杂时，还采用斜向定位轴线。横向定位轴线习惯上从左到右用①、②、③……表示；纵向定位轴线由下至上用a、b、c……表示。定位轴线与竖向承重构件的关系大致有三种：砌体结构定位轴线与承重墙体的距离是半砖或半砖的倍数；单层工业厂房排架结构纵向定位轴线与边柱重合（封闭结合）或之间加一个插入距（非封闭结合）；其余结构的定位与竖向构件在高度方向较小截面尺寸的截面形心重合。

构件布置就是要确定构件的位置，包括平面位置和竖向位置。平面位置通过与定位轴线的关系加以确定；竖向位置用标高来确定。一般在建筑物底层地面、各层楼面（包括屋面）以及基础底面等位置都应给出标高值。在建筑物中存在两种标高：建筑标高和结构标高。建筑标高指建筑物建造完毕后应有的标高；结构标高指结构构件表面的标高。因楼面结构层上面一般还有找平层、装饰层等建筑层，所以，结构标高是建筑标高扣除建筑层厚度（当结构层上不做任何建筑层时，结构标高与建筑标高相同）。在结构设计施工图中既可以采用结构标高，又可以采用建筑标高，而由施工单位自行换算成结构标高。建筑标高以底层地面为±0.00，往上用正值表示，往下用负值表示。

变形缝包括伸缩缝、沉降缝和防震缝。

设置伸缩缝是为了避免因房屋长度和宽度过大、温度变化导致结构内部产生很大的温度应力，造成对结构和非结构构件的损坏。设置沉降缝是为了避免因建筑物不同部位的结构类型、层数、荷载或地质情况不同导致不均匀沉降过大，引起结构或非结构构件的损坏。不同结构类型的设置原则详见后续各章节。设置防震缝是为了避免建筑物不同部位因质量或刚度的不同，在地震发生时具有不同的振动频率而相互碰撞导致损坏。沉降缝必须从基础分开，而伸缩缝和防震缝处的基础可以连在一起。在抗震设防区，伸缩缝和沉降缝的宽度均应满足防震缝的宽度要求。

由于变形缝的设置会给使用和建筑平面、立面处理带来一定的麻烦，所以尽量通过平面布置、结构构造和施工措施（如：采用后浇带等）不设缝和少设缝。

（3）结构截面尺寸估算

为了进行结构分析，结构布置完成后需要估算构件的截面尺寸。构件截面尺寸一般先根据变形条件和稳定条件，利用经验公式确定，截面设计发现不满足要求时再做调整。水平构件根据挠度的限值和整体稳定条件可以得到截面高度与跨度的近似关系。竖向构件的截面尺寸根据结构的水平侧移限制条件估算，在抗震设防区，混凝土构件还应满足轴压比的限值，即轴力设计值与截面面积和混凝土抗压强度的比值。

2. 结构分析

结构分析是要计算结构在各种作用下的效应，它是结构设计的重要内容，也是本书的主要内容。结构分析的正确与否直接关系到所设计的结构能否满足安全性、适用性和耐久性等结构功能要求。结构分析的核心问题是计算模型的确定，包括计算简图和采用的计算理论。

（1）计算简图

确定计算简图时，需要对实际结构进行简化假定。简化过程应遵循三个原则：尽可能反映结构的实际受力特性；偏于安全和简单。为了得到接近实际受力状况的计算简图，需要对各影响因素进行分析，抓住主要因素，对于一些影响较大而又难以在模型中考虑的因素，应通过其他措施加以弥补。偏于安全是工程设计的要求，这样才能使结构的可靠度不低于目标可靠度。在满足工程精度的前提下，忽略一些次要因素，从而得到比较简单的计算模型，不仅可以大大减少计算工作量，并且有利于设计人员对结构受力特性的把握。由于计算简图是实际结构的一种简化、近似，所以，在采用某一种计算简图时，一定要了解其与实际结构的差别以及差别的变化规律，即哪些情况下差别比较大或比较小，了解其适用范围。

下面以现浇单向板肋梁楼盖的单向板计算简图为例，说明这一问题。单向板的计算简图为连续梁，这意味着支座为不动铰支座。实际楼板与次梁整体浇筑，次梁作为板的支承存在挠度，因而板在支承处存在竖向位移，只有当次梁的挠度比板的挠度小得多时，才能忽略这种竖向位移，符合计算假定。单向板板厚较大，而次梁的高度相对较小。按连续单向板计算时，方向是主要受力方向，方向板的内力可忽略不计，这会带来一定的误差。实际上，此时若将多个肋部合并成短跨方向的单向T形截面板进行计算较为合理。

不动铰支座的另一个假定是支承构件对被支承构件没有转动约束。当板与次梁整浇时，次梁的扭转刚度形成了对板转动的约束能力。计算简图中忽略转动约束造成的误差，在永久荷载作用下比较小，在可变荷载的最不利布置下比较大。实际计算中通过增大永久荷载，相应减少可变荷载来弥补计算简图的误差。

（2）计算理论结构分析

采用的计算理论可以分为线弹性理论、塑性理论和非线性理论。线弹性理论最为成熟，是目前普遍使用的一种计算理论，适用于常用结构的承载能力极限状态和正常使用极限状态的结构分析。线弹性理论假定材料和构件均是线弹性的。根据线弹性理论计算的作用效应与作用成正比，这为结构分析带来极大的便利。

塑性理论可以考虑材料的塑性性能，因而更符合结构在极限状态的受力状况。目前使用塑性理论的实用分析方法主要有塑性内力重分布和塑性极限分析方法。前者如连续梁（连续板）的弯矩调幅法，后者如双向板的塑性铰线法。

非线性包括材料非线性和几何非线性。材料非线性是指材料、截面或构件的非线性本构关系，如：应力—应变关系、弯矩—曲率关系、荷载—位移关系等。几何非线性是指由于结构变形对其内力的二阶效应使荷载效应与荷载之间呈现出的非线性特性。在进行高层钢框架的结构分析时，就必须考虑竖向荷载作用下由于结构侧移引起的附加内力。结构的非线性比线弹性分析复杂得多，一般用于大型复杂结构，考虑地震、温度或收缩变形等作用下的结构分析。

（3）结构分析的数学方法

结构分析依据所采用的数学方法可以分为解析解和数值解两种。解析解又称为理论解，适用于比较简单的计算模型。由于实际工程结构并不像结构力学所介绍的计算模型那样理想化，本书介绍的大多是近似解析解。数值解的方法很多，常用的有有限单元法、差分法、有限条法等，一般需要借助计算机程序进行计算。其中有限单元法的适用范围最广，可以计算各种复杂的结构形式和边界条件。目前已有许多成熟的结构设计和分析软件，如：国内的TBSA、TAT、PKPM，国外的ANSYS、SAP、ADINA。

需要说明的是：尽管目前的结构分析基本上是通过计算机程序完成的，一些程序还可以自动生成施工图，但本书重点介绍的结构分析方法是基于手算的解析解。这是因为解析解概念清晰，有助于人们对结构受力特点的把握，掌握基本概念。作为一位优秀的结构工程师，不仅要求掌握精确的结构分析方法，还要求能对结构问题做出快速的判断，这在方案设计阶段和处理各种工程事故、分析事故原因时显得尤为重要。而近似分析方法可以训练人的这种能力。

3. 构件设计

构件设计包括截面设计和节点设计两个部分。对于混凝土结构，截面设计有时也称为配筋计算，因为截面尺寸在方案设计阶段已初步确定，构件设计阶段所做的工作是确定钢筋的类型、放置位置和数量。节点设计也称为连接设计。对于钢结构，节点设计比截面设计更为重要。构件设计有两项工作内容：计算和构造。在结构设计中，一部分内容是根据计算确定的，而另一部分内容则是根据构造规定确定的。构造是计算的重要补充，两者同等重要，在各设计规范中对构造都有明确的规定。初学者容易重计算、轻构造。

实际上，构造的内容很广泛，在方案设计阶段和构件设计阶段均涉及构造。需要构造处理的原因大致可以分为两大类：一类是作为计算假定的保证；另一类是作为计算中忽略某个因素或某项内容的弥补和补充。属于第一类原因的：例如，在混凝土结构构件的设计中，总是假定钢筋与混凝土之间有可靠的黏结，这需要通过一定的钢筋锚固长度、钢筋与钢筋之间的最小净距等要求来保证；再如，分析高层结构在水平作用下的内力和变形时，常常假定楼盖在其平面内的刚度为无限大，因而须对楼盖刚度提出要求。属于第二类原因的：例如，在一般的房屋结构分析中不考虑温度变化的影响，相应的构造措施是规定房屋伸缩缝的最大间距；再如，钢受弯构件的承载能力极限状态包括强度和局部稳定两项内容，但为了简化，通常不进行局部稳定计算，而用板件的宽厚比限值来控制。

4. 绘制施工图

设计的最后一个阶段是绘制施工图。图是工程师的语言，工程师的设计意图是通过图纸来表达的。如同人的语言表达，图面的表达应该做到正确、规范、简明和美观。正确是指无误地反映计算成果；规范才能确保别人准确理解你的设计意图。

（二）结构设计的一般要求

为了保证建筑结构的可靠度达到目标可靠度的要求，在设计中应遵循以下基本要求：

1. 计算内容

结构构件应进行承载能力极限状态的计算和正常使用极限状态的验算，具体内容包括：①所有的结构构件均应进行承载能力（包括屈曲失稳）计算，必要时，尚应进行结构的倾覆（刚体失稳）、滑移和漂浮验算，处于抗震设防区的结构还应进行抗震的承载力计算；②直接承受动力荷载的构件应进行疲劳强度验算；③对使用还需要控制变形值的结构构件应进行变形验算；④对于可能出现裂缝的结构构件（如混凝土构件），当使用中要求不出现裂缝时，应进行抗裂验算；当使用上允许出现裂缝时，应进行裂缝宽度验算；⑤混凝土构件还应进行耐久性设计。

2. 作用效应的组合

结构上数种作用效应同时发生时，应通过结构分析分别求出每一种作用下的效应后，考虑其可能的最不利组合。承载能力极限状态计算时采用作用效应设计值；对于正常使用极限状态，分别按作用的短期效应组合（标准组合或频遇组合）和长期效应组合（准永久组合）进行验算。作用效应组合设计值在《工程结构设计原理》中已给出。该表达式需要找出荷载效应最大的一项可变荷载，其余的可变荷载采用组合值，使用上比较麻烦。对于常用的建筑结构可采用简化方法。对于一般的框架、排架结构的非抗震设计，由可变荷载效应控制的组合，当仅考虑一项可变荷载时，组合值系数为1；有两项或两项以上可变荷载参与组合时，简代荷载组合值系数取0.9。但对于由永久荷载效应控制的组合，仍须采用基本组合。

抗震设计时，风荷载的组合系数取0.2，其余可变荷载组合系数取1。一般情况下仅考虑水平地震作用，但对于9度设防区及高度超过60m的8度设防区建筑还须考虑竖向地震作用。

3. 对处于复合受力的结构构件需要进行内力组合

梁作为受弯构件，起控制作用的内力包括弯矩和剪力，需要组合最大弯矩（包括负弯矩）以及相应的剪力、最大剪力以及相应的弯矩。柱和剪力墙等偏心受力构件，需要组合最大弯矩（包括负弯矩）以及相应的轴力和剪力、最大轴力以及相应的弯矩和剪力、最小轴力以及相应的弯矩和轴力。

4. 抗震设计

我国的抗震设防烈度为6～9度。建筑结构根据所在地区的烈度、结构类型和房屋高度采用不同的抗震等级，分为一、二、三、四四个等级。对应不同的抗震等级，有不同的计算和构造要求。基于建筑结构的抗震设计有专门的教材介绍，本书不做重点介绍。书中除注明外均指非抗震。对于抗震设防区的建筑，除了须满足非抗震设计的要求外，还须进行抗震承载力计算和地震作用下的变形验算。地震作用下结构构件的承载力计算须考虑承载力抗震调整系数，采用以下设计表达式：

$$S \leqslant R/\gamma_{RE} \tag{1-1}$$

式中，S——荷载效应；

R——结构抗力；

γ_{RE}——承载力抗震调整系数。

注：轴压比是轴向力设计值与柱截面面积和混凝土抗压强度设计值的比值，N/（A×fc）；当仅考虑竖向地震作用组合时，各类结构构件的承载力调整系数均为1.0。

三、建筑结构的作用

对于建筑结构，最常见的作用包括：构件和设备产生的重力荷载、楼面可变荷载（屋面还包括积灰荷载和雪荷载）、风荷载和地震作用。以上的重力荷载为永久荷载，地震作用为偶然荷载，其余均为可变荷载。其中，重力荷载和楼面可变荷载是竖向荷载；风荷载是水平荷载；地震作用包括水平和竖向两个方向，但9度设防区才考虑竖向地震作用，一般仅考虑水平地震作用。在设有吊车的工业厂房中，还有吊车荷载，吊车荷载属于可变荷载，包括竖向荷载和水平荷载。在地下建筑的设计中还涉及土压力和水压力，在储水、料仓等构筑物中，则分别有水的侧压力和物料侧压力。温度的变化也会在结构中产生内力和变形。对于烟囱、冷却塔等构筑物设计时必须考虑温度作用。一般建筑物受温度变化的影响主要有三种：室内外温差、日照温差和季节温差。目前，建筑物在温度作用下的结构分析方法尚不完善，对于单层和多层房屋，一般采取构造措施，如：屋面隔热层、设置伸缩缝、增加构造筋等，而在结构计算中并不考虑。对于30层以上或100m以上的超高层建筑，在结构设计中需要考虑温度作用。

第二节 建筑结构设计的基本要求

一、建筑结构的基本要求

新型建筑材料的生产、施工技术的进步、结构分析方法的发展，都给建筑设计带来了新的灵活性和更宽广的空间。但是，这种灵活性并不排除现代建筑结构需要满足以下基本要求：

（一）平衡

平衡的基本要求就是保证结构和结构的任何一部分都不发生运动，力的平衡条件总能得到满足。从宏观上看，建筑物应该总是静止的。

平衡的要求是结构与“机构”即几何可变体系的根本区别。建筑结构的整体或结构的任何部分都应当是几何不变的。

（二）稳定

整体结构或结构的一部分作为刚体不允许发生危险的运动。这种危险可能来自结构自身，例如雨篷的倾覆；也可能来自地基的不均匀沉降或地基土的滑移（滑坡），例如，意大利的比萨斜塔就因为地基不均匀沉降引起倾斜。

（三）承载能力

结构或结构的任何一部分在预计的荷载作用下必须安全可靠，具备足够的承载能力。结构工程师对结构的承载能力负有不可推卸的责任。

（四）适用

结构应当满足建筑物的使用目的，不应出现影响正常使用的过大变形、过宽的裂缝，局部损坏、振动等。

（五）经济

现代建筑的结构部分造价通常不超过建筑总造价的30%，因此，结构的采用应当是使建筑的总造价最经济。结构的经济性并不是指单纯的造价，而是体现在多个方面。结构的造价受材料和劳动力价格比值的影响，还受施工方法、施工速度以及结构维护费用（如：钢结构的防锈、木结构的防腐等）的影响。

（六）美观

美学对结构的要求有时甚至超过承载能力的要求和经济要求，象征性建筑和纪念性建筑更是如此，但是应该注意，纯粹质朴和真实的结构会增加美的效果，不正确的结构将明显地损害建筑物的美观。

实现上述各项要求，在结构设计中就应贯彻执行国家的技术经济政策，做到安全适用、经济耐久、保证质量，实现结构和建筑的和谐统一。

二、房屋建筑结构设计基本要求和原则

房屋建筑结构设计的质量直接关系到居民的生命健康和财产安全，因而必须高度重视房屋建筑结构设计问题。作为设计人员，应该遵循严谨的科学态度并且遵守相关的职业标准来对房屋建筑结构进行设计。同时，应根据建筑的功能来确定其地理位置和抗震结构，并且要掌握结构设计的过程，保证设计结构的安全，还要善于总结工作中的经验。

（一）房屋基础和上部结构设计基本要求

结构设计是以概率极限状态设计理论为依据的设计方法。房屋结构的设计主要是对基础结构和上部结构进行设计。

房屋上部结构是在满足结构自身重力恒载及人、家具、设备、雪压力等活载的竖向静力作用和风压力、地震力的水平荷载的动力作用下结构应有的强度、刚度、稳定性问题。房屋荷载作用一般由上向下传递，地震作用则是通过基础传给上部结构。

基础结构是适应上部结构和下部地基条件而选择的形式，是建筑物的地下部分。其荷载传递最直接和合理的形式是使上部荷载向下传递扩散。基础本身也必须满足强度（抗弯、抗剪、抗冲切）、刚度（变形）和稳定性的要求。

为了能够确保建筑物的构建达到预期的效果，设计人员在进行房屋建筑结构设计的过程中需要考虑以下内容：

一是计算建筑构建和建筑材料的极限承受能力，对每个部分进行具体的强度和疲劳度分析，得出相关数据，并且在结构设计过程中严格参考这些数据，保留缓冲空间，最大

限度地确保建筑的安全。

二是在任何地方进行建筑设计过程中，设计人员都必须重视抗震的问题。尤其对于那些处于地震比较活跃地带的城市，结构设计过程的抗震设计显得尤为重要。我国的抗震强度分为6～9度，建筑结构设计人员在设计建筑结构的过程中，必须以建筑所在区域的抗震等级为基准，选择适当的建筑构件和材料，并在主体设计环节中重点考虑抗震设计。

三是考虑建筑中不同结构之间的相互作用关系，设计人员在设计过程中应将有力构建组合设计在一起，尽量避免将相冲突的构件设计在一起，基于此，可以给建筑提供更可靠的强度值。

（二）房屋建筑结构设计的原则

1. 刚柔相济的原则

若想保证建筑结构的整体安全性能，在设计中遵循刚柔相济的原则是非常重要的。如果在设计中使用的钢筋刚度过大，那么结构体系抗变形的能力就会减弱，一旦有巨大的外力作用于建筑物时，建筑物局部容易受到影响从而给建筑的整体功能带来一定的弊端。然而，如果在设计中钢筋刚度过小的话，那么建筑结构可以承受外部施加压力的同时，也非常容易产生变形。对此，设计人员在设计的时候，应该根据建筑物的具体功能和用途来对钢筋的刚和柔进行具体的分析和设计。

2. 低碳环保的原则

当前，绿色环保已经成为人们重要的生活观念，并且很多国家已经实现了利用太阳能对建筑物进行能量供给，这样一方面可以节约资源，另一方面不会对环境带来污染。现代建筑结构设计在保障质量的前提下，会强调美观和功能性，这也是环保原则能够发展的主要原因。因此，建筑设计人员在设计的时候要充分考虑设计区域的自然生态环境，从保护原始生态环境的角度出发，将环保的理念融入设计中，充分利用建筑的不同特点，体现人与自然和谐相处的新观念。

3. 多层设计原则

从目前的建筑结构来看，很多建筑结构都是整体化的静定结构体系。也就是说，这些结构在协调配合，保障建筑物的质量。但是，这种结构下如果局部设计出现了细微的缺陷，即便问题很小也会导致局部构建出现破坏。因此，对于建筑结构的设计，尤其是高层建筑，设计人员应该考虑到局部破坏对建筑整体的影响，考虑到结构体系的变化性，如果建筑物突然承受巨大的荷载，也应该保障建筑结构的多层设计原则。

4. 注重人文设计原则

建筑是为了给人们提供保障而存在的，因而建筑设计人员在设计的时候就应该体现建筑物的人文性。由于人们生活质量的提高，人们对于建筑的要求不再局限于基本居住，而是通过建筑来满足日益提升的精神要求。所以，建筑设计人员在建筑设计时要将生态、人文等自然元素充分融入其中，体现一定的人文关怀。

第三节 荷载和结构抗力

一、建筑结构的荷载

（一）荷载的分类

建筑结构在使用期间和在施工过程中要承受各种作用。施加在结构上的集中力或分布力（如：人群、设备、风、雪、构件自重等）称为直接作用，也称荷载；引起结构外加变形或约束变形的原因（如：温度变化、地基不均匀变形、地面运动等）称为间接作用。

1. 按作用的长短和性质不同来分

（1）永久荷载

永久荷载，是指在设计基准期内其值不随时间而变化，或其变化与平均值相比可以忽略不计，或其变化是单调的并能趋于限值的荷载。如：结构自重、土压力、围岩应力、预应力等。永久荷载又称为恒荷载。

恒荷载的标准值可按构件设计尺寸与材料或结构构件单位体积的自重（或单位面积的自重）平均值确定。

对某些自重变化较大的材料或构件（如：现场制作的保温材料、混凝土薄壁构件等），在设计中应根据该荷载对结构的有利或不利，考虑采用自重的上限值或下限值。

当采用某种新材料而无法查到其自重时，应通过调查，对新材料的自重及超重进行统计分析后，再决定其取值。

（2）可变荷载

可变荷载，是指在结构设计基准期内，其值随时间变化，其变化与平均值相比不可忽略的荷载。如：建筑安装荷载、楼面活荷载、屋面活荷载和积灰荷载、风荷载、雪荷载、吊车荷载等。可变荷载又称活荷载。

①民用建筑楼面活荷载。楼面活荷载是指作用在楼面上的家具、设备、人员等活荷

载，类型较多，作用位置多变，比较复杂。但在设计时，实际不必计算每个构件所受的最不利荷载，而是根据典型房间中家具、设备、人员所处的最不利位置，按弯矩等效的原则，将实际荷载换算为等效均布活荷载，再经分析统计，从而确定活荷载的标准值。

楼面均布活荷载的标准值是正常使用情况下可能出现的最大值，但对负荷面积较大的梁，达到满载的可能性则很小。对多层及高层房屋，楼层越多，荷载满布且又达到最大值的可能性也越小。基于上述原因，荷载规范规定，当设计楼面梁、墙、柱及基础时，楼面活荷载标准值应区别情况乘以折减系数。例如，对于住宅、办公楼，当楼面梁从属面积超过25m^2时，设计楼面梁时的折减系数为0.9（楼面梁从属面积是指梁两侧各延伸1/2梁间距范围内的实际面积）。

②屋面均布活荷载。屋面上的活荷载分“上人”和“不上人”两类。上人的屋面承受人群活荷载，不上人的屋面则只是承受施工检修时施工、检修人员以及堆料等重量。由于屋面活荷载与雪荷载同时作用于屋面且达到最大值的可能性甚小，因此，屋面均布活荷载不与雪荷载同时考虑。

（3）偶然荷载

偶然荷载，是指在设计基准期内不一定出现，一旦出现，其最值很大且作用时间很短。如：爆炸力、撞击力等。

2. 按空间位置的变异性来分

（1）固定荷载

固定荷载是指在结构空间位置上具有固定的分布，但权量值是随机的。如：固定设备、水箱等。

（2）移动荷载

移动荷载是指在结构空间位置上的一定范围内可以任意分布，其出现的位置和量值是随机的。如楼面上的人群荷载、吊车荷载、车辆荷载等。

3. 按结构对荷载的反应性质来分

（1）静力荷载，是指对结构或构件不产生动力效应，或其动力效应与其静态效应相比可忽略不计。如：结构的自重、雪荷载、楼面活荷载等。

（2）动力荷载，是指对结构或构件产生动力效应，且其动力效应与其静态效应相比不可忽略不计。如：风荷载、吊车荷载、设备振动、车辆刹车、撞击力和爆炸力等。

（二）荷载代表值

任何荷载都具有不同性质的变异性。在设计中，为了便于荷载的统计和表达，简化设计公式，通常以一些确定的值来表达这些不确定的荷载量。这些确定的值就叫荷载代表值，它是根据对荷载统计得到的概率分布模型，按照概率方法确定的。

我国《建筑结构荷载规范》（GB 50009-2012）给出了四种荷载代表值，即标准值、组合值、频遇值和准永久值。结构设计时，应根据各种极限状态的设计要求，采取不同的荷载代表值。对永久荷载应采用标准值作为代表值；对可变荷载应根据设计要求采用标准值、组合值、频遇值和准永久值作为代表值；对偶然荷载按结构的使用特点确定其代表值。

1. 荷载标准值

荷载标准值是在设计基准期（一般结构的设计基准期为50年）内可能出现的最大荷载值。永久荷载标准值（如结构自重），可按结构构件的设计尺寸与材料单位体积的自重计算确定。

对于自重变异性较大的构件，自重标准值应根据对结构的不利状态取其上限或下限值。对于可变荷载标准值，应按《建筑结构荷载规范》（GB 50009—2012）的规定确定。

2. 荷载组合值

荷载组合值是对可变荷载而言的。当结构上同时作用两种或两种以上可变荷载时，它们同时以各自荷载的标准值出现的可能性极小，此时应考虑荷载的组合问题，即可变荷载应取小于其标准值的组合值为荷载代表值。

3. 荷载频遇值

可变荷载的频遇值是指在设计基准期内，其超越的总时间为规定的较小比率，或超越频率为规定频率的荷载值。

4. 荷载准永久值

荷载准永久值也是对可变荷载而言的。可变荷载的准永久值是指在设计基准期内，其超越的总时间为设计基准期一半的荷载值。

一般情况下，结构或非结构构件自重构成的重力荷载因变异性不大，以平均值作为标准值，即可按设计规定的尺寸和材料的平均重度确定。但对于像屋面保温层、找平层等变异性较大的构件，应根据该荷载对结构有利或不利，分别取其自重的下限值和上限值。

二、结构抗力

（一）抗力

结构抗力是指结构或构件承受内力和变形的能力（如：构件的承载能力、刚度等），用“R”表示，而结构或构件的材料强度是决定其抗力的主要因素。

由于结构构件的制作误差和安装误差会引起结构几何参数的变异，结构材料由于材质和生产工艺等的影响，其强度和变形性能也会有差别（即使是同一工地按同一配合比制作的某一强度等级的混凝土，或是同一钢厂生产的同一种钢材，其强度和变形性能也不会完全相同）。因此结构的抗力也具有随机性。

结构构件的工作状态可以用作用效应S和结构抗力R的关系式来描述。如果用Z=R-S=G（R，S）来表示，则可以按照Z值的不同来描述结构所处的三种不同工作状态：

当Z＞0，结构处于可靠状态；

当Z=0，结构处于极限状态；

当Z＜0，结构处于失效状态。

上式中Z值代表在扣除了荷载效应以后结构内部所具有的多余抗力，可以称为“结构余力”，也称为“功能函数”，它是结构失效的标准。由于R和S都是非确定性的随机变量，故Z也是一个非确定性的随机变量函数。

（二）现有建筑物结构抗力退化计算

1. 结构抗力退化简介

结构抗力退化问题，早为人们所认识，并以结构维修、加固来补偿结构抗力退化。随着现有建筑结构的使用、老化，建筑结构倒塌数量逐年增多，维修、加固工程量上升，人们逐渐认识到，要使现有建筑结构发挥正常使用功能，必须对其结构实施全面检测和评价，以采取经济合理的处理对策。现有建筑结构检测和评价，必然会遇到退化结构抗力计算问题。近年来，世界各国均在广泛地研究，提出了不同的计算对策。其中，最具有代表性的是以折减系数来考虑结构抗力退化。

2. 退化成因与退化模式

结构抗力退化，取决于结构的自身特性和外部环境两个因素。就结构自身特性而言，主要与结构材料的密实性、化学成分等有关。外部环境主要与空气温度、湿度、腐蚀性介质以及使用荷载强度等有关。若环境恶劣、材料密实性差，化学成分复杂时，则结构腐蚀、损伤速度加快；反之减缓。一般情况下，结构腐蚀、损伤表现为构件的截面减小，材料性能退化，导致结构抗力降低，而且随着时间的增长，结构抗力退化呈现出加速发展态势。一般在正常使用条件下，工业建筑物结构抗力腐蚀损伤随时间的变化缓慢，如钢结构构件，年腐蚀量为几微米。若结构的未来使用期（或下一个评价日）不太长，则可忽略在未来使用期内的结构抗力退化量。结构的未来使用期，可以取1年、2年、5年等，不宜太长，我们建议取5年。

使用中的建筑结构，受荷载和环境的综合作用，其结构抗力会随时间的推移而逐渐退化。因此，正确估计退化结构抗力，为结构的合理使用提供依据，对当前老企业的挖潜改造和安全生产具有重要意义。

使用中的建筑结构，性质上已不同于设计模型，而是作为确定的事件存在，具有可测性。然而，由于组成结构的构件特征参量、环境、荷载条件的变异性，却又使得使用中的建筑结构成为未确知性事件。因此，应采用贝叶斯方法估计结构抗力，进而考虑结构抗力的退化性，以估计退化结构抗力。

3. 考虑耐久性影响的结构可靠度设计实用方法

（1）实用设计表达式

结构性能劣化是耐久性影响的必然结果，它是一种不可抗拒的自然规律和现象。合理的结构可靠度分析和设计必须考虑抗力随时间逐渐变化的特性。当考虑抗力的时变特性后，结构可靠度分析和计算过程十分复杂，不便于设计人员掌握和运用。因此，为了使研究成果具有可操作性，同时与现行规范衔接，本书将考虑抗力时变的可靠度分析转化为分项系数设计的表达式形式，从而简化劣化结构的可靠度计算。钢筋混凝土结构考虑耐久性退化因素影响，采用概率方法计算时，结构的极限状态方程为：

$$R(t)-S_G-S_Q=0 \tag{1-2}$$

式中，S_G——永久荷载效应；

S_Q——设计基准期内的最大可变荷载效应。

（2）目标可靠指标

要确定调整后的结构抗力分项系数，需要先确定结构的目标可靠指标。当结构的设计使用寿命已为业主所选择后，由于耐久性的影响，结构抗力将随使用年限的增加而降低，可靠指标下降。为了使结构在设计使用寿命期内的最低可靠指标仍能达到合格可靠指标的要求，本书采用提高结构初始目标可靠指标的方法来实现。初始目标可靠指标的设定，可根据结构在设计使用寿命期内可靠指标的衰减幅度来确定。当结构的设计使用寿命不同时，其可靠指标衰减的幅度也不同，因此，所设定的初始目标可靠指标也不同。根据提高后的初始可靠度指标所确定的抗力分项系数，包含了结构抗力降低的因素。这样，在设计使用寿命期内，按照考虑耐久性影响后确定的分项系数方法设计结构，就能满足规范规定的最小目标可靠指标要求。

综上所述，针对现有建筑物的结构抗力退化问题，在计算的时候一定要运用更好的计算方法，同时，总结计算过程中的不合理情况，为今后的现有建筑物结构抗力退化计算工作提供更多的参考和借鉴。

（三）高层建筑结构抗侧力体系的优化设计

一般高层建筑的主要结构类型有框架结构、剪力墙结构、框架－剪力墙结构和筒体结构等。这几种结构类型都具有较好的抗侧移刚度。但是随着建筑层数越来越多，内部空间越来越复杂，对高层建筑的抗侧移设计要求也越来越高。现有结构体系虽能满足建筑抗侧移要求，但需要耗费大量工程材料，造价较高。下面，从高层建筑抗侧力体系优化设计的必要性入手，对其结构方案的优化设计进行简单研究。

1. 高层建筑结构抗侧力体系优化设计的必要性

由于高层建筑体量较大，空间复杂，施工周期长，工程造价高，因此，在设计时，既要保证建筑设计质量，又要有效控制成本。这就要求设计人员在进行结构方案选型时，必须进行经济性论证，得出较优方案，同时对方案进行优化设计，以控制项目成本。

抗侧力体系作为高层建筑结构的主要组成部分，不仅承受水平作用，更是承担竖向作用的主要受力体系，对其方案的优化对于控制项目成本是很有必要和意义的。

首先，规范要求高层建筑必须能够承受一定的水平荷载作用，在水平荷载作用下，结构侧向位移和位移比必须满足相关限值要求。由于高层结构的侧移是整体性的，必须对整体结构进行调整才会有效。优化所涉及的结构构件众多，经济效益明显。

其次，结构自重一般在结构所受竖向作用中所占比例极大，而后者直接决定了建筑基础的工程材料用量。同时，结构自重还直接影响结构所受地震作用的大小，从而影响抗侧力体系的工程量。通过对结构抗侧力体系中各个构件的优化调整，可以有效减小结构自重，进而减少抗侧力体系和基础的工程量，对降低工程造价效果明显。

2. 抗侧力体系优化设计方法——离散变量选择法

由于结构构件种类较多，各自的截面形状、大小和材料多不同，且是离散性的，因此，在设计时，设计人员一般将各构件的所有组成因素（如：钢筋规格型号、混凝土强度等级、截面尺寸等）作为离散变量，并预先设定离散变量序列集。计算时各变量只须从各自的离散序列中取值，再赋值给每个构件即可。离散序列的设定需要分别符合相应规范、规程的规定，同时与工程的实际情况相符。

目前，大都采用将每个离散变量都得到连续可行解后再进行修改的方法来处理。它是先将单个变量按连续变量进行迭代计算，然后将得到的该变量连续可行解，按照离散序列的要求再进行调整，每个变量逐个进行，最后得出最优的设计值。这种选择方法的主要优点是简单易用，但计算量较大，而且当设计变量和约束较多时，常常得不到可行解。

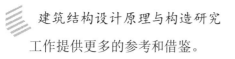

其实多数情况下并不需要将所有离散变量都进行迭代计算。这里我们可简单地将变量赋予其满足构件条件的且最接近的离散值，然后将得到的结果与本次迭代的初始值相比较。若发现某一变量的值没有改变或变化很小，则认为这一变量在本次迭代中是不活跃的，在下一步的子迭代中仅考虑活跃变量，而不活跃变量的值将保持不变。为了消除不活跃变量的影响，要使这个子迭代一直进行到没有活跃变量为止。这种离散变量选择方法不仅可以解决得不到可行解的问题，同时，经过多次计算实践也可以看出，选择离散变量加入子迭代后，整体迭代次数不但没有增加，反而有所减少。

高层建筑中的大部分构件是受位移约束控制的，仅在底部有少量的构件强度不够，因此，我们采用应力强度截面下界来考虑强度约束。在优化过程中，如果有少量的位于结构底部的构件即使可选的最大截面也不能满足其强度要求，解决的办法是将它的强度条件增加到在准则法中考虑的约束中去，通过结构的整体调整使其满足要求。

总之，进行高层建筑设计时，在保证结构整体强度和刚度的前提下，对结构抗侧力体系的优化设计，对于减小建筑所受横向和竖向荷载作用、降低工程造价是有重要意义的。工程设计人员通过采用离散变量选择法，对抗侧力体系中各构件进行系统性的优化，使结构抗侧力体系的设计更为经济合理，提高了建筑工程安全性和经济性，同时降低了能耗，保护了环境。

第四节 建筑结构的极限状态

一、极限状态的定义和分类

（一）极限状态

建筑结构在规定的时间内（一般取50年），在正常条件下，必须满足下列各项功能要求：

一是能承受在正常施工和正常使用时可能出现的各种作用。

二是在正常使用时具有良好的工作性能。

三是在正常维护下具有足够的耐久性。

四是在偶然事件发生时及发生以后，仍能保持必需的整体稳定性。

以上功能要求，也可以用安全性、适用性、耐久性来概括。一个合理的结构设计，应该是用较少的材料和费用，获得安全、适用和耐久的结构，即结构在满足使用条件的前提下，既安全，又经济。

若整个结构或结构的一部分超过某一特定状态就不能满足设计规定的某一功能要求，这一特定状态称为该功能的极限状态。结构的各种极限状态，都规定有明确的标志及限值。

（二）极限状态的分类

根据结构的功能要求，极限状态分为承载能力极限状态和正常使用极限状态两类。

1. 承载能力极限状态

结构或结构构件达到最大承载力，疲劳破坏或者达到不适于继续承载的变形时，称该结构或结构构件达到承载能力极限状态。

当结构或结构构件出现下列状态之一时，即认为超过了承载能力极限状态：

①整个结构或结构的一部分作为刚体失去平衡。如：雨篷的倾覆、烟囱在风力作用下发生整体倾覆、挡土墙在土压力作用下发生整体滑移等。

②结构构件或其连接因超过材料强度而破坏（包括疲劳破坏），或因过度变形而不适于继续承载。例如，轴心受压钢筋混凝土柱中混凝土达到轴心受压强度而压碎；当钢材达到屈服点时，钢结构轴心受拉构件变形导致不适于继续承载；钢结构或钢筋混凝土结构吊车梁在吊车荷载数十万次或数百万次的反复作用下，钢材、混凝土或钢筋可能发生疲劳破坏而导致整个吊车梁破坏。

③结构转变为机动体系。如：软钢配筋的钢筋混凝土两跨连续梁在荷载作用下形成机动体系。

④结构或构件丧失稳定，如：压屈等。

⑤地基丧失承载能力而破坏，如：失稳等。

2. 正常使用极限状态

这种极限状态对应于结构或结构构件达到正常使用或耐久性能的某项规定限值。

当结构或结构构件出现下列状态之一时，应认为超过了正常使用极限状态：

①影响正常使用或外观的变形。

②影响正常使用或耐久性能的局部损坏（包括裂缝）。

③影响正常使用的振动。

④影响正常使用的其他特定状态。

由上述两类极限状态可以看出，承载能力极限状态主要考虑结构的安全性功能。当结构或结构构件超过承载能力极限状态时，就已经超出了最大限度的承载能力，不能再继续使用。正常使用极限状态主要是考虑结构的适用性功能和耐久性功能。例如，吊车梁变形过大会影响行驶；屋面构件变形过大会造成粉刷层脱落和屋顶积水；构件裂缝宽度超过容许值会使钢筋锈蚀影响耐久等。这些均属于超过正常使用极限状态。

结构或构件一旦超过承载能力极限状态，就有可能发生严重破坏、倒塌，造成人身伤亡和重大经济损失。因此，应当把出现这种极限状态的概率控制得非常严格。而结构或构件出现正常使用极限状态，要比出现承载能力极限状态的危险性小得多，不会造成人身伤亡和重大经济损失。因此，可把出现这种极限状态的概率放宽一些。

二、极限状态设计表达式

结构设计时，应针对不同的极限状态，根据结构的特点和使用要求给出具体的标志和限值，作为结构设计的依据。这种以相应于结构各种功能要求的极限状态，作为结构设计依据的设计方法，就称为极限状态设计法。

为了保证结构的可靠性，以前的设计方法是在荷载及材料性能采用定值的基础上，再考虑一个定值的安全系数。这种方法没有考虑荷载和材料性能的随机变异性。实际上，各种荷载引起的结构内力（称为荷载效应S）与结构的承载力和抵抗变形的能力（称为结构抗力R），均受各种偶然因素的影响，都是随时间或空间变动的非确定值。在结构设计中考虑这些因素的方法就称为概率设计法，它与其他各种从定值出发的安全系数理论有本质的区别。

采用概率极限状态设计法可以较全面地考虑各有关因素的客观变异性，使所设计的结构符合预期的可靠度的要求，但直接采用这种方法计算工作繁重，不易掌握。考虑到应用的简便，我国《建筑结构可靠度设计统一标准》确定采用以概率极限状态设计法为基础的实用设计表达式，这种方法在设计表达式中并不出现度量可靠性的数量指标，而是在各分项系数中加以考虑，因此简便易行。

结构构件的极限状态设计表达式，应根据各种极限状态的设计要求，采用有关的荷载代表值、材料性能标准值、几何参数标准值以及各种分项系数等表达。

三、软弱夹层结构的极限状态分析

各类工程在建设中遇到的地质条件往往差异很大，在基础工程中，某些情况下会遇到基础下方存在天然软弱夹层的情形，而在地基处理过程中采用加筋垫层局部换填处理软弱土层时也会形成一定厚度的软弱夹层结构。由于软弱夹层的力学性质相对较弱，因此，软弱夹层结构成为地基稳定问题不得不考虑的一个重要因素，不少学者已经对其极限状态下的承载力或破坏模式进行了研究。

（一）数值模型及验证方法

现有研究成果表明，软弱夹层结构在极限状态下的破坏模式不同于常规的均质地基或层状地基，其极限状态受到夹层厚度、夹层面粗糙程度、夹层材料性质等多种因素的影响。但目前针对软弱夹层结构的极限承载力的研究还有待进一步深入，在此我们介绍一种应用相对较广的数值模型及验证方法。

1. 计算模型及参数介绍

建立软弱夹层有限差分法的分析模型，为便于分析，刚性基础板宽度b=1m，采用对称结构取一半计算。模型左、右两侧限制水平方向位移，上、下层面处根据粗糙度不同设置两种横向位移边界条件：上、下层面完全粗糙条件下完全限制层面处土体的水平位移和上、下层面完全光滑条件下水平向位移。按不同厚宽比（h/b=1/10，1/8，1/6，1/4，1/2，3/4，1，2，4，6）取夹层厚度h，模型水平方向长10m，基础外侧堆载q分别取0kPa、30kPa、60kPa。网格划分时，在板面下横向2m范围、厚度2m以上时竖直方向1m范围网格加密，其余部分采用渐变网格。

采用Mohr-Coulomb屈服准则、非关联流动法则进行弹塑性计算，根据相关文献的研究，剪胀角φ取0，不计土重。计算过程中采用位移加载，最大加载速率为10~6m/时步，按静载荷试验类似方法，记录加载板面的荷载—位移关系，当曲线斜率为0时，软弱夹层处于塑性流动的极限状态，其对应的即为极限荷载。

2. 模型验证

为验证模型适用性，首先将夹层厚度增加至常规均质无重土地基进行计算。对于无重土地基，其极限承载力理论解已由Prandtl和Reissner得到。另外，根据文献可知，弹性参数的取值及基底的粗糙程度对其极限承载力没有影响。因此，不失一般性，初步选择夹层厚度为8m，力学性质参数为：剪切强度指标c=16kPa，变形模量E=3MPa，φ=0°～30°，泊松比μ=0.45。基础仍假定为刚性，分为粗糙基底和光滑基底两种，基础外侧堆载q分别按照0kPa、30kPa、60kPa布置。

鉴于光滑基底和粗糙基底在各种条件下的极限荷载数值计算结果完全相同，根据基底光滑时不同堆载条件下Prandtl-Reissner理论解与数值解的对比可知，各种条件下的数值解与理论解在内摩擦角较小时相差不大，内摩擦角较大时具有一定的误差，数值解低于理论解，该误差随着内摩擦角的降低而减小。鉴于饱和度较高的粉土和黏性土内摩擦角通常小于20°，后续夹层模型采用的内摩擦角取0°～15°。在各种条件下数值解与理论解的误差相对较小。

（二）极限状态分析

1. 极限荷载的影响因素分析

（1）软弱夹层厚宽比的影响

各种强度参数下粗糙层面的极限荷载随着厚宽比的增大从较高值急剧降低至恒定值，且厚宽比增加至0.5时极限荷载不再随之变化。光滑层面下极限荷载大部分由厚宽比为0.5时，对应的较低值逐步增大至与粗糙层面相同的恒定值，且该恒定值随夹层外侧堆载、强度指标而不同，大致在厚宽比为2.0～4.0时。厚宽比低于0.5时，低强度参数的夹层结构极限荷载存在随厚宽比增大而略降低的现象。

可见，软弱夹层的厚宽比对极限荷载的影响在一定范围内比较显著。层面粗糙的条件下，该范围以厚宽比等于0.5为界限；层面光滑的条件下，该范围还与夹层强度指标堆载因素有关，但总体上该范围在厚宽比为2.0～4.0。厚宽比大于上述界限值时，极限荷载不再受其影响。

（2）层面粗糙条件的影响

层面粗糙条件对极限荷载的影响与夹层厚宽比、强度参数、堆载因素都有关，尤其是厚宽比条件影响较大。总体上厚宽比须达到2.0以上时极限荷载才不受层面粗糙条件影响；当厚宽比小于2.0时，其他条件相同的情况下，粗糙层面极限荷载均高于光滑层面的情况，且厚宽比越小差异越大，尤其是内摩擦角较大，外侧堆载较低时较为显著。可见，一定厚度的情况下，夹层面粗糙条件对软弱夹层极限荷载的影响与常规无重土地基中基底粗糙度的影响并不相同，软弱夹层面的粗糙条件在夹层较薄时对极限荷载影响较大，只有在厚宽比大于一定值时才与一般无重土地基中的规律一致，且该厚宽比有随着夹层强度指标增大而增大的趋势。

（3）堆载的影响

在其他条件相同时，由计算结果可知：外侧堆载对极限荷载起到明显的提高作用。对于粗糙层面，一定的夹层强度参数条件下堆载对极限荷载提升的幅度相同，堆载的存在并没有改变极限荷载随夹层厚宽比变化的规律。对于光滑层面，堆载的影响与厚宽比、夹层强度指标有关，总体上厚宽比大于2.0时，其对极限荷载影响规律与粗糙层面相同；厚宽比小于2.0时，对于低强度指标的夹层，堆载对极限荷载的提高幅度随厚宽比的减小而略微增大，但并不明显。因此，从总体上基本可以认为一定幅度的堆载对极限荷载提高的幅度相同，该幅度不随夹层厚宽比而变化。

2. 极限状态破坏模式分析

以无堆载条件为例，在不同强度参数下，不同厚宽比及层面粗糙条件时夹层内部挤压极限状态的剪应变增量和速度场分布不同。其中厚宽比达到一定值后，h/b ≥ 2.0时有如下情况：

夹层面粗糙的情况下，夹层厚宽比小于0.5时，各种强度参数下的速度场分布均受到下层面的影响，夹层结构在两侧发生不均匀的塑性挤出破坏；厚宽比达到0.5及以上时，各种强度指标下的夹层结构破坏模式已呈现整体剪切的破坏模式。夹层面粗糙条件下这一破坏模式随厚宽比变化的规律与上述极限荷载随厚宽比的变化规律一致，各种强度指标下厚宽比达到0.5以上时极限荷载均不再变化。

夹层面光滑的情况下，当厚宽比小于1.0时，极限状态下夹层内部速度场呈现连续剪切滑动面的趋势，滑动面的发展受到夹层面限制且与之夹角接近45°。在厚宽比较小（h/b ≤ 0.5）时，剪切滑动面多数呈连续的"V"形；厚宽比逐步增大到0.5～1.0时，剪切面从夹层边缘发展至下层面中心，变成单一的倾斜面。这两种情况下，夹层边缘速度场分布都相对比较均匀，因此，极限状态下发生均匀的侧向挤出破坏模式。当厚宽比大于1.0时，夹层中的剪切滑动面不再连续，φ=0°～5°情况下速度场分布呈现整体剪切破坏模式；φ= 10°～15°情况下速度场逐步向整体剪切破坏模式过渡。

此外，在夹层面光滑的条件下，当厚宽比小于1.0时，极限状态下夹层结构发生均匀塑性挤出的破坏模式，其极限荷载值较小且基本不随夹层厚宽比变化；厚宽比在1.0～2.0时，破坏模式逐步向整体剪切过渡，因此，极限荷载随厚宽比增大而增高并达到恒定值，并且该恒定值与层面粗糙条件时相同。

可见，对于给定的分析模型，软弱夹层面粗糙的情况下，其极限状态破坏模式发生变化的临界厚度约为0.5b；层面光滑的条件下，破坏模式变化的临界深度约1.0b。因此，实际工程中从夹层的厚度效应上分析极限状态破坏模式的变化可结合软弱夹层面的粗糙程度在临界厚度（0.5b～1.0b）间进行考虑。

3. 与现有理论结果对比分析

根据现有的两种理论及数值法计算的厚宽比小于1.0、φ=0°～15°时的软弱夹层结构极限承载力的情况，不考虑外侧堆载因素。结果显示，在不考虑夹层土重的条件下，建立在粗糙层面基础上的Mandel-Salencon法和薄层挤压理论法的结果总体上高于数值法结果。尤其在厚宽比小于0.5时，现有理论的计算结果与数值解差异较大；厚宽比大于0.5时，数值解与理论解的结果比较接近，但Mandel-Salencon法的结果在夹层内摩擦角较低时仍偏高。实际工程中软弱夹层的上、下层面可以认为介于完全粗糙与完全光滑之间，因此，用现有计算理论分析软弱夹层的极限荷载时需要考虑适当的安全储备，特别是对于厚宽比小于0.5的情况。

总之，利用现有的理论对软弱夹层结构的极限状态进行分析需要结合其尺度、层面粗糙情况等特征，适宜在确定破坏模式的基础上选择不同的极限荷载计算方法。现有的软弱夹层结构实用计算方法均建立在夹层产生塑性挤出的破坏模式上，适用于夹层厚宽比小于0.5的情形，且夹层较薄时理论计算值偏高，存在偏于不安全的可能。

第二章 单层厂房结构

第一节 单层厂房结构种类及布置

一、单层厂房结构种类

单层厂房按承重结构材料可分为：混凝土结构、钢结构、砌体混合结构和钢—混凝土混合结构。在砌体混合结构中，墙、柱等竖向构件采用砌体，水平构件采用混凝土屋架、木屋架或轻钢屋架。钢—混凝土混合结构中的柱采用混凝土，水平构件采用钢屋架或钢梁。

单层厂房按结构形式可以分为排架结构和刚架结构两类。排架结构的柱和屋架（或屋面梁）为铰接，柱与基础刚接；刚架结构的柱和屋架（或屋面梁）为刚接，柱与基础有刚接和铰接两种情况。

排架结构厂房可以是单跨，也可以是多跨。对于多跨排架，根据生产工艺和使用要求的不同，可做成等高的、不等高的和锯齿形的等多种形式。锯齿形通常是为了满足纺织厂单向采光（为保持湿度，仅在北侧采光）的使用要求。

刚架厂房常见的有两种：一种是由钢屋架和钢柱组成的刚架结构，柱与基础一般是刚接；另一种是实腹梁和柱组成的门式刚架，柱与基础通常为铰接，主要用于轻型厂房。

当门式刚架顶节点为铰接时，称三铰门式刚架，为静定结构；当顶节点为刚接时，称两铰刚架，为超静定结构。门式刚架可以是混凝土的，也可以是钢的。混凝土门式刚架的梁柱合一，整个刚架可由两个构件拼接而成（三铰刚架），或在横梁弯矩为零处设置拼接接头，用焊接或螺栓连成整体（两铰刚架）；钢门式刚架一般是两铰的。门式刚架也可以是多跨的，对于多跨钢门式刚架，中柱常常设计成上下均为被接的摇摆柱。目前，混凝土门式刚架使用较少，而钢门式刚架则较为普遍。

下面以混凝土排架和钢门式刚架为例，介绍单层厂房结构的布置。

二、混凝土排架结构组成及布置

（一）结构组成

混凝土排架结构厂房由围护结构系统、承重结构系统和支撑系统三大部分组成。除基础外，所有的构件均系预制，在现场拼装而成。

1. 围护结构系统

围护结构系统包括屋面板、天沟板、纵横墙、基础梁、连系梁和抗风柱（有时还有抗风梁或抗风桁架），它构成房屋的空间，承担直接作用于其表面的荷载，并将荷载传递给承重结构系统。屋面结构有两类：一类是钢筋混凝土大型屋面板，常用尺寸为1.5m×6m，直接支承在屋架或屋面梁上；另一类是瓦材，如：砖瓦、水泥瓦、压型钢板、瓦楞铁皮等，支承在檩条上（对于砖瓦，在檩条上还须铺设望板），而檩条支承在屋架或屋面梁上。前者称无檩屋盖体系；后者称有檩屋盖体系。

排架结构的填充墙下一般不另做基础，通过基础梁将墙体自重荷载传给排架柱基础。基础梁搁置在柱下独立基础上。

抗风柱承受厂房横墙（山墙）传来的纵向风荷载，柱底与基础固接，柱顶与屋架的上弦相连。

2. 承重结构系统

承重结构系统包括屋架（屋面梁）、吊车梁、排架柱和基础，构成厂房的基本承重骨架，它由纵、横向的平面排架构成。所有荷载均由承重结构系统最终传到地基。

横向平面排架由屋架（屋面梁）、横向排架柱和基础组成。屋架简支在排架柱柱顶，排架柱插入杯形基础，通过二次浇捣混凝土形成固结。

纵向平面排架由纵向列柱、吊车梁、连系梁和柱间支撑组成。吊车梁简支在排架柱牛腿上，连系梁与柱顶铰接。连系梁起着传递柱顶水平荷载的作用，柱间支撑则承担着大部分纵向水平荷载，两者在纵向排架中起重要作用。

3. 支撑系统

支撑系统包括柱间支撑和屋盖支撑两大部分。

柱间支撑是纵向排架的重要组成部分，其作用是保证厂房结构的纵向刚度和稳定，并承担纵向水平荷载。柱间支撑一般采用十字交叉形支撑，它具有构造简单、传力直接和刚度大等特点。交叉杆件的倾角一般在35° ～50° 之间。在特殊情况下，如因生产工艺的要求及结构空间的限制，可以采用其他形式的支撑，如：门形支撑、人字形支撑等。

屋盖支撑包括横向水平支撑、纵向水平支撑、垂直支撑及纵向水平系杆，起着联系各种主要结构构件、加强屋盖整体性和平面外稳定、减小平面外弦杆计算长度、传递水平荷载等作用。

横向水平支撑与屋架弦杆组成沿厂房跨度方向的水平桁架，它的弦杆即屋架的弦杆、腹杆由交叉的斜杆和竖杆组成，当屋盖采用有檩体系时，上弦横向水平支撑中的竖杆可由檩条替代。交叉斜杆的角度一般为30°～60°，采用型钢。

纵向水平支撑与屋架下弦组成沿厂房纵向的水平桁架，屋架下弦构成桁架的竖杆。纵向水平支撑一般采用型钢。

垂直支撑与屋架竖杆组成竖向桁架，有型钢和混凝土两种。腹杆的形式取决于高跨比，有W形、双节间交叉形和单节间交叉形等。

纵向水平系杆分刚性杆（压杆）和柔性杆（拉杆）两种，前者一般采用混凝土，后者一般采用型钢。

（二）结构布置

1. 柱网布置

柱网是承重柱在平面中排列所形成的网格，网格的间距称为柱网尺寸。其中沿纵向的间距称为柱距，沿横向的间距称为跨度。

选择柱网尺寸时首先要满足生产工艺的要求，考虑设备大小、设备布置方式、交通运输、生产操作及检修所需空间等因素；其次应遵循建筑统一化的规定，尽量选用通用性强的尺寸，以减少厂房构件的尺寸类型，方便施工，简化节点构造，降低造价。

根据《厂房建筑模数协调标准》（GB/T 50006-2010）的规定，跨度小于或等于18m时，采用3m的倍数，即选用9m、12m、15m和18m；大于18m时，应符合6m的倍数，即选用24m、30m、36m等。

我国单层厂房使用的基本柱距为6m。当需要越跨布置设备时，可在相应位置采用6m整倍数的扩大柱距，通过设置托架支承6m间距的屋架，而不须改变屋面板的跨度。

2. 定位轴线

定位轴线是确定构件水平位置的基准线，也是施工放线、设备安装的依据。垂直于厂房长度方向的称为横向定位轴线，自左到右依次用①、②、③……编号；平行于厂房长度方向的纵向定位轴线自下而上依次用A、B、C……编号。定位轴线的划分与柱网布置是一致的，横向定位轴线的间距即为柱距，它决定了屋面板、吊车梁、连系梁、基础梁等厂房纵向构件的标志尺寸长度；纵向定位轴线的间距即为厂房跨度，决定了屋架、吊车的标志尺寸长度。

（1）边柱与纵向定位轴线的关系

为了使吊车的型号规格化，吊车跨度与屋架跨度之间存在固定关系：$L = L_k - 2\lambda$，其中L为厂房跨度（纵向定位轴线之间的距离）；L_k为吊车跨度，即两边轮子（轨道中心线）之间的距离；λ为纵向定位轴线至轨道中心线的距离，一般为750mm，当吊车额定起吊质量大于50t时采用1000mm。

为了保证吊车沿厂房纵向行驶过程中与柱不发生碰撞，上柱内缘与吊车架外缘之间的空隙B_2（$B_2 = \lambda - B_1 - B_3$）应大于等于80mm（当Q≤50t）或100mm（当Q≥75t）。

对于柱距为6m、吊车额定起吊质量小于或等于20t的厂房，边柱外缘与纵向定位轴线重合，称为封闭结合；当吊车起吊质量较大时，由于吊车外轮廓尺寸和柱子截面尺寸均有所增大，为了满足空隙B_2的要求，需要将边柱外移一定距离D（称为联系尺寸），称为非封闭结合。

（2）中柱与纵向定位轴线的关系

对于等高排架，中柱的上柱截面中心线与纵向定位轴线重合。对于高低跨排架，柱子和轴线的关系可查阅《厂房建筑模数协调标准》。

（3）柱与横向定位轴线的关系

当厂房设有横向变形缝时，变形缝处采用双柱及两条轴线划分方法，两条横向定位轴线间的距离为变形缝宽度，变形缝两边柱的中心线与定位轴线的距离为600mm；为保证山墙抗风柱能伸至屋架上弦，端部柱的中心线自横向定位轴线向内移600mm；其他位置柱的中心线与横向定位轴线重合。

3. 变形缝设置

当房屋长度或宽度超过规定的限值时，一般应设置伸缩缝。厂房的横向伸缩缝一般采用双柱，上部结构分成两个独立的区段；纵向伸缩缝一般采用单柱，在低跨屋架与支承屋架的牛腿之间设滚动支座，使其能自由伸缩。伸缩缝的基础可以不分开。

由于排架结构对地基不均匀沉降不敏感，单层厂房一般不设沉降缝，只有在下列情况下才考虑设置：

①相邻部位高度相差很大；

②相邻跨吊车起吊质量悬殊；

③基础持力层或下卧层土质有较大差别；

④各部分的施工时间先后相差很长。

沉降缝应将建筑物从屋顶到基础全部分开。沉降缝可兼做伸缩缝。

在抗震设防区，当厂房平、立面布置复杂，结构高度或刚度相差很大，以及在厂房侧边贴建生活间、变电所、炉子间等披屋时，应设置防震缝将相邻两部分分开。伸缩缝和沉降缝宽度均应符合防震缝要求。

4. 剖面布置

结构构件在高度方向的位置用标高表示。单层厂房的控制标高包括基础底面标高、室内地面标高、牛腿顶面标高和柱顶标高。

基础底面标高控制基础埋深，根据持力层深度和基础高度确定。

室内地面标高用 ±0.000表示，一般高于室外地面100 ～ 150mm。

牛腿顶面标高和柱顶标高由轨道顶面（简称轨顶）的标志标高控制。轨顶标志标高根据厂房的使用要求，由工艺设计人员提供，必须满足600mm的倍数。牛腿顶面标高=轨顶标高-吊车梁在支承处的高度-轨道及垫层高度，必须满足300mm的倍数。为了使牛腿顶面标高满足模数要求，轨顶的实际标高可以不同于标志标高，规范允许轨顶实际标高与标志标高之间有 ±200mm的差值。

柱顶标高=轨顶实际标高 H_A +吊车轨顶至桥架顶面的高度 H_B +桥架顶面与屋架下弦的空隙比。

5. 支撑布置

（1）柱间支撑

柱间支撑应布置在伸缩缝区段的中央或临近中央，这样纵向构件的伸缩受柱间支撑的约束较小，温度变化或混凝土收缩时，不致产生较大的温度或收缩应力。另外，在纵向水平荷载作用下的传力路线较短。

凡属下列情况之一者，应设置柱间支撑：

①厂房内设有悬臂吊车或3t及以上悬挂吊车；

②厂房内设有特重级或重级载荷状态的吊车，或设有起吊质量在10t以上的中级、轻级载荷状态吊车；

③厂房跨度在18m以上或柱高在8m以上；

④纵向列柱的总数在7根以下；

⑤露天吊车栈桥的列柱。

（2）屋盖横向水平支撑

横向水平支撑包括上弦横向水平支撑和下弦横向水平支撑，一般布置在伸缩缝区段两端的两榀相邻屋架弦杆之间。当采用大型屋面板且连接可靠时，上弦横向水平支撑可不设。

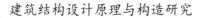

（3）屋盖下弦纵向水平支撑

一般情况下，纵向水平支撑可以不设，仅当厂房有较大起吊质量的桥式吊车、壁行吊车或锻锤等振动设备，以及高度或跨度较大，或者对空间刚度要求较大时才设置。纵向水平支撑设置在下弦的两端节间处，沿厂房全长布置。

（4）屋盖垂直支撑

垂直支撑布置在设有横向水平支撑的同一开间，另外当厂房单元大于66m时，在设柱间支撑的开间增设一道。当屋架端部高度大于1.2m时，在屋架两端各布置一道；当厂房跨度在18～30m时还应在屋架中间加设一道，当跨度大于30m时，在屋架1/3节点处加设两道。

（5）纵向水平系杆

系杆布置在未设置横向水平支撑的开间，对应垂直支撑位置的上、下弦节点。大型屋面板或刚性檩条可替代上弦系杆。

6. 围护结构布置

（1）抗风柱

抗风柱一般采用混凝土，上柱截面（屋架下弦以上部分）采用矩形，下柱截面可采用工字形或矩形，当柱较高时也可采用双肢柱。当厂房跨度和高度均不大（如；跨度不大于12m，柱顶标高8m以下）时，可在山墙设置砌体壁柱作为抗风柱。抗风柱间距根据承受的风荷载大小确定，一般采用6m和4.5m。

抗风柱柱底采用插入基础杯口的固接方式，柱顶与屋架上弦铰接。在很高的厂房中，为减小抗风柱的截面尺寸，可加设水平抗风梁或抗风桁架作为抗风柱的中间铰支点。

柱顶与屋架的连接必须满足两个要求：一是在水平方向能有效地传递风荷载；二是在竖向允许有一定的相对位移，以防排架柱与抗风柱沉降不均匀产生不利影响。所以，抗风柱与屋架一般采用竖向可以移动、水平向又有较大刚度的弹簧板（板铰）连接。如不均匀沉降可能较大时，则宜采用螺栓连接方案。

（2）圈梁、过梁、基础梁及连系梁

当用砌体作为厂房的围护墙时，一般要设置圈梁、过梁及基础梁。

圈梁置于墙体内。因圈梁不承受墙体重量，故排架柱上不需要设置支承圈梁的牛腿，仅须设拉结筋与圈梁连接。可按下列原则设置：对无桥式吊车的厂房，当墙厚≤240mm、檐口标高为5～8m时，应在檐口附近布置一道，当檐高大于8m时，宜增设一道；对有桥式吊车或较大振动设备的厂房，除在檐口或窗顶布置圈梁外，宜在吊车梁标高处或其他适当位置增设一道；外墙高度大于15m时还应适当增设。

过梁设置在门窗洞口上方，承受墙体重量。圈梁可以兼做过梁，但配筋必须按计算确定。

墙体基础梁直接搁置在柱基础杯口上，与柱一般不连接。基础梁顶面至少低于室内地面50mm，底部距地基土表面应预留100mm的空隙，使梁随柱基础一起沉降而不受到地基土的约束，同时还可以防止地基土冻结膨胀将梁顶裂。基础梁与柱的相对位置取决于墙体的相对位置，有两种情况：一种凸出于柱外；另一种是两柱之间。在抗震设防区，宜采用前者。

当连系梁上部有墙体荷载时，搁置在柱顶牛腿上；如没有上部墙体荷载，与柱的连接可采用预埋件。现浇圈梁可替代连系梁。

连系梁、过梁及基础梁均有全国通用图集，如：《钢筋混凝土连系梁》（04G321）、《钢筋混凝土过梁》（04G322-4）、《钢筋混凝土基础梁》（04G320），设计时可直接套用。

（三）排架柱选型与截面尺寸估算

结构分析前需要预先估算构件的截面尺寸，以获得截面刚度特征。

常用排架柱的形式有矩形柱、工字形柱、平腹杆双肢柱和斜腹杆双肢柱。矩形柱的外形简单，施工方便，但混凝土用量较多，自重较大；当截面高度h超过800mm，宜采用工字形截面；截面高度h超过1400mm时使用双肢柱更为经济。斜腹杆双肢柱承受剪力的能力优于平腹杆，但构造相对复杂些；平腹杆双肢柱腹部的矩形孔洞便于布置工艺管道。

三、轻型门式刚架结构组成及布置

（一）结构组成

轻型门式刚架厂房由围护结构系统、承重结构系统和支撑系统三大部分组成。

1. 围护结构系统

轻型门式刚架厂房的屋盖采用有檩体系，其中屋面板一般采用压型钢板（常加保温棉）；常用的实腹式檩条形式有槽钢、角钢和Z型、C型冷弯薄壁型钢；墙面采用压型钢板，支承在墙架梁上，而墙架梁则支承在刚架柱或墙架柱（抗风柱）上。在门洞处一般还设置门梁和门柱，为大门提供支承点。

2. 承重结构系统

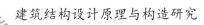

承重结构系统包括横梁、立柱、吊车梁和基础。边柱与横梁采用刚接；立柱与基础既

可以铰接，也可以刚接。后者的侧向刚度大，但柱脚相对复杂。当厂房内有梁式吊车或桥式吊车时，柱脚宜采用刚接。对于多跨刚架，中柱与横梁可以是铰接，也可以是刚接。吊车梁搁置在立柱的牛腿上。

横梁、立柱和基础构成横向平面刚架；立柱、吊车梁、连系梁和柱间支撑组成纵向平面排架。

3. 支撑系统

支撑系统包括柱间支撑和屋盖支撑。

柱间支撑可采用带张紧装置的十字交叉圆钢，圆钢与构件间的夹角宜为30°～60°。当厂房设有起吊质量不小于5t的桥式吊车时，柱间支撑一般采用型钢。

屋盖支撑包括横向水平支撑、拉条、撑杆、纵向水平系杆和角隅撑。

横向水平支撑中圆钢（受拉）和檩条（受压）构成沿厂房跨度方向的柔性水平桁架。

拉条为檩条提供侧向支撑点；在两端由刚性撑杆、斜拉条和檐檩组成稳定的檩条支撑体系。

刚性系杆由檩条兼做时，檩条应满足压弯构件的承载力和刚度要求。

檩条和横梁之间的角隅撑为横梁下翼缘提供侧向支撑点，起到类似屋架下弦横向水平支撑和下弦系杆的作用。

（二）结构布置

1. 柱网布置与定位轴线

门式刚架的柱距一般为6m，也有取7.5m、9m或12m的；跨度为9～36m，以3m为模数。

边柱的外边缘与纵向定位轴线重合；多跨中柱的中心线与纵向定位轴线重合。

横向变形缝两边的柱的中心线与定位轴线的距离为600mm，两条横向定位轴线间的距离为变形缝宽度；端部柱的中心线自横向定位轴线向内移600mm；其他位置柱的中心线与横向定位轴线重合。

2. 剖面布置

门式刚架自室内地面至立柱轴线与横梁轴线交点的高度一般在4.5～9.0m，在有桥式吊车时不大于12m。横梁的坡度一般在1/20～1/8。

3. 支撑布置

厂房无吊车时，柱间支撑间距宜取30～45m；厂房有吊车时，柱间支撑宜设在伸缩缝区段中部，当较长时可设在三分点处，间距不大于60m。

屋盖横向水平支撑布置在伸缩缝区段端部的第一或第二个开间，当设在端部第二个开间时，在第一个开间的相应位置布置刚性系杆。

每个开间布置拉条的数量：当檩条跨度为4～6m时，在跨中布置一道拉条；当跨度在6m以上时应在三分点布置两道拉条。

4. 隅撑布置

当实腹式刚架横梁的下翼缘受压时，必须在受压翼缘两侧（端部仅布置在一侧）布置隅撑作为横梁的侧向支撑，隅撑的另一端连接在檩条上；当外侧设有压型钢板的刚架柱内侧翼缘受压时，可沿内侧翼缘成对设置隅撑，作为柱的侧向支撑，隅撑的另一端连接在墙梁上。

（三）刚架梁柱截面选型与尺寸估算

当屋面荷载较小、跨度L在8～18m、柱高H在5～9m、无吊车或起吊质量较小的悬挂吊车时，刚架梁、柱可采用冷弯薄壁型钢；对于跨度L≤12m、柱高H≤5m的中小型厂房刚架梁、柱可采用等截面的实腹I型截面或H型截面；对于跨度L＞12m或柱高H＞6m或设有悬挂吊车的厂房，刚架柱可采用变截面的I型截面；对于荷载较大、跨度L＞18m、柱高H＞6m、柱距＞6m以及有吊车的厂房，梁、柱也可以采用由小型角钢、圆管等小截面热轧型钢作为肢杆的格构式截面。

对于实腹式门式刚架，梁的截面高度可以取刚架跨度L的1/45~1/30；柱的截面高度可以取柱高H的1/25～1/12。柱的截面高度应与梁的截面高度相协调。

第二节　厂房主体结构分析

一、排架结构

（一）分析模型

建筑结构受到的荷载按作用方向可以分为竖向荷载、纵向水平荷载和横向水平荷载。单层厂房的结构布置具有明显的横向（沿跨度方向）和纵向（沿长度方向），两个方向可以分别分析，即竖向荷载和横向水平荷载下的分析、竖向荷载和纵向水平荷载下的分析。

由于纵向水平荷载比横向水平荷载小得多，除非要考虑地震作用和温度应力，厂房的纵向一般可以不分析。下面介绍的内容主要也是针对横向的。

1. 计算单元

为减少工作量，结构分析时常常从整体结构中选取有代表性的一部分作为计算对象，该部分称为计算单元。此处的代表性要求能基本反映整体结构的受力性能。

当各列柱等距离布置时，可取相邻柱距的中心线截出的一个典型区段作为计算单元，见图2-1（a）中的阴影部分。图2-1（b）所示中柱柱距比边列柱大、形成纵向柱距不等（俗称“抽柱”）的情况，当屋面刚度较大，或者设有可靠的下弦纵向水平支撑时，可以选取较宽的计算单元，如图2-1（b）所示阴影部分，并且假定计算单元中同一柱列的柱顶水平位移相同。

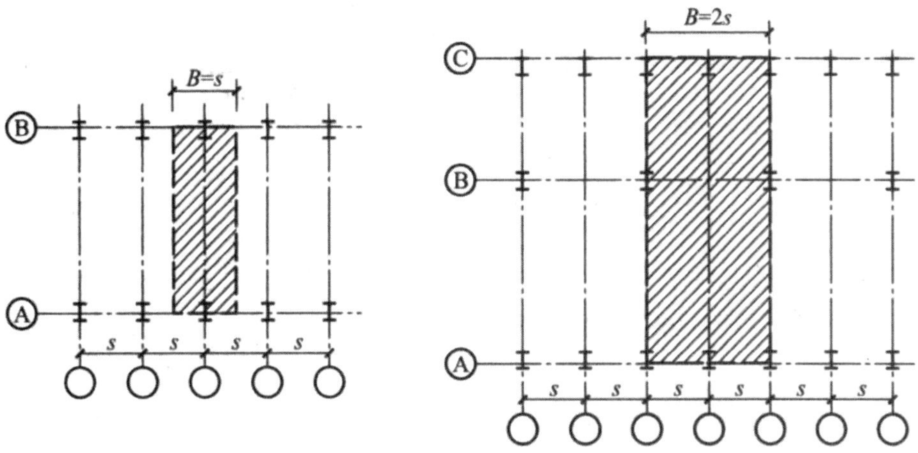

(a) 各列柱距相等　　(b) 中列柱有抽柱

图 2-1　单层厂房计算单元

2. 计算简图

对于图2-1所示的计算单元，进一步假定：

①柱下端固接于基础顶面，上端与屋面梁或屋架铰接；

②屋面梁或屋架没有轴向变形。

可以得到图2-2所示的排架计算简图，其中：

柱总高H=柱顶标高-基础底面标高（埋深）-基础高度

上段柱高 H_u =柱顶标高-轨顶标高+轨道构造高度+吊车梁在支承处的高度

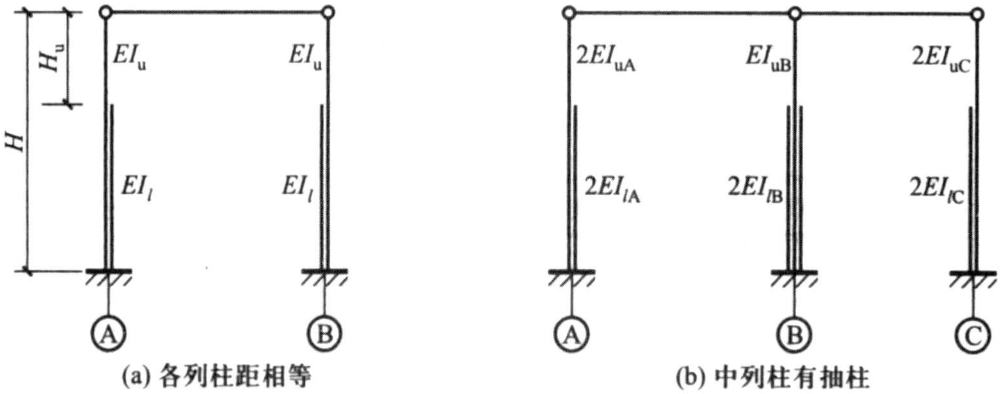

图 2-2　单层排架计算简图

上段柱和下段柱的截面抗弯刚度 EI_u 和 EI_l，由材料性能和估算的柱截面尺寸确定，其中，I_u、I_l 分别为上段柱和下段柱截面的惯性矩。对于图2-3（a）所示的混凝土双肢柱，截面整体惯性矩可按下式计算：

$$I = 2I_z + 0.5A_z l_f^2 \quad (2\text{-}1)$$

式中，I_z、A_z ——分别为单肢的截面惯性矩和截面面积；

l_f ——双肢中心线之间的距离。

对于图2-3（b）所示的格构式钢柱

$$I = 0.9\left(A_1x_1^2 + A_2x_2^2\right) \quad (2\text{-}2)$$

式中，A_1、A_2 ——两个分肢的截面面积；

x_1、x_2 ——两个分肢形心到组合截面中和轴的距离。

图2-3（b）“合并排架”模型中A、C轴柱的抗弯刚度包含2根排架柱（1根+2个半根），是单根排架柱抗弯刚度的两倍。

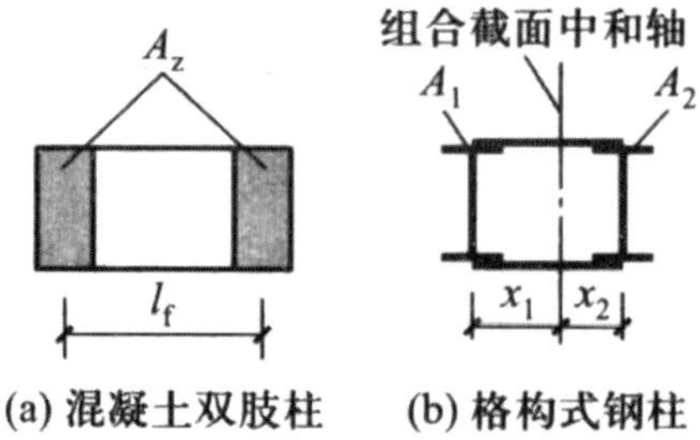

图 2-3　柱截面惯性矩

3. 荷载

确定计算简图的荷载，需要分析荷载的传递路线。单层排架结构厂房的构件都是简支的，荷载从被支承构件依次传递到支承构件，如图2-4所示，其中横向排架承担的荷载如图中虚框所示。

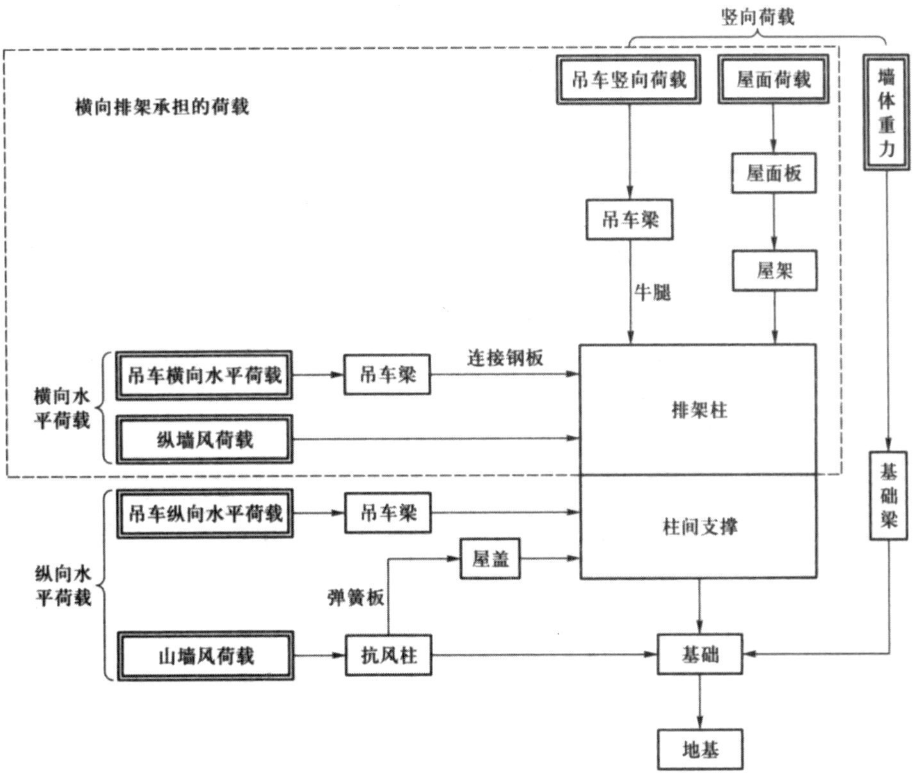

图2-4 单层排架厂房的荷载传递路线

作用在横向排架上的荷载分为永久荷载和可变荷载两大类。其中，永久荷载包括屋盖自重F_1、上段柱自重F_2、下段柱自重F_3以及吊车梁和轨道零件自重F_4；可变荷载包括屋面可变荷载、吊车荷载和风荷载。

荷载计算需要弄清楚荷载形式（集中、分布）、荷载大小（代表值）、作用位置和作用方向。

（1）永久荷载

永久荷载的标准值根据几何尺寸和材料重力密度确定，作用方向均为竖直向下。上段柱自重和下段柱自重为沿柱高的分布荷载，作用位置在各自的截面形心轴；屋盖自重包括屋架自重、屋盖支撑自重、屋面板自重以及屋面建筑层自重，以集中荷载的形式作用在柱顶屋架竖杆中心线与下弦杆中心线的交点处，此交点距离纵向定位轴线150mm；吊车梁和轨道零件自重以集中荷载的形式作用在柱牛腿上，作用位置距离纵向定位轴线750mm(或1000mm）。各项永久荷载的作用位置见图2-5（a）。

应将各项荷载等效成柱作用在截面形心的轴心荷载和偏心力矩，见图2-5（b）。轴心荷载仅产生柱轴力，可以很容易地得到永久荷载作用下的柱轴力，见图2-5（c）。所以仅须进行偏心力矩作用下的结构分析。

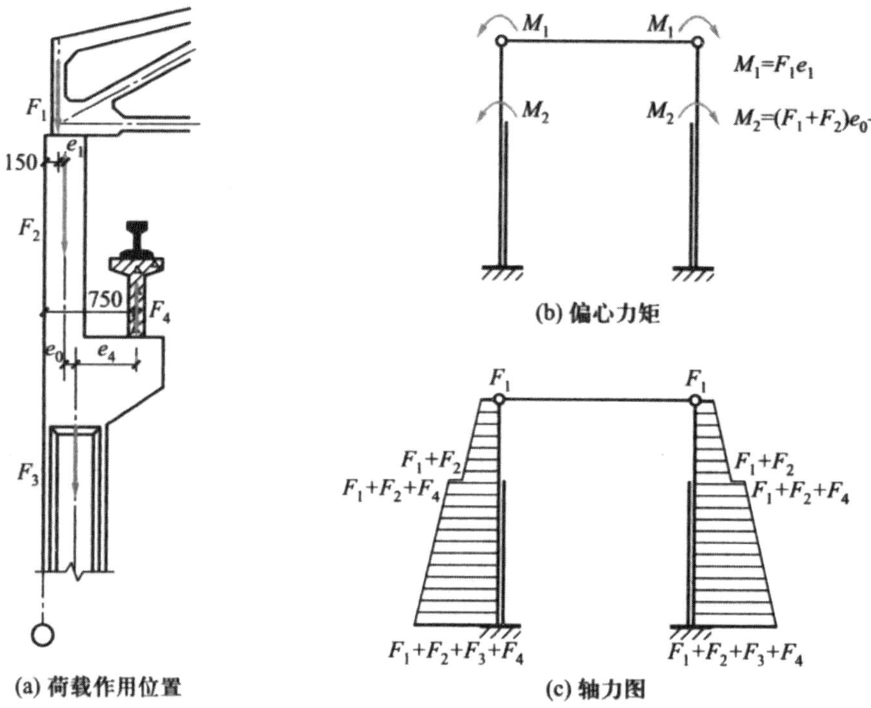

图 2-5　排架的永久荷载

（2）屋面可变荷载

屋面可变荷载包括屋面均布可变荷载、雪荷载和屋面积灰荷载三项，其中，屋面均布可变荷载与雪荷载不同时考虑，取其中的较大值。将其乘以屋面的水平投影面积（计算单元宽度B× 厂房跨度的一半）即可得到通过屋架作用在柱顶的集中荷载F_5。其作用位置同屋盖自重F_1，须将其等效成柱截面形心的轴心荷载和偏心力矩。

（3）吊车荷载

作用在横向排架上的吊车荷载包括吊车竖向荷载和吊车横向水平荷载。

吊车竖向荷载通过吊车轮子作用在吊车梁上，再由吊车梁传递到排架柱的牛腿上，其作用位置与吊车梁和轨道零件自重F_4相同，同样须将其等效成柱截面形心的轴心荷载和偏心力矩。

因吊车是移动的，因而吊车轮压在牛腿上产生的竖向集中荷载需要利用吊车梁支座竖向反力影响线来确定，如图2-6所示。图中B_1、B_2分别是两台吊车的桥架宽度，K_1、K_2分别是两台吊车的轮距，可由吊车的产品目录查得。当作用的轮压为最大轮压$P_{max,k}$时，相应的吊车竖向荷载标准值用$D_{max,k}$表示；当作用的轮压为最小轮压$P_{min,k}$时，相应的吊车竖向荷载标准值用$D_{min,k}$表示。

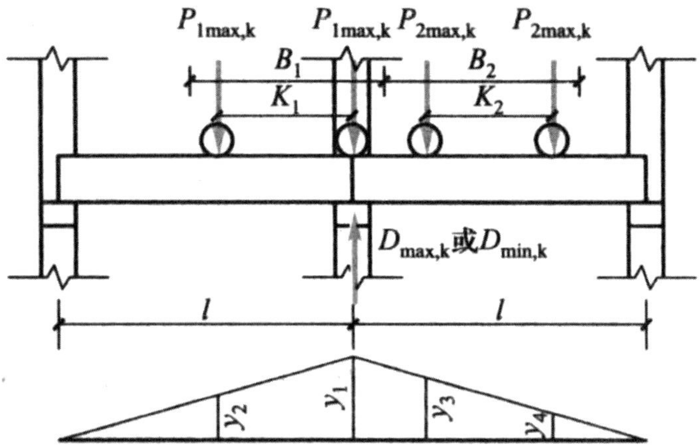

图2-6　吊车梁支座反力影响线

$$\left.\begin{aligned} D_{max,k} &= \beta\sum_{i=1}^{4} P_{j\,max,k}\,y_i \\ D_{min,k} &= \beta\sum_{i=1}^{4} P_{j\,min,k}\,y_i \end{aligned}\right\} \tag{2-3a}$$

式中，$P_{j\,max,k}$——吊车的最大轮压，j=1、2；

$P_{j\,min,k}$——吊车的最小轮压，j=1、2；

y_i——与吊车轮作用位置相对应的影响线坐标值，i=1、2、3、4；

β——多台吊车的荷载折减系数，按表2-1取用。

表2-1　多台吊车的荷载折减系数

参与组合的吊车台数	吊车工作级别	
	A1～A5	A6～A8
2	0.9	0.95
3	0.85	0.9
4	0.8	0.85

如果两台吊车相同，即$P_{1max,k}=P_{2max,k}$，上式可以表示为

$$\left.\begin{aligned} D_{\max,k} &= \beta P_{\max,k}\sum_{i=1}^{4} y_i \\ D_{\min,k} &= \frac{P_{\min,k}}{P_{\max,k}}\cdot D_{\max,k} \end{aligned}\right\} \tag{2-3b}$$

$D_{\max,k}$ 和 $D_{\min,k}$ 总是成对出现的，一侧排架柱作用 $D_{\max,k}$，则另一侧排架柱作用 $D_{\min,k}$；反之亦然。

吊车横向水平荷载是通过吊车梁与排架柱的连接钢板传递到排架柱上的。连接钢板是吊车梁的水平支座，水平支座反力即是作用在排架柱上的吊车横向水平荷载。其作用位置在吊车梁顶面，作用方向是垂直轨道方向，标准值 $T_{\max,k}$ 上同样可利用图2-6的影响线求得：

$$T_{\max,k} = \beta\sum_{i=1}^{4} T_{j,k}\cdot y_i \tag{2-4}$$

式中，$T_{j,k}$ ——大车轮子传递的吊车横向水平荷载标准值，j=1、2；其余同式（2-3）。

因小车沿厂房跨度方向左、右行驶，有正反两个方向的制动情况，因此，对 $T_{\max,k}$ 既要考虑它向左作用又要考虑它向右作用，见图2-7。

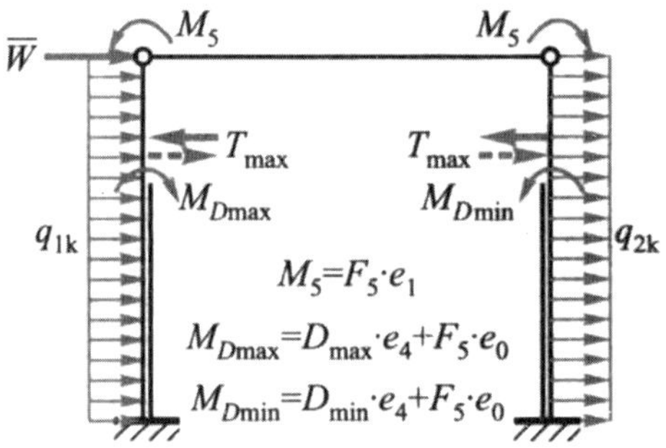

图2-7　排架可变荷载计算简图

计算排架的吊车荷载时，对于只有一层吊车（指同一跨内只有一个轨顶标高设有吊车）的厂房，单跨最多考虑两台吊车；多跨的吊车竖向荷载最多考虑四台吊车，吊车水平荷载最多考虑两台吊车。

同时考虑多台吊车作用时，吊车的竖向荷载标准值和水平荷载标准值均应乘以多台吊车的荷载折减系数β，见表2-1。

（4）风荷载

排架分析时，作用在柱顶以下墙面上的风荷载按分布荷载考虑，将面分布风荷载标准值 W_k 乘以计算单元宽度B即得到线分布风荷载标准值。因迎风面和背风面墙的风荷载

体形系数 μ_S 不同，两侧排架柱上的线分布荷载标准值不同，分别用 q_{1k}、q_{2k} 表示（见图2-7）。

屋盖部分受到的风荷载是通过屋架传递到柱顶的，排架分析时需要计算柱顶位置受到的集中风荷载 $\bar{W}_k$，一般仅考虑水平向的。将屋盖风荷载分成两部分：柱顶到檐口部分和檐口到屋脊部分。其中，檐口到屋脊部分坡面上的风荷载是垂直于斜坡的，需要计算其水平方向的分力。由图2-8，计算单元范围内，某个屋面斜坡的集中风荷载为 $W_{i,\mathrm{k}} = Bs_i w_{i,\mathrm{k}}$，其水平方向的分力为：

$$W_{ih,k} = Bs_i w_{i,\mathrm{k}} \times \sin\alpha_i = Bs_i w_{i,\mathrm{k}} \times h_{2i} / s_i = Bh_{2i} w_{i,\mathrm{k}}$$

式中，s_i——某屋面斜坡的坡长；

B——计算单元宽度；

$w_{i,\mathrm{k}}$——某屋面斜坡面分布风荷载标准值；

α_i——某屋面斜坡的坡角；

h_{2i}——某屋面斜坡的坡高。

于是，柱顶集中风荷载标准值：

$$\bar{W}_\mathrm{k} = Bh_1 w_\mathrm{k} + B\sum h_{2i} w_{i,\mathrm{k}} \tag{2-5}$$

式中，h_1——柱顶至檐口顶部的距离。

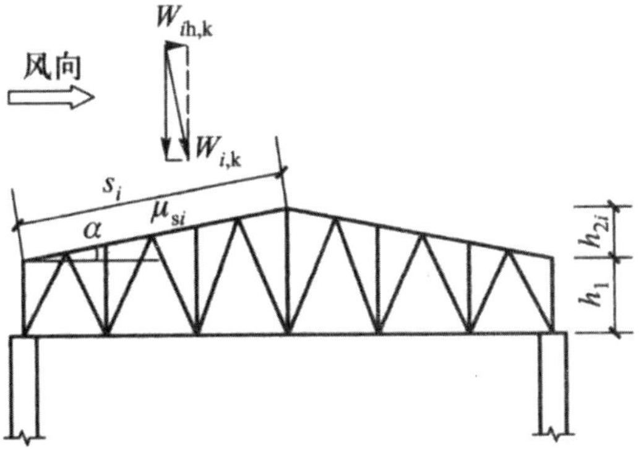

图 2-8　屋盖风荷载计算

风荷载可以变向，因此，排架分析时，要考虑左风和右风两种情况。

（二）等高排架内力分析的剪力分配法

排架结构的内力分析可以采用结构力学中的力法。此处要介绍工程中常用的一种重要方法——剪力分配法。该方法用来分析排架结构，仅适用于等高排架，即柱顶水平位移相等的排架。

1. 柱的抗侧刚度

刚度是衡量结构构件抵抗变形的力学指标，我们所熟知的有截面弯曲刚度EI、截面剪切刚度GA、截面轴向刚度EA和截面扭转刚度GI_T等。剪力分配法需要用到柱的抗侧刚度。

对于图2-9所示的变截面悬臂柱，在柱顶单位水平力作用下，当仅考虑柱的弯曲变形时，柱顶的水平位移由结构力学的图乘法可求得：

$$\Delta u = H^3 / \left(C_0 EI_l\right) \tag{2-6}$$

$$C_0 = \frac{3}{1+\lambda^3(1/n-1)} \tag{2-7}$$

式中，λ——上段柱高与柱总高的比值，$\lambda = H_u / H$；

n——上段柱截面惯性矩与下段柱截面惯性矩的比值，$n = I_u / I_l$。

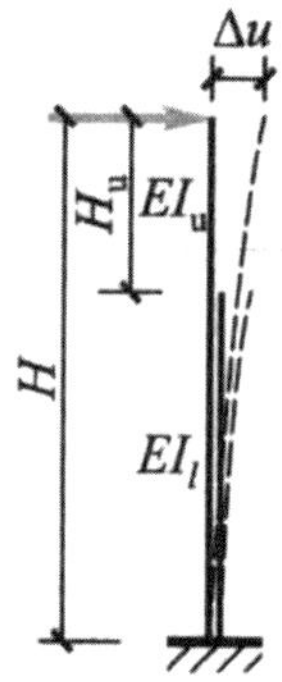

图2-9　单阶悬臂柱

要使柱顶产生单位水平位移，则须在柱顶施加$1/\Delta u$的水平力。$1/\Delta u$反映了柱抵抗水平侧移的能力，称它为柱的“抗侧刚度”或“侧向刚度”，用D表示，即

$$D = \frac{3EI_l}{\left[1+\lambda^3(1/n-1)\right]H^3} \tag{2-8a}$$

对于等截面悬臂柱，

$$D = 3EI / H^3 \tag{2-8b}$$

2. 柱顶作用水平集中荷载时的剪力分配

超静定结构的内力分析需要利用平衡条件、物理条件和几何条件。对于图2-10所示

等高排架，柱顶作用水平集中荷载F，第i根柱的抗侧刚度为D_i、柱顶水平位移用u_i表示、柱顶剪力用V_i表示。

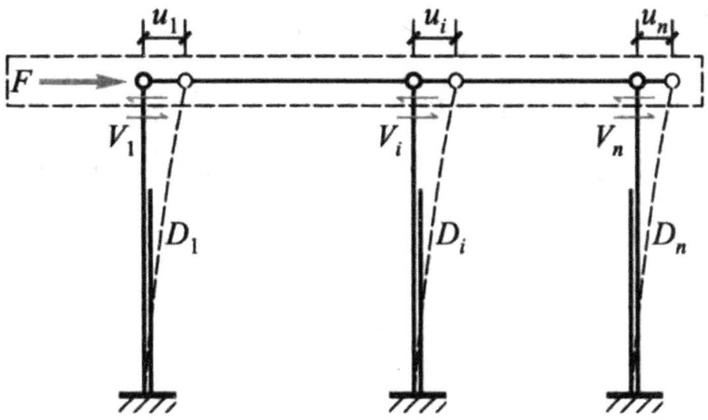

图2-10 柱顶作用水平集中荷载时的剪力分配

将每根柱在柱顶切开，取图2-10中的虚线框部分为隔离体。由水平力平衡条件，

$$F=\sum_{i=1}^{n}V_i \tag{2-9}$$

根据排架的基本假定，横梁为没有轴向变形的刚性杆，因而有几何条件：

$$u_1=\cdots=u_i=\cdots=u_n=u \tag{2-10}$$

根据抗侧刚度的定义，每根柱的剪力与柱顶侧移存在下列物理关系：

$$V_i=D_iu_i\ (i=1,\ 2,\ \cdots,\ n) \tag{2-11}$$

利用式（2-9）、式（2-10）和式（2-11），可求得：

$$V_i=\eta_iF \tag{2-12}$$

式中，$\eta_i=D_i/\sum_{j=1}^{n}D_j$，为第i根柱的剪力分配系数，它是第i根柱自身抗侧刚度与所有柱抗侧刚度总和的比值。

求得各柱的柱顶剪力后，可按独立悬臂柱计算截面弯矩。

3. 任意荷载作用时的剪力分配

当排架作用图2-11（a）所示的任意荷载时，采用剪力分配法计算分三个步骤：

（1）首先在排架柱顶加上水平铰支座以阻止水平位移，如图2-11（b）所示，利用一端固支一端被支构件计算各柱的内力和柱顶支座反力；

（2）将各柱柱顶支座反力的合力R反向作用于柱顶，如图2-11（c）所示，按前面介绍的柱顶作用水平集中荷载时的剪力分配法计算相应的内力；

（3）将上述两个受力状态的内力叠加，即为排架的实际内力。

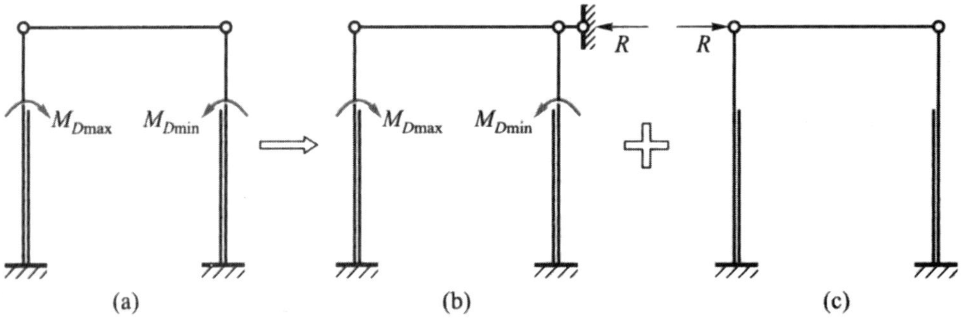

图2-11　任意荷载作用时的剪力分配

（三）水平位移分析

为了保证吊车的正常运行，需要控制厂房的水平位移。

单层厂房起控制作用的水平荷载为吊车横向水平荷载，规范以吊车梁顶处柱的水平位移u_k（图2-12）作为控制条件，要求满足$u_k \leqslant 10$mm，且

$$\left.\begin{array}{ll} u_k \leqslant H_k/1800 & \text{（轻、中级载荷状态）} \\ u_k \leqslant H_k/2200 & \text{（重、特重级载荷状态）} \end{array}\right\} \tag{2-13}$$

式中，H_k——自基础顶面到吊车梁顶面的距离。

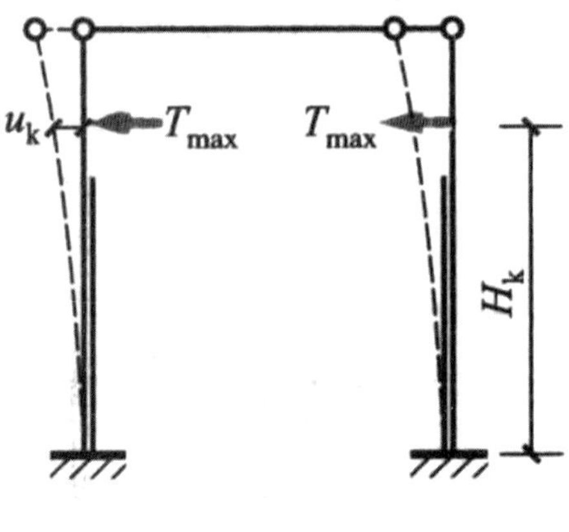

图2-12　排架水平位移验算

当 $u_k \leq 5\text{mm}$ 时，可不验算相对水平位移值。

排架水平位移可采用结构力学方法计算。因属于正常使用极限状态，荷载取一台最大吊车的横向水平荷载标准值。

二、刚架结构

（一）分析模型

单层刚架厂房计算单元的选取同排架结构。

刚架横梁的形式有钢屋架、等截面实腹梁和变截面实腹梁；立柱的形式有格构柱、等截面实腹柱和变截面实腹柱。

对于有钢屋架式，刚架横梁计算跨度取上段柱截面形心线之间的距离，刚架柱总高取基础顶面（柱脚底面）到屋架底面的距离。对于等截面刚架，横梁计算跨度取立柱截面形心线之间的距离，柱高取基础顶面到横梁截面形心线的距离。对于变截面刚架，横梁轴线取从横梁顶端截面形心引出的平行于上皮的直线，立柱轴线取从柱底截面形心引出的竖直线。两轴线交点之间的距离即为横梁计算跨度，交点至柱脚底面的距离即为柱高。

屋架的折算惯性矩可近似按下式计算：

$$I_{10} = k\left(A_1 y_1^2 + A_2 y_2^2\right) \tag{2-14}$$

式中，A_1、A_2——分别为屋架跨中上弦杆和下弦杆的截面面积；

y_1、y_2——分别为屋架跨中上弦杆和下弦杆形心至组合截面中和轴的距离；

k——考虑腹杆变形和高度变化对屋架惯性矩的折减系数，按表2-2取用。

表 2-2　屋架惯性矩折减系数 k

屋架上弦坡度	1/8	1/10	1/12	1/15	0
k	0.65	0.7	0.75	0.8	0.9

门式刚架结构的荷载种类与排架结构相同，但荷载作用方式有所区别。通过大型屋面板或檩条传给横梁的屋面荷载简化为均布线荷载。另外对于轻钢结构，墙面自重是通过墙架梁传给立柱的，而不像混凝土排架结构那样通过基础梁直接传给基础。

（二）内力分析

等截面刚架的内力分析可采用结构力学的线弹性方法，变截面刚架则需要应用程序计算。

当横梁坡角较小时，可近似按水平横梁计算。利用结构对称性，取半结构计算可减小超静定次数。

（三）水平位移分析

图2-13所示等截面单跨刚架，横梁水平，柱顶作用单位力。采用结构力学的图乘法，可求得柱顶水平位移$\Delta u=\dfrac{H^3}{6EI_e}+\dfrac{H^2L}{12EI_b}$；令$\xi_t$ 为柱线刚度与梁线刚度的比值

$$\xi_t=\frac{EI_e/H}{EI_b/L} \tag{2-15}$$

则

$$\Delta u=H^3\left(1+\xi_t/2\right)/\left(6EI_e\right) \tag{2-16}$$

如果横梁的线刚度与立柱线刚度相比趋于无限大，即$\xi_t\to 0$，则$\Delta u=H^3/\left(6EI_e\right)$。此时，立柱的支承条件为一端铰接（柱底）、一端固支（柱顶），与排架柱相同，因而刚架具有与排架（等截面柱）相同的抗侧刚度。

对于柱脚为刚接的单跨刚架，侧移的表达式较为复杂，经简化后有

$$\Delta u=\frac{H^3}{24EI_c}\cdot\frac{3+2\xi_1}{3+\xi_1} \tag{2-17}$$

横梁坡度不大于1 ： 5的刚架也可以采用上述公式近似计算刚架侧移。但当坡度大于1 ： 10时，横梁跨度L应取沿坡面的折线长度。

对于变截面刚架，式（2-16）、式（2-17）中的I_e、I_b取平均惯性矩。楔形柱：$I_e=\left(I_{c0}+I_{et}\right)/2$；双楔形横梁：$I_b=\left[I_{b0}+\alpha I_{b1}+(1-\alpha)I_{b2}\right]/2$。

当估算其他水平荷载作用下的水平位移时，可按下列规定将任意水平荷载等效为柱顶水平集中荷载。

①均布风荷载

柱脚铰接：F=0.67W；柱脚刚接：F=0.45W

其中W为总的均布风荷载值。

②吊车横向水平荷载

柱脚铰接：F=1.15 ηT_{max}；柱脚刚接：$F=\eta T_{max}$

其中η为吊车横向水平荷载作用高度与柱高度的比值。

第三节　厂房主构件设计

一、荷载效应组合

通过结构分析获得了构件在各项荷载标准值作用下的内力，构件设计时需要根据不

同的计算要求，采用相应的荷载效应组合。

（一）控制截面

构件不同截面的内力不同，荷载效应组合是针对控制截面而言的。所谓控制截面是指构件中那些或者荷载效应较大或者抗力较小，因而对整个构件的可靠指标起控制作用的截面。

对于阶形柱，上段柱具有相同的截面，下段柱具有相同的截面（不考虑牛腿）。在上段柱中，牛腿顶面（上柱底截面）Ⅰ－Ⅰ的内力最大，因此取Ⅰ－Ⅰ为上段柱的控制截面；在下段柱中，牛腿顶截面Ⅱ－Ⅱ和柱底截面Ⅲ－Ⅲ的内力均较大，因此取Ⅱ－Ⅱ和Ⅲ－Ⅲ为下段柱的控制截面。

门式刚架在屋面竖向荷载和水平风荷载作用下的最大弯矩一般出现在柱顶，故柱顶截面Ⅰ－Ⅰ应作为控制截面；因楔形刚架柱的柱底截面最小，Ⅲ－Ⅲ也作为控制截面；另外，在吊车竖向荷载作用下，牛腿处截面有集中力矩作用，此截面也应作为控制截面。

刚架横梁的最大弯矩出现在梁端截面，取梁端Ⅳ－Ⅳ截面为控制截面；对于变截面横梁，跨中Ⅴ－Ⅴ和最小截面Ⅵ－Ⅵ也应作为控制截面。

（二）内力组合

构件控制截面的内力有弯矩、剪力和轴力，内力组合要解决的问题是这三种内力如何搭配，截面最不利。立柱是压弯构件，控制内力是弯矩和轴力，因而需要组合：

①最大正弯矩及对应的轴力和剪力；

②最大负弯矩及对应的轴力和剪力；

③最大轴力及对应的弯矩和剪力；

④最小轴力及对应的弯矩和剪力（仅对于混凝土柱）。

当采用对称截面时，①和②可以合并成一种，即$|M|_{max}$及对应轴力和剪力。

刚架横梁属于受弯构件，控制内力是弯矩和剪力。对于梁端Ⅳ－Ⅳ截面，组合：

①最大负弯矩及对应的剪力；

②最大正弯矩及对应的剪力；

③最大剪力及对应的弯矩。

梁中Ⅴ－Ⅴ和Ⅵ－Ⅵ截面组合最大正弯矩。

当横梁的坡度较大时（大于1∶5），应考虑梁内轴力的影响，组合最大弯矩时同时组合相应的轴力。

（三）荷载组合

荷载组合要解决的问题是各种荷载如何搭配才能得到最大的内力。对于承载能力和稳定计算采用荷载效应（内力）的基本组合，对于结构水平位移验算应采用荷载效应的标准组合。

荷载效应的基本组合考虑两种情况：由可变荷载效应控制的组合和由永久荷载效应控制的组合。

二、构件的计算长度

压弯构件截面设计需要用到计算长度。构件的计算长度是根据临界荷载确定的，与两端的支承条件有关。对于结构中的构件涉及整体结构的稳定分析，比较复杂。设计采用的数值是根据简化分析结果并考虑工程经验确定的。

（一）等截面杆件

1. 边界条件

等截面杆件两端在结构中受到的约束用适当的支座模拟，如图2-13（a）所示。设杆件上、下端的弹性抗转刚度（发生单位转角时的约束力矩）分别为k_x^u、k_r^l，上端的水平弹性支承刚度（发生单位水平位移时约束力）为k。弯矩和转角的正负号规定如图2-13（b）所示。

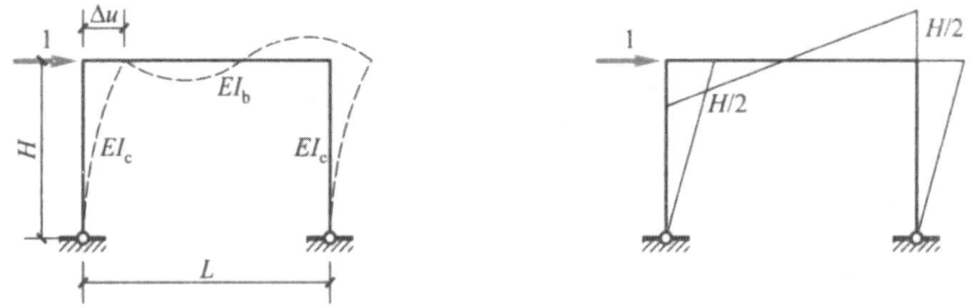

(a) 变形示意图　　(b) M图

图 2-13　刚架侧移计算

设临界状态杆件下端的转角为θ_l（为正值），则约束力矩为此$k_r'\theta_l$；杆件上端的转角为θ_u（为负值），则约束力矩为$-k_r\theta_u$；杆件上端的水平侧移为δ，则水平约束力为$k\delta$。

2. 基本方程

在变形后的位置列平衡方程。在临界状态，任一截面的弯矩：

$$M_x = P_{er}(y+\delta) + k_r\theta_u - k\delta(H-x)$$

利用挠度曲线的近似微分方程 $EIy'' = -M$，可得到：

$$EIy'' + P_{er}y = -k_r\theta_u + \delta\left(kH - kx - P_{er}\right)$$

方程的通解为：

$$y = A\sin\alpha x + B\cos\alpha x - \frac{\eta_u H}{(\alpha H)^2}\theta_u + \left[\frac{\eta}{(\alpha H)^2} - \frac{\eta}{H(\alpha H)^2}x - 1\right]\delta \tag{2-18}$$

式中，$\alpha = \left(P_{er}/EI\right)^{1/2}$；$\eta = kH^3/(EI)$，为水平弹性支承刚度系数；$\eta_u = k_r^u H/(EI)$，为杆件上端抗转刚度系数；$\eta_l = k_r^l H/(EI)$，为杆件下端抗转刚度系数。

由边界条件：①在x=0处，y=0，$y' = \theta_l = -M_{(x=0)}/k_r^l = \frac{\eta}{\eta_l H}\delta - \frac{(\alpha H)^2}{\eta_l H}\delta - \frac{\eta_u}{\eta_l}\theta_u$；②在 $x=H$ 处，$y=\boldsymbol{\delta}$，$y' = \theta_u$。可得到关于未知常数 A、B、θ_u 和 $\boldsymbol{\delta}$ 的线性方程组：

$$B - \frac{\eta_u H}{(\alpha H)^2}\theta_u + \left[\frac{\eta}{(\alpha H)^2} - 1\right]\delta = 0$$

$$\alpha A + \frac{\eta_a}{\eta_l}\theta_u + \left[\frac{(\alpha H)^2}{\eta_l H} - \frac{\eta}{\eta_l H} - \frac{\eta}{H(\alpha H)^2}\right]\delta = 0$$

$$\sin(\alpha H)A + \cos(\alpha H)B - \frac{\eta_u H}{(\alpha H)^2}\theta_u = 0$$

$$\alpha\cos(\alpha H)A - \alpha\sin(\alpha H)B - \theta_u - \frac{\eta}{(\alpha H)^2 H}\delta = 0$$

由于 A、B、θ_u 和 $\boldsymbol{\delta}$ 不能全为零，故上述方程组中的系数行列式必须为零：

$$\begin{vmatrix} 0 & 1 & -\dfrac{\eta_u H}{(\alpha H)^2} & \left[\dfrac{\eta}{(\alpha H)^2} - 1\right] \\ \alpha & 0 & \dfrac{\eta_u}{\eta_t} & \left[\dfrac{(\alpha H)^2}{\eta_l H} - \dfrac{\eta}{\eta_l H} - \dfrac{\eta}{H(\alpha H)^2}\right] \\ \sin(\alpha H) & \cos(\alpha H) & -\dfrac{\eta_u H}{(\alpha H)^2} & 0 \\ \alpha\cos(\alpha H) & -\alpha\sin(\alpha H) & -1 & -\dfrac{\eta}{(\alpha H)^2 H} \end{vmatrix} = 0$$

展开后得到

$$2\eta\eta_{\mathrm{u}}\eta_l+\sin(\alpha H)(\alpha H)\left[\eta(\alpha H)^2+\eta\left(\eta_l+\eta_{\mathrm{u}}\right)+\eta_{\mathrm{u}}\eta_l(\alpha H)^2-(\alpha H)^4-\eta\eta_{\mathrm{u}}\eta_l\right]$$
$$-\cos(\alpha H)\left[\eta\left(\eta_l+\eta_{\mathrm{u}}\right)(\alpha H)^2-\left(\eta_l+\eta_{\mathrm{u}}\right)(\alpha H)^4+2\eta\eta_{\mathrm{u}}\eta_l\right]=0$$

（2-19a）

临界荷载可统一表示为$P_{\mathrm{cr}}=\pi^2EI/(\mu H)^2$，因而$\alpha H=\pi/\mu$，其中$\boldsymbol{\mu}$是计算长度系数。上式可改写成：

$$2\eta\eta_u\eta_l+\left(\frac{\pi}{\mu}\right)\left[\eta\left(\frac{\pi}{\mu}\right)^2+\eta\left(\eta_l+\eta_u\right)+\eta_u\eta_l\left(\frac{\pi}{\mu}\right)^2-\left(\frac{\pi}{\mu}\right)^4-\eta_u\eta_l\right]\sin\left(\frac{\pi}{\mu}\right)$$
$$-\left[\eta\left(\eta_l+\eta_u\right)\left(\frac{\pi}{\mu}\right)^2-\left(\eta_l+\eta_u\right)\left(\frac{\pi}{\mu}\right)^4+2\eta\eta_u\eta_l\right]\cos\left(\frac{\pi}{\mu}\right)=0$$

（2-19b）

或

$$2\eta_u\eta_l+\left(\frac{\pi}{\mu}\right)\left[\left(\frac{\pi}{\mu}\right)^2+\left(\eta_l+\eta_u\right)+\eta_u\eta_l\left(\frac{\pi}{\mu}\right)^2/\eta^{-}\left(\frac{\pi}{\mu}\right)^4/\eta^{-}\eta_u\eta_l\right]\sin\left(\frac{\pi}{\mu}\right)$$
$$-\left[\left(\eta_l+\eta_u\right)\left(\frac{\pi}{\mu}\right)^2-\left(\eta_l+\eta_u\right)\left(\frac{\pi}{\mu}\right)^4/\eta^2+2\eta_u\eta_l\right]\cos\left(\frac{\pi}{\mu}\right)=0$$

（2-19c）

3. 两端均为弹性抗转支承、无线位移情况

式（2-19c）中令$\eta\to\infty$，可得到

$$2\eta_u\eta_l+\left(\frac{\pi}{\mu}\right)\left[\left(\frac{\pi}{\mu}\right)^2+\left(\eta_l+\eta_u\right)-\eta_u\eta_l\right]\sin\left(\frac{\pi}{\mu}\right)-\left[\left(\eta_l+\eta_u\right)\left(\frac{\pi}{\mu}\right)^2+2\eta_u\eta_l\right]\cos\left(\frac{\pi}{\mu}\right)=0$$

（2-19d）

图2-14中的曲线1是取$\eta_{\mathrm{u}}=\eta_l$，计算长度系数μ随两端抗转刚度系数之和（$\eta_{\mathrm{u}}+\eta_l$）的变化关系；曲线2是取$\eta_{\mathrm{u}}+\eta_l$=10，计算长度系数μ随两端抗转刚度系数乘积（$\eta_{\mathrm{u}}\eta_l$）的变化关系，其中$\eta_{\mathrm{u}}\eta_l$的横坐标值须乘以2.5。在两端抗转刚度系数总和不变的情况下，随着抗转刚度系数乘积的增大，计算长度系数减小，这意味着两端抗转刚度越接近，计算长度系数越小。

4. 两端均为弹性抗转支承、一端水平向自由

式（2-19b）中令$\eta\to0$，可得到：

$$\tan\left(\frac{\pi}{\mu}\right)=\frac{\left(\eta_l+\eta_v\right)\left(\frac{\pi}{\mu}\right)}{\left(\frac{\pi}{\mu}\right)^2-\eta_u\eta_l}$$

（2-19e）

图2-14中的曲线3、曲线4分别是一端水平向自由时，计算长度系数 μ 随两端抗转刚度系数之和（$\eta_u+\eta_l$）的变化关系、随两端抗转刚度系数乘积$\eta_u\eta_l$ 的变化关系。其中纵坐标 μ 的数值须乘以10。

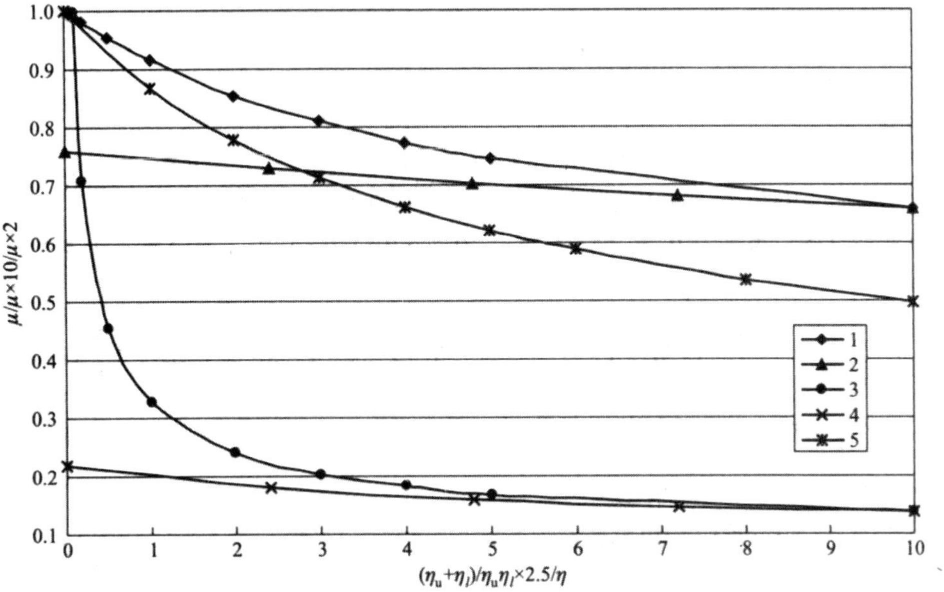

图 2-14 杆件计算长度系数与约束刚度的关系

5. 一端固支、另一端水平向弹性支承情况

式（2-19b）除以η_l，并令$\eta_l \to \infty$、$\eta_u \to 0$，可得到：

$$\eta = \frac{(\pi/\mu)^3}{\pi/\mu - \tan(\pi/\mu)} \tag{2-19f}$$

计算长度系数 μ 与水平弹性支承刚度系数 η 的关系见图2-14中的曲线5，其中纵坐标四的数值须乘以2。

6. 一端铰支、另一端弹性抗转支承情况

式（2-19c）中令$\eta \to \infty$、$\eta_u = 0$，可得到：

$$\eta_l = \frac{(\pi/\mu)^2 \tan(\pi/\mu)}{\pi/\mu - \tan(\pi/\mu)} \tag{2-19g}$$

（二）变截面杆件

图2-15所示单阶柱，上端为可自由水平移动的弹性抗转支座、抗转刚度为k_r，下端

固支。上阶柱的高度 H_u、抗弯刚度 EI_u，下阶柱的高度 H_l、抗弯刚度 EI_l。柱顶的集中荷载用 $P_{u,cr}$ 表示，变阶处的集中荷载用 $P_{l,cr}-P_{u,cr}$ 表示。

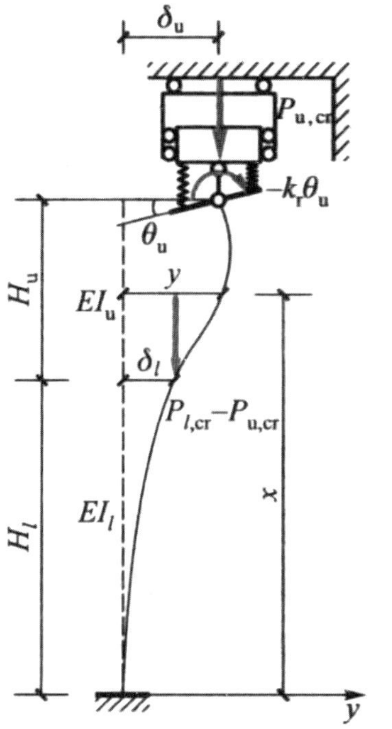

图 2-15 单阶柱计算长度

1. 基本方程

通过建立临界状态的平衡方程，利用挠度曲线的近似微分方程和边界条件，可得到：

$$\frac{k_r}{\alpha_u EI_u}\left[\tan(\alpha_l H_l)+\frac{1}{K\eta}\tan(\alpha_u H_u)\right]+\frac{1}{K\eta}-\tan(\alpha_l H_l)\tan(\alpha_u H_u)=0 \tag{2-20a}$$

式中，$K=\frac{EI_u/H_u}{EI_l/H_l}$；$\eta=\frac{H_v}{H_l}\cdot\frac{\alpha_u}{\alpha_l}$；$\alpha_v=\sqrt{P_{u,cr}/EI_v}$；$\alpha_l=\sqrt{P_{l,cr}/EI_l}$。

2. 柱上端为自由端

令式（2-20a）中的上端抗转刚度 k_r =0，可以得到 $\frac{1}{K_\eta}-\tan(\alpha_l H_l)\tan(\alpha_u H_v)=0$，即：

$$\tan\left(\frac{\pi}{\mu_l}\right)\cdot\tan\left(\frac{\eta\pi}{\mu_l}\right)=\frac{1}{\eta K} \tag{2-20b}$$

3. 柱上端可移动但不能转动

如果柱上端抗转刚度 $k_r\to\infty$，柱上端只能发生水平移动而不发生转动，即柱上端为水平滑动支座。式（2-20a）两端除以k_r，并令$k_r \to \infty$，得到$\frac{1}{\alpha_u EI_u}\left[\tan(\alpha_l H_l)+\frac{1}{K\eta}\tan(\alpha_u H_u)\right]=0$，即：

$$\tan\left(\frac{\eta\pi}{\mu_l}\right)+\eta K\tan\left(\frac{\pi}{\mu_l}\right)=0 \tag{2-20c}$$

（三）钢框架柱

1. 等截面框架柱

确定平面内计算长度时，对于无侧移框架采用式（2-19d）对应的计算模型；对于有侧移框架采用式（2-19e）对应的计算模型。

柱端转动约束来自与之相交的左右侧梁，而左右侧梁同时约束下柱上端和上柱下端，近似将来自梁的转动约束按柱的线刚度分配给下柱上端和上柱下端。当梁柱近端铰接时，$\eta_u(\eta_l)=0$；当梁柱近端刚接、远端铰接时，左右侧梁的抗转刚度总和为$3(i_1+i_2)$，分配给下柱上端的抗转刚度$k_r^u=3(i_1+i_2)\times i_e/(i_e+i_{el})$（其中$i_1$、$i_2$分别为左右侧梁的线刚度，$i_c$、$i_{cl}$分别为下柱和上柱的线刚度），抗转刚度系数$\eta_u=k_r^u/i_c=3(i_1+i_2)/(i_c+i_{cl})$。当梁柱近端和远端均为刚接时，无侧移框架假定横梁两端节点发生反向转角，有侧移框架假定横梁两端节点发生同向转角。

2. 阶形框架柱

阶形框架柱考虑两种支承条件。当柱与横梁铰接时，柱上端简化为自由端，即既能自由侧移又能自由转动，采用式（2-20b）所对应的计算模型，分别确定上段柱和下段柱的计算长度系数；当柱与横梁（通常为屋架）刚接时，考虑到横梁的线刚度（屋架的等效线刚度）比柱大得多，近似假定柱上端仅能自由侧移、不能转动，采用式（2-20c）所对应的计算模型，分别确定上段柱和下段柱的计算长度系数。

为了考虑各横向框架之间的空间作用，《钢结构设计规范》允许根据不同的厂房布置情况对下段柱的计算长度乘以折减系数。

3. 门式刚架柱

等截面门式刚架柱平面内计算长度系数，当采用一阶弹性分析方法计算内力时，按有侧移底层框架柱确定。当附有摇摆柱时，摇摆柱需要框架柱提供的支撑作用才能维持侧向稳定，从而使框架柱的计算长度增大。《钢结构设计规范》取摇摆柱的计算长度系数为1，而刚架柱的计算长度系数则乘以下列增大系数 η

$$\eta=\sqrt{1+\frac{\sum(N_1/H_1)}{\sum(N_f/H_f)}} \tag{2-21}$$

式中，$\sum(N_1/H_1)$——各摇摆柱轴心压力基本组合值与柱子高度比值之和；

$\sum(N_f/H_f)$——各刚架柱轴心压力基本组合值与柱子高度比值之和。

所有框架柱的平面外计算长度均取侧向支承点的距离。

（四）混凝土排架柱

确定混凝土排架柱的计算长度时，对于无吊车厂房，横向排架柱以图2-16（a）作为分析模型，考虑同一榀排架其他柱对它的水平约束作用。水平弹性支承刚度k等于同一榀排架其他柱的抗侧刚度D。单跨排架$k=3EI/H^3$；双跨排架$k=2\times3EI/H^3$。于是，单跨的水平弹性支承刚度系数$\eta=3$、双跨$\eta=6$，可分别求得μ=1.43和μ=1.18。为便于记忆，并偏于安全，《混凝土结构设计规范》对无吊车单跨排架柱和双跨排架柱的计算长度分别取l_0=1.5H和l_0=1.25H。

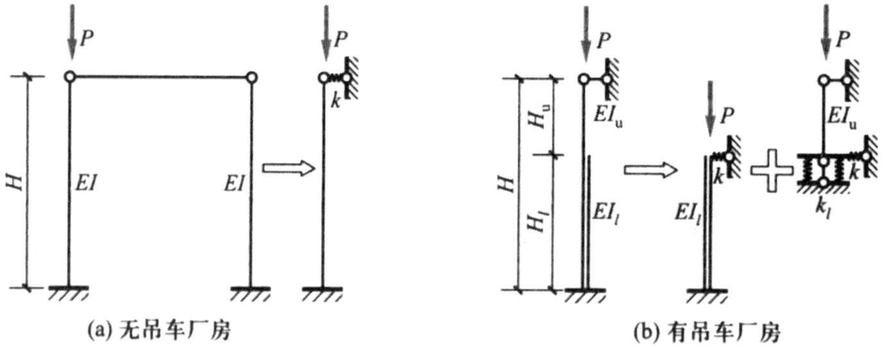

图2-16　混凝土排架柱计算长度分析模型

对于有吊车厂房，考虑房屋的空间作用，即不仅考虑同一排架内各柱参与工作，而且还考虑相邻排架的协同工作。近似将柱上端简化为固定铰支座，见图2-16（b），并将上段柱和下段柱分开考虑。下段柱的柱顶忽略上段柱对它的转动约束，但考虑上段柱对它的侧向位移约束，取水平弹性支承刚度$k=3EI_u/H_u^3$，即$\eta=3I_u/I_l\times(H_l/H_u)^3$。当$H_l/H_v=3$、$I_v/I_l=0.12$时，由图2-14中的曲线5可得到μ=1.0。

三、混凝土排架柱截面设计

（一）柱的计算要点

预制混凝土排架柱应分别进行使用阶段和施工阶段计算。使用阶段根据最不利内力的基本组合值按偏心受压构件进行正截面承载力计算和斜截面承载力计算（斜截面承载力一般可不计算，按构造配置箍筋）；对于$e_0/h_0>0.55$的偏心受压构件，应根据最不利内力的准永久组合值进行裂缝宽度验算。

施工阶段应进行吊装验算，包括正截面承载力和裂缝宽度计算。对于单点起吊，可按图2-17所示的简图计算自重下的弯矩。考虑起吊时的动力效应，荷载乘1.5的动力系数。因吊装系临时性的，结构的重要性系数γ_0取0.9。材料强度取值时应注意：一般在混凝土强度达到设计等级的70%时即吊装，所以应取设计等级的0.7。当要求混凝土强度达到100%设计等级方可起吊时应在施工说明中特别注明。

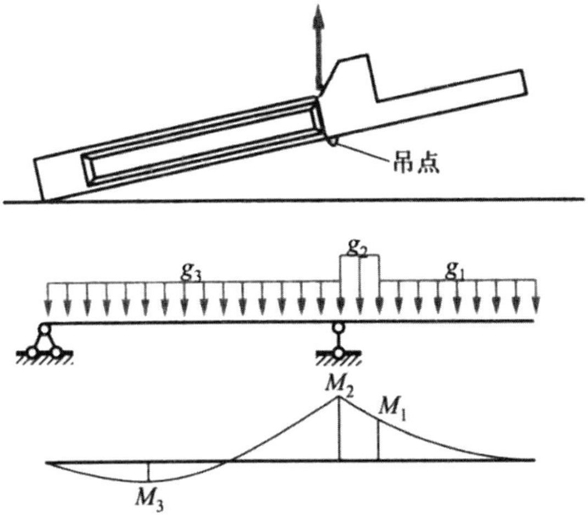

图2-17　柱吊装验算简图

（二）柱的构造要求

纵向受力钢筋直径不宜小于12mm，全部纵向受力钢筋的配筋率不宜超过5%；全部纵向受力钢筋的配筋率，当采用500mPa级钢筋时不应小于0.5%，采用400mPa级钢筋时不应小于0.55%，采用300mPa或335mPa级钢筋时不应小于0.6%；柱截面每边纵向钢筋的配筋率不应小于0.2%。当柱截面高度达到600mm时，在侧面应设置直径为10～16mm的纵向构造钢筋，并相应地设置复合箍筋或拉结筋。柱内纵向钢筋的净距不应小于50mm；对水平浇筑的预制柱，其最小净距不应小于25mm和纵向钢筋的直径。垂直于弯矩作用平面的纵向受力钢筋的中距不应大于300mm。

箍筋直径不应小于最大纵筋直径的四分之一，且不小于6mm；箍筋间距不应大于400mm及构件的短边尺寸，且不应大于15倍最小纵筋直径。当柱中全部纵向受力钢筋的配筋率大于3%时，箍筋直径不应小于8mm；箍筋间距不应大于200mm，且不应大于10倍最小纵筋直径。当柱截面的短边尺寸大于400mm且各边纵向钢筋多于3根时，或者各边纵向钢筋多于4根时，应设置复合箍筋。

（三）牛腿设计

牛腿是支承梁等水平构件的重要部件。根据牛腿竖向力 F_v 的作用点至下柱边缘的水平距离 a 的大小，把牛腿分成两类：$a \leqslant h_0$ 时为短牛腿；$a > h_0$ 时为长牛腿。此处 h_0 为牛腿与下柱交接处的牛腿竖直截面的有效高度，见图2-18。长牛腿的受力特点与悬臂梁相似，可按悬臂梁设计；短牛腿的受力性能与普通悬臂梁不同。在了解试验研究结果的基础上，介绍短牛腿的设计方法。

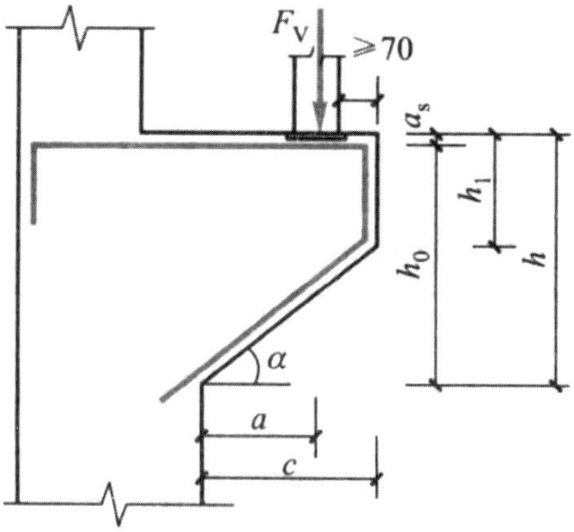

图 2-18　牛腿尺寸

1. 试验研究结果

包括弹性阶段的应力分布、裂缝的出现与发展以及破坏形态。

图2-19是对 $a / h_0 = 0.5$ 的环氧树脂牛腿模型进行光弹试验得到的主应力迹线示意图。其中，实线代表主拉应力方向、虚线代表主压应力方向，迹线的疏密反映应力值的相对大小。

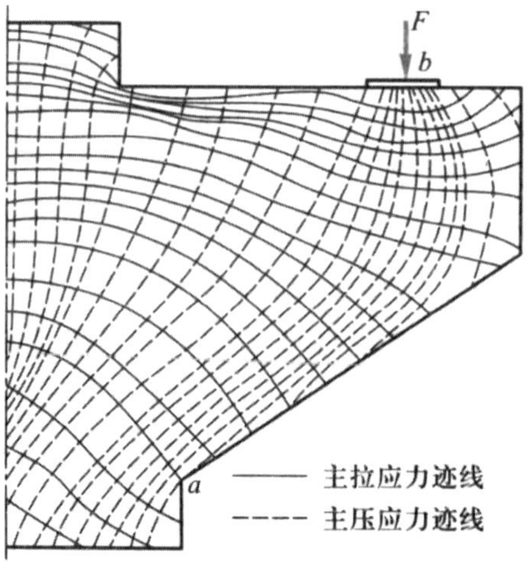

图 2-19　牛腿光弹试验结果示意图

由图可见，在牛腿上部，主拉应力迹线基本上与牛腿上边缘平行，牛腿上表面的拉应力沿长度方向并不随弯矩的减小而减小，而是比较均匀。牛腿下部主压应力迹线大致与从加载到牛腿下部转角的连线ab相平行。牛腿中下部的主拉应力迹线倾斜，因而该部位出现的裂缝将是倾斜的。

通过钢筋混凝土实物牛腿在竖向力作用下的试验发现：当荷载加到破坏荷载的20%～40%时首先出现竖向裂缝①，见图2-20，但其开展很小，对牛腿的受力性能影响不大；当荷载继续加大至破坏荷载的40%～60%时，在加载板内侧附近出现第一条斜裂缝②；此后，随着荷载的增加，除这条倾斜裂缝不断发展及可能出现一些微小的短小裂缝外，几乎不再出现另外的斜裂缝；直到约破坏荷载的80%，突然出现第二条斜裂缝③，预示牛腿即将破坏。

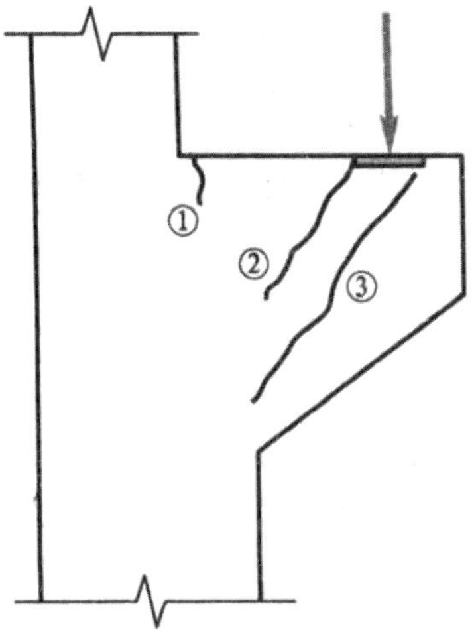

图 2-20　牛腿裂缝示意图

牛腿的破坏形态与 a/h_0 的值有很大关系，主要有三种破坏形态：弯曲破坏、剪切破坏和局部受压破坏。

当 $a/h_0>0.75$ 和纵向受力钢筋配筋率较低时，一般发生弯曲破坏。其特征是当出现裂缝②后，随荷载增加，该裂缝不断向受压区延伸，水平纵向钢筋应力也随之增大并逐渐达到屈服强度，这时裂缝②外侧部分绕牛腿下部与柱的交接点转动，致使受压区混凝土压碎而引起破坏。

剪切破坏分直接剪切破坏和斜压破坏。直接剪切破坏是当 a/h_0 值很小（≤0.1）或值虽较大但边缘高度 h_1 较小时，可能发生沿加载板内侧接近竖直截面的剪切破坏。其特征是在牛腿与下柱交接面上出现一系列短斜裂缝，最后牛腿沿此裂缝从柱上切下而破坏，这时牛腿内纵向钢筋应力较低。

斜压破坏大多发生在 a/h_0 =0.1 ～ 0.75的范围内，其特征是首先出现斜裂缝②，加载至极限荷载的70% ～ 80%时，在这条斜裂缝外侧整个压杆范围内出现大量短小斜裂缝，最后压杆内混凝土剥落崩出，牛腿即告破坏；有时在出现斜裂缝②后，随着荷载的增大，突然在加载板内侧出现一条通长斜裂缝③，然后牛腿沿此裂缝破坏迅速。

当垫板过小或混凝土强度过低，由于很大的局部压应力而导致垫板下混凝土局部压碎破坏。

2. 截面设计

以上的各种破坏类型，设计中是通过不同的途径解决的。其中，按计算确定纵向钢筋面积针对弯曲破坏；通过局部受压承载力计算避免发生垫板下混凝土的局部受压破坏；通过斜截面抗裂计算以及按构造配置箍筋和弯起钢筋避免发生牛腿的剪切破坏。

牛腿设计内容包括：确定牛腿截面尺寸、配筋计算和构造要求。

（1）截面尺寸的确定

牛腿的截面宽度取与柱同宽；长度由吊车梁的位置、吊车梁在支承处的宽度以及吊车梁外边缘至牛腿外边缘距离等构造要求确定；高度由斜截面抗裂控制，要求满足：

$$F_{vk}\leqslant\beta\left(1-0.5\frac{F_{hk}}{F_{vk}}\right)\frac{f_{tk}bh_0}{0.5+\frac{a}{h_0}} \tag{2-22}$$

式中，F_{vk}、F_{hk}——分别为作用于牛腿顶部的竖向力和水平拉力标准组合值；

f_{tk}——混凝土抗拉强度标准值；

β——裂缝控制系数：对支承吊车梁的牛腿，取β=0.65；对其他牛腿，取β=0.8；

a——竖向力的作用点至下柱边缘的水平距离，应考虑安装偏差20mm，$a<0$时取a=0；

b、h_0——分别为牛腿宽度和牛腿截面有效高度，取$h_0=h_1-a_s+c\times\tan\alpha$，当α＞45°时，取α=45°。

牛腿外边缘高度h_1不应小于h/3，且不小于200mm；牛腿底面倾斜角α不应大于45°（一般即取45°）。

为了防止牛腿顶面垫板下的混凝土局部受压破坏，垫板尺寸应满足下式要求：

$$F_{vk}\leqslant 0.75f_vA \tag{2-23}$$

式中，A——牛腿支承面上的局部受压面积。

若不满足上式，应采取加大受压面积，提高混凝土强度等级或设置钢筋网等有效措施。

（2）截面配筋计算

对压区中心点取矩，抵抗竖向力产生的弯矩所需的纵向钢筋面积为 $A_{s1}=F_v a/(\gamma_s h_0 f_y)$，抵抗水平力所需的纵向钢筋面积为 $A_{s2}=(a_s+\gamma_s h_0)F_h/(\gamma_s h_0 f_y)$，近似取 γ=0.85、$a_s/(\gamma h_0)=0.2$，得到竖向和水平力同时作用时纵向钢筋面积：

$$A_s \geqslant \frac{F_v a}{0.85 h_0 f_y}+1.2\frac{F_b}{f_y} \tag{2-24}$$

式中，a——竖向力作用点至下柱边缘的水平距离，应考虑20mm的安装偏差，当 $a<0.3h_0$ 时，取 a=0.3 h_0；

F_v、F_h——分别为作用在牛腿顶部的竖向力和水平拉力的基本组合值。

（3）配筋构造

牛腿截面高度满足式（2-22）的抗裂条件后，一般不再需要进行斜截面的受剪承载力计算，只须按构造要求配置水平箍筋和弯起钢筋。

水平箍筋的直径取6～12mm，间距取100～150mm，且在上部2 h_0 /3范围内的水平箍筋总截面面积不应小于承受竖向力的水平纵向受拉钢筋截面面积 A_{01} 的二分之一。

当 $a/h_0\geqslant 0.3$，宜设置弯起钢筋。由于拉应力沿牛腿上部受拉边全长基本相同，因此不能由纵向受拉钢筋下弯兼做弯起钢筋，而必须另行配置。弯起钢筋宜采用HRB400级或HRB500级钢筋，直径不宜小于12mm，并布置在牛腿上部1/6至1/2之间的范围内；其截面面积不应少于承受竖向力的纵向受拉钢筋截面面积孔的一半，根数不应少于2根。

牛腿纵向受拉钢筋宜采用HRB400级或HRB500级钢筋，其直径不应小于12mm。承受竖向力所需的纵向受拉钢筋配筋率（按全截面计算）不应小于0.2%，也不宜大于0.6%，且根数不宜少于4根。承受水平拉力的锚筋应焊在预埋件上，且不应少于2根。

全部纵向钢筋和弯起钢筋沿牛腿外边缘向下伸入下段柱内150mm；伸入上段柱的锚固长度不应小于受拉钢筋的锚固长度 l_a，当上段柱尺寸小于 l_a 时，可向下弯折，但水平投影长度不应小于0.4 l_a，竖直投影长度取15d。

四、钢门式刚架梁、柱截面设计

（一）刚架梁

水平刚架梁或坡度不大于1 ∶ 5的刚架梁可不考虑轴力的影响，按受弯构件进行承载能力极限状态的强度、整体稳定和局部稳定计算，以及正常使用极限状态的挠度验算。

当横梁坡度大于1 ：5时，应考虑轴力的影响，按压弯构件进行强度、整体稳定和局部稳定计算。横梁无须计算整体稳定性的侧向支承点最大长度，可取横梁下翼缘宽度16（235/ f_y ）1/2倍。

（二）刚架柱

门式刚架柱属于典型的压弯构件，按压弯构件进行强度、整体稳定、局部稳定计算以及刚度验算。

楔形柱在刚架平面内的整体稳定按下式计算：

$$\frac{N_0}{\varphi_{xy}A_{e0}}+\frac{\beta_{\mathrm{mx}}M_1}{\left[1-\left(N_0/N'_{\mathrm{Ex0}}\right)\varphi_{xy}\right]W_{\mathrm{e1}}}\leqslant f \tag{2-25}$$

式中，N_0、A_{e0}——分别为小头的轴向压力设计值和有效截面面积；

M_1、W_{el}——分别为大头的弯矩设计值和有效截面最大受压纤维的截面模量;

φ_{xy}——杆件轴心受压稳定系数，计算长细比时取小头的回转半径；

β_{mx}——等效弯矩系数，对于有侧移单层刚架柱取1.0；

N'_{Ex0}——参数，计算回转半径时以小头为准，$N'_{\mathrm{Ex0}}=\pi^2EA_{e0}/\left(1.1\lambda^2\right)$。

楔形柱在刚架平面外的整体稳定应分段按下式计算：

$$\frac{N_0}{\varphi_y A_{e0}}+\frac{\beta_{\mathrm{t}}M_1}{\varphi_{\mathrm{by}}W_{\mathrm{el}}}\leqslant f \tag{2-26}$$

式中，φ_y——轴心受压杆件弯矩作用平面外的稳定系数，以小头为准；

β_{t}——等效弯矩系数，对两端弯曲应力基本相等的区段β_{t}=1；对一端弯矩为零的区段，$\beta_{\mathrm{t}}=1-N/N'_{\mathrm{E,0}}+0.75\left(N/N'_{\mathrm{E,0}}\right)^2$；

φ_{by}——均匀弯曲楔形受弯构件的整体稳定系数，对称双轴的工字形截面杆件按下列公式计算：

$$\varphi_{\mathrm{lh}}=\frac{4320}{\lambda_{y0}^2}\frac{A_0h_0}{W_{s0}}\sqrt{\left(\frac{\mu_s}{\mu_w}\right)^2+\left(\frac{\lambda_{y0}t_0}{4.4h_0}\right)^2\left(\frac{235}{f_y}\right)} \tag{2-27a}$$

$$\lambda_{y0}=\mu_{\mathrm{s}}l/i_{y0} \tag{2-27b}$$

$$\mu_{\mathrm{s}}=1+0.023\gamma\sqrt{lh_0/A_{\mathrm{f}}} \tag{2-27c}$$

$$\mu_w=1+0.00385\gamma\sqrt{l/i_{y0}} \tag{2-27d}$$

其中，A_0、h_0、W_{x0}、t_0分别为构件小头的截面面积、截面高度、截面模量和受压翼缘的截面厚度；A_f为受压翼缘的截面面积；i_{y0}为受压翼缘与受压区腹板1/3高度组成的截面绕y轴的回转半径；l为构件计算区段的平面外计算长度，取支撑点的距离。

其余符号同式（2-25）。

变截面柱下端铰接时，应验算柱端的受剪承载力。

五、刚架连接设计

（一）梁—柱节点

门式刚架的梁柱节点通常采用梁端板通过高强螺栓连接。端板有竖放、斜放和平放三种形式。端板与梁、柱翼缘和腹板间的连接采用全熔透对接焊。

节点连接螺栓一般成对布置，受拉和受压翼缘的内外两侧均应设置，且尽可能使每个翼缘螺栓群的形心与翼缘的中心线重合，因此常采用外伸式端板。螺栓的排列及距离应满足规范构造要求。受压翼缘和受拉翼缘的螺栓不宜小于两排，如受拉翼缘的两侧各设一排螺栓不能满足受力要求时，可在翼缘内侧增设螺栓，螺栓间距a一般取75～80mm，且不小于三倍螺栓孔直径心。

节点的设计内容包括确定端板厚度、螺栓强度验算、梁柱节点域的剪应力验算和螺栓处腹板强度验算。

横梁端板的厚度可根据端板支承条件，按图2-21确定，取较大值，且不宜小于16mm，其中，N_t为单个高强螺栓的受拉承载力；f为端板钢材的抗拉强度设计值。

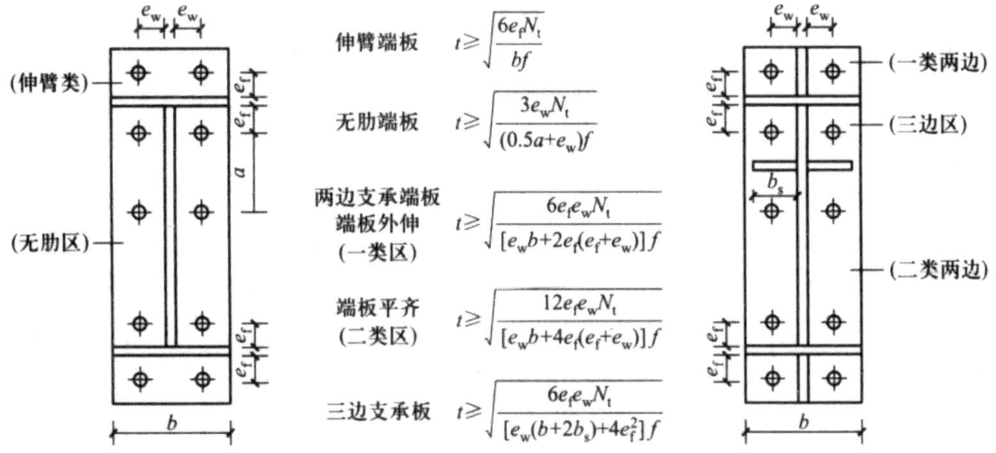

图 2-21 端板的厚度要求

螺栓按同时承受剪力和拉力验算强度。

梁柱节点中梁与柱相交的节点域按下式验算剪应力：

$$\tau = 1.2M / \left(d_b d_c t_c\right) \leqslant f_{\mathrm{v}} \tag{2-28}$$

式中，M——节点的弯矩设计值；

d_c、t_c——分别为节点域的宽度和厚度；

d_b——梁端部高度或节点域高度；

f_{v}——节点域抗剪强度的设计值。

在端板设置螺栓处，梁、柱腹板的强度应满足下式要求：

$$\begin{cases} \dfrac{0.4P}{e_w t_w} \leqslant f & \text{当 } N_{12} \leqslant 0.4P \\ \dfrac{N_{t2}}{e_w t_w} \leqslant f & \text{当 } N_{12} > 0.4P \end{cases} \tag{2-29}$$

其中，P为高强螺栓预拉力；N_{12}为翼缘内第二排单个螺栓承受的轴向拉力；t_{w}为腹板厚度。

（二）柱脚节点

1. 柱脚形式

柱与基础的连接节点通常称为柱脚节点。基础一般由钢筋混凝土做成，其强度比钢材低，为此需要将柱身底端放大，以增加与基础顶面的接触面积，满足混凝土局部抗压承载力要求。

柱脚按其传递荷载的能力分为铰接和刚接两大类，铰接柱脚用于轴心受力柱；刚接柱脚用于偏心受力柱。按布置方式可以分为整体式柱脚和分离式柱脚。整体式柱脚用于实腹柱和肢距较小（如小于1.5m）的格构柱；肢距较大的格构柱采用分离式柱脚，每个分肢下的柱脚相当于一个轴心受力铰接柱脚，两柱脚之间用隔板相联系。

图2-22是几种常用的铰接柱脚形式。其中，图2-22（a）中的柱下端直接与底板焊接，柱子轴力由焊缝传给底板，由底板扩散并传给基础。由于底板在各个方向均为悬臂，底板的抗弯刚度较弱，压力的扩散范围受到限制，所以这种柱脚形式仅适用于柱轴力较小的情况。当柱轴力较大时，一般采用图2-22（b）、（c）的柱脚形式。在柱翼缘两侧设置靴梁，在靴梁之间设置隔板，以增加靴梁的侧向刚度。柱子轴力通过竖向焊缝传给靴梁和隔板（柱下端与底板之间留有空隙，仅采用构造焊缝相连），再由水平焊缝传给底板。图

2-22（c）中，在靴梁外侧设置了肋板，使柱轴力向两个方向扩散。通常在一个方向采用靴梁、另一个方向设置肋板。靴梁、隔板和肋板构成了底板的支座，改善了其支承条件，大大提高了底板的抗弯刚度。

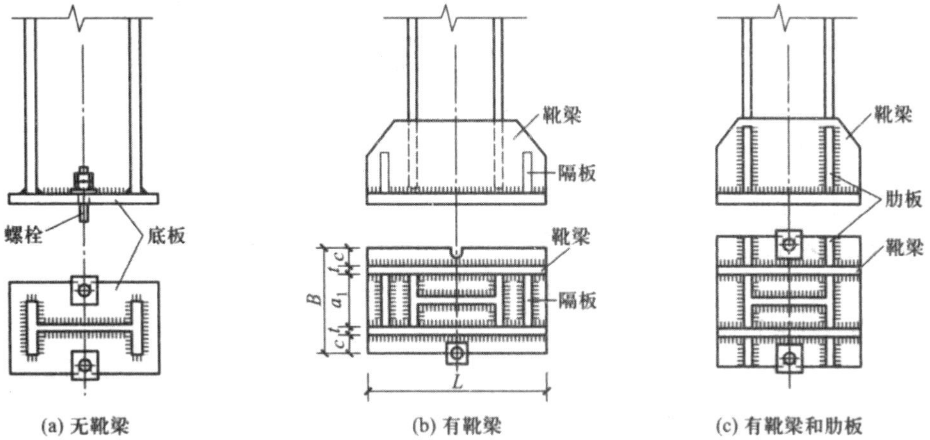

图 2-22　铰接柱脚

柱脚通过预埋在基础上的锚栓来固定。铰接柱脚锚栓设置在一条轴线上，对柱端转动的约束很小，符合铰接的假定。底板上锚栓孔的直径应比锚栓直径大0%～100%，并做成U形缺口，待柱子就位并调整到设计位置后，再用垫板套住锚栓并与底板焊牢。铰接柱脚的锚栓不需要计算。

刚接柱脚按其构造形式分为露出式、外包式和埋入式三种。

露出式刚接柱脚的轴力传递方式与铰接柱脚相同，通过靴梁传给底板，再由底板传给基础；剪力主要依靠底板与基础之间的摩擦力传递（摩擦系数可取0.4），当摩擦力不足以承受剪力时，由焊于底板的方钢、T型钢等抗剪键传递；弯矩由底板（压力）和锚栓（拉力）共同承担，锚栓固定在由靴梁挑出的承托上。

外包式刚接柱脚是用钢筋混凝土将柱脚包裹起来，外侧的钢筋混凝土可以很好地保护柱脚，并大大提高柱脚的刚度。

埋入式刚接柱脚是直接将钢柱埋入钢筋混凝土基础中。有两种埋入方式：一种是钢柱安装到位后浇筑钢筋混凝土基础；另一种是将基础做成杯口，钢柱插入后通过二次浇筑混凝土形成整体，其插入深度不小于1.5倍的实腹式柱截面高度，且不小于500mm和柱高的5%。

为了增强钢柱与混凝土之间的黏结，无论是外包式柱脚还是埋入式柱脚，被包部分的翼缘上一般要设置直径不小于16mm、间距不大于200mm的圆柱头焊钉；混凝土保护层厚度不小于180mm。

2. 设计要点

下面以露出式刚接柱脚为例，介绍柱脚的设计要点。露出式刚接柱脚设计内容包括底板、靴梁、隔板、肋板和锚栓。

柱脚底板的平面尺寸取决于基础材料的抗压强度。一般先根据构造确定底板宽度B，然后根据底板与基础接触面的最大压力（假定底板反力为线性分布）不超过混凝土的抗压强度设计值确定底板长度L。底板厚度由以柱身、靴梁、隔板和肋板等为支座的各区格板的抗弯承载力确定。计算板的弯矩时，可以近似认为底板反力为均匀分布并取该区格板的最大反力。为保证底板具有足够的刚度，厚度一般为20 ～ 40mm，最小厚度不小于14mm。

靴梁的高度根据传递柱翼缘压力（可近似取N/2+M/h）所需要的靴梁与柱身之间的竖向焊缝长度确定，并不宜小于450mm，每条竖向焊缝的计算长度不应大于60 h_f；并按在底板反力作用下，支承于柱侧边的双外伸梁验算抗弯和抗剪强度。靴梁厚度取略小于柱翼板厚度。靴梁与底板的连接焊缝按靴梁负荷范围内的底板反力计算，因柱身范围内靴梁内侧不易施焊，故仅在外侧布置焊缝。

隔板按支承于靴梁的简支梁验算抗弯、抗剪强度，荷载取隔板负荷范围内的底板反力。为保证具有一定刚度，厚度不得小于长度的1/50，且不小于10mm。隔板高度由其与靴梁的竖向连接焊缝长度决定；隔板与底板的连接焊缝仅布置在外侧。

肋板按悬臂梁计算，计算内容及方法同隔板。

当底板与基础接触面的最小压力出现负值时（以压为正），需要由锚栓来承担拉力。根据力矩平衡条件，锚栓总拉力Z为：

$$Z=\left(M-Ne_{\mathrm{D}}\right)/\left(e_z+e_{\mathrm{D}}\right) \tag{2-30}$$

式中，M、N——弯矩、轴力基本组合值；

e_z——锚栓位置到底板中心的距离；

e_{D}——压应力合力作用点到底板中心的距离，$e_{\mathrm{D}}=L/2-s/3$，$s=L\times\sigma_{\max}/\left(\sigma_{\max}+\left|\sigma_{\min}\right|\right)$。

根据选定的锚栓直径，即可确定所需的锚栓数量。锚栓下端在混凝土基础中的深度应满足锚固长度，如埋置深度受到限制，锚栓应固定在锚板或锚梁上。

第四节 柱间支撑设计与柱下基础设计

一、柱间支撑设计

柱间支撑是纵向排架的重要组成部分，能有效承受厂房的纵向水平荷载，大大增强结构的纵向刚度。对于钢框架，柱间支撑还为柱子提供平面外的支撑点，减小柱平面外计算长度。

（一）内力分析

1. 计算简图

上柱支撑的水平杆一般由柱顶的通长水平系杆代替；下柱支撑的水平杆由吊车梁代替。柱间支撑与柱的连接为铰接；为了简化计算，可以将柱与基础的连接以及上、下段柱的交接处也视为铰接。交叉腹杆可以按压杆体系设计，也可以按拉杆体系设计。当按拉杆体系设计时，假定腹杆只承受拉力，一旦受压即失去稳定而退出工作。

2. 荷载

柱间支撑的荷载包括由房屋两端或一端（设有中间伸缩缝）的山墙传来的纵向风荷载、吊车纵向水平荷载和保证柱子平面外稳定的支撑力（对于钢结构）。

山墙上的风荷载首先传给抗风柱（墙柱），其中，一半的风荷载直接由抗风柱传到基础、另一半通过抗风柱与屋架的连接传到屋架上弦，由屋架传到柱顶，最后由柱顶水平系杆传到柱间支撑。当设有抗风桁架时，抗风桁架是抗风柱的中间支点，一部分风荷载通过抗风桁架传给柱间支撑。

当支撑构件轴线通过被支撑构件的截面剪心时，支撑系统所受的支撑力设计值按下列公式计算：

$$F_{\mathrm{bn}}=\frac{\sum_{i=1}^{n}N_i}{60}\left(0.6+\frac{0.4}{n}\right) \tag{2-31}$$

式中，n——被支撑柱的根数；

N_i——被支撑柱的轴力设计值。

支撑力可不和其他荷载同时考虑。

当同一列柱沿纵向设有多道支撑时，纵向水平荷载可在各道支撑中平均分配。

（二）截面计算与连接构造

1. 计算内容

支撑构件为轴心受力构件，截面计算内容包括强度、整体稳定和刚度。一般先根据长细比的构造要求（刚度条件）初选截面，然后进行强度和稳定验算。

2. 计算长度

确定交叉腹杆的长细比时，平面内计算长度取节点中心到交叉点间的距离；平面外计算长度考虑交叉杆的相互约束作用，即计算某个方向腹杆的计算长度时，另一个方向的腹杆提供侧向（平面外）的弹性支承刚度。

对于图2-23（a）所示在交叉点均为连续的交叉腹杆体系，受压腹杆平面外屈曲时，将受到另一个方向受拉腹杆的横向约束，如图2-23（b）所示；确定计算长度时，可以取图2-23(c）所示的计算模型，另一方向的腹杆在交叉点为所计算斜杆提供侧向弹性支承。

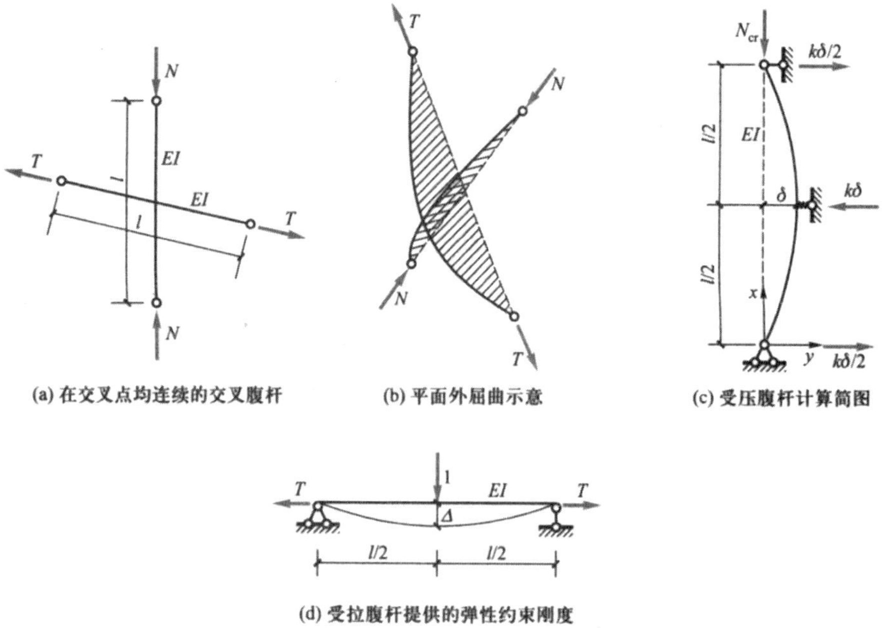

(a) 在交叉点均连续的交叉腹杆　(b) 平面外屈曲示意　(c) 受压腹杆计算简图

(d) 受拉腹杆提供的弹性约束刚度

图 2-23　交叉腹杆的计算长度

利用边界条件 x=1/2、y=6，可得到稳定方程：

$$\frac{0.5\pi/\mu}{0.5\pi/\mu-\tan(0.5\pi/\mu)}=\frac{kl}{4N_{cr}} \tag{2-32}$$

计算长度系数 μ 与k有关。

根据定义，侧向弹性支承刚度为发生单位侧向位移时所需施加的集中力，即 $k=1/\Delta$。对于图2-22（d）所示的连续受拉支承杆，侧向弹性支承刚度：

$$k=\frac{4T}{l}\frac{\mu_1}{\mu_1-\tanh\mu_1} \tag{2-33}$$

式中，$\mu_1=\sqrt{T/EI}\cdot l/2$。

将式（2-33）代入式（2-32），求解超越方程即可得到斜腹杆的平面外计算长度系数。

同理可求得图2-24（a）所示连续受压支承杆提供的侧向弹性支承刚度：

$$k=\frac{4T}{l}\frac{\mu_1}{\tan\mu_1-\mu_1} \tag{2-34}$$

对于图2-24（b）所示在交叉点断开的拉杆，根据中央节点力三角形和变形后几何图形的相似性，容易得到支承刚度：

$$k=4T/l \tag{2-35}$$

因求解超越函数较复杂，《钢结构设计规范》对计算公式进行了简化，近似取：

$\frac{\mu_1}{\mu_1-\tanh\mu_1}=1+\frac{\pi^2}{3\mu_1^2}$；$\frac{\mu_1}{\tan\mu_1-\mu_1}=\frac{\pi^2}{3\mu_1^2}-\frac{4}{3}$

得到交叉腹杆平面外计算长度较为简便的表达式。

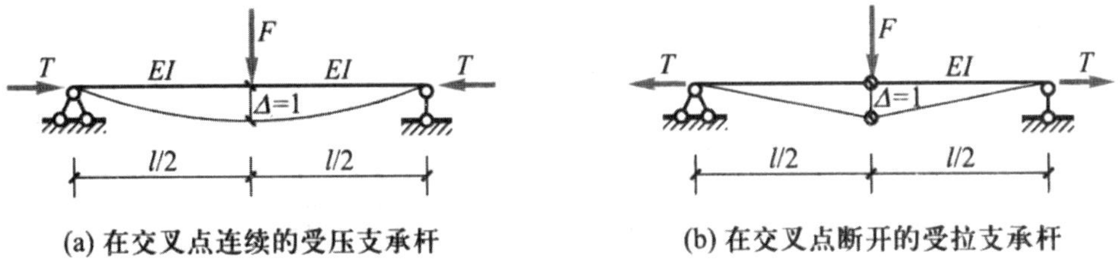

图2-24　支撑杆的弹性约束刚度

3. 连接与构造

柱间支撑采用角钢时，其截面尺寸不宜小于∟75×6；采用槽钢时不宜小于∟12。上柱柱间支撑一般采用单片，设在柱截面的中心位置；下柱柱间支撑一般采用双片，两片支撑之间用缀条相连。

支撑与钢柱的连接可采用焊接或高强螺栓；支撑与混凝土柱通过由锚板和锚筋组成的预埋件连接。

二、柱下独立基础设计

（一）概述

单层厂房一般采用柱下钢筋混凝土独立基础，属扩展基础，即通过向侧边扩展成一定底面积，使基底的压力满足地基土的承载要求。柱下独立基础的形式有台阶形和锥形两种。为了与预制的混凝土柱连接或满足埋入式钢柱柱脚要求，基础上部做成杯口，称杯形基础。

当基础的底板过小时，将发生地基破坏；当基础的高度不够时将发生基础受冲切破坏；当基础底板配筋不足时会发生底板受弯曲破坏。

独立基础的设计内容包括：地基计算，以确定基础底面尺寸；基础抗冲切承载力计算，以确定基础高度；基础抗弯承载力计算，以确定底板配筋；构造。

（二）地基计算

基础的底面尺寸应满足地基承载力和地基变形（符合一定条件的丙级建筑可不做地基变形计算）的要求。进行地基承载力计算时，上部结构传来的荷载取标准组合值；地基变形计算时，上部结构传来的荷载取准永久组合值。

假定基底反力为线性分布，对于图2-25所示的偏心受力基础，可求得基底压力：

$$\left.\begin{aligned} p_{\mathrm{kmax}} &= \frac{F_{\mathrm{k}}+G_{\mathrm{k}}}{A}+\frac{M_{\mathrm{k}}}{W} \\ p_{\mathrm{k\,min}} &= \frac{F_{\mathrm{k}}+G_{\mathrm{k}}}{A}-\frac{M_{\mathrm{k}}}{W} \end{aligned}\right\} \tag{2-36}$$

式中，F_{k}——上部结构传至基础顶面的竖向力标准组合值；

M_{k}——作用在基础顶面的力矩标准组合值；

A——基础的底面积，$A=b\times l$；

W——基础底面的抵抗矩，$W=l\times b^{2}/6$；

G_{k}—基础及基础范围覆土的重力标准值，可近似取G_{k}=20dA，d为基础埋深，单位m。

由于基础底面与地基的接触面之间不能承受拉力，当按上式计算的$p_{\mathrm{kmin}}<0$时［当$M_{\mathrm{k}}/\left(N_{\mathrm{k}}+G_{\mathrm{k}}\right)>b/6$时出现这种情况］，需要重新计算。按下式确定基底最大压力：

$$p_{\mathrm{kmax}}=\frac{2\left(F_{\mathrm{k}}+G_{\mathrm{k}}\right)}{3la} \tag{2-37}$$

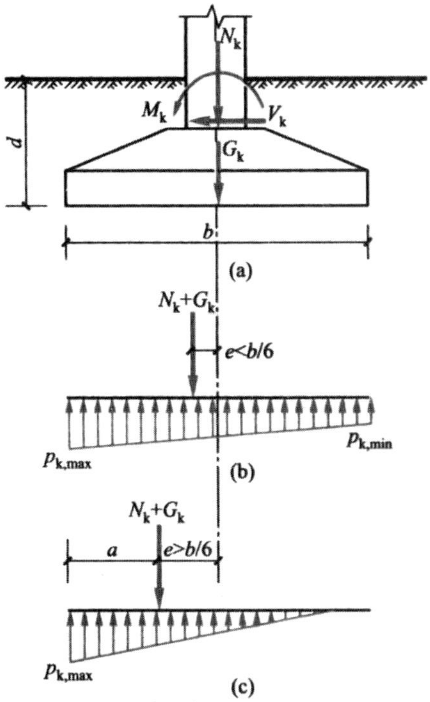

图 2-25　偏心受力基础的基底压力

式中，a——合力作用点至基础底面最大压力边缘的距离，见图2-25（c）。

地基承载力要求满足：

$$\left.\begin{aligned}\frac{p_{kmax}+p_{kmin}}{2}&\leqslant f_a\\ p_{kmax}&\leqslant 1.2f_a\end{aligned}\right\} \tag{2-38}$$

式中，f_a——修正后的地基承载力特征值，按下式修正：

$$f_a=f_{ak}+\eta_b\gamma(b-3)+\eta_d\gamma_m(d-0.5) \tag{2-39}$$

其中，f_{ak}——地基承载力特征值，由地质勘察报告提供；

b——基础底面宽度，单位m，小于3m按3m取值，大于6m按6m取值；

d——基础埋置深度，单位m，自室外地面标高算起；

γ——基础底面以下土的重度，地下水位以下取浮重度；

γ_m—基底以上土以层厚为权重系数的加权平均重度，地下水位以下土层取浮重度；

η_b、η_d——基础宽度和埋深的地基承载力修正系数。

当基础为轴心受力时，只须取式（2-35）中的M_k=0。

设计时一般先预估底面尺寸，然后验算地基承载力和地基变形。

（三）基础受冲切承载力计算

基础冲切破坏面是大致呈45° 的锥体，抗冲切承载力与冲切破坏面的面积有关，由于冲切破坏面与水平面是45° 的固定关系，所以可以用冲切破坏面的水平投影面积来反映；而冲切破坏面以外部分 A_l 基底反力构成冲切荷载。

为了防止基础的冲切破坏，要求：

$$F_l \leqslant 0.7\beta_{hp} f_t a_m h_0 \tag{2-40}$$

式中，F_l——冲切荷载设计值，$F_l = p_j A_l$，其中 p_j 是由上部结构荷载效应的基本组合值引起的基底反力，不包括基础及覆土的重力，对于偏心受力基础可取用最大值；A_l 是计算冲切荷载取用的多边形面积；

β_{hp}——截面高度影响系数，当基础高度h≤800mm时，取 β_{hp} =1.0；当h≥2 000mm时，取 β_{hp} =0.9，其间按线性插入；

f_t——基础的混凝土抗拉强度设计值；

a_m——冲切破坏锥体的平均边长，$a_m = (a_t + a_b)/2$，其中，a_t 是冲切破坏锥体的上边长，当计算柱与基础交接处的受冲切承载力时，取柱宽，当计算基础变阶处的受冲切承载力时，取上阶宽；a_b 是冲切破坏锥体的下边长，$a_b = a_t + 2h_0 \leqslant l$；

h_0——柱与基础交接处或基础变阶处的截面有效高度，取两个配筋方向截面有效高度的平均值。

设计时，一般先根据构造要求假定基础高度，然后按式（2-40）验算，如不满足，则增加基础高度，直到满足。当冲切破坏锥体的底线落在基础之外（A_l＜0）时，不必进行受冲切计算。

（四）基础受弯承载力计算

基础相当于固支在柱子上、四面挑出的倒置悬臂板，在不包括基础及覆土重力的基底净反力 p_j 作用下，两个方向均存在弯矩，因而在两个方向均需要配置受力钢筋。为了简化，计算弯矩时，将底板划分为四块独立的悬臂板。

容易得到沿长边b方向Ⅰ－Ⅰ截面和沿短边l方向Ⅱ－Ⅱ截面的弯矩分别为：

$$\left.\begin{aligned} M_{\mathrm{I}} &= \frac{p_j}{24}(b-b_c)^2(2l+l_c) \\ M_{\mathrm{II}} &= \frac{p_j}{24}(l-l_c)^2(2b+b_c) \end{aligned}\right\} \tag{2-41}$$

式中，p_j——由上部结构荷载效应的基本组合值引起的基底净反力，不包括基础及覆土的重力。对于偏心受力基础，计算 M_1 时取 $p_j=\left(p_{j,max}+p_{j1}\right)/2$；计算 M_{II} 时取 $p_j=\left(p_{j,max}+p_{j,min}\right)/2$。

计算受力钢筋面积时，可近似取内力臂系数 γ_s=0.9。长边方向的截面有效高度取 $h_0=h-a_s$，其中 a_s：当基础下有素混凝土垫层时取 a_s =45mm；当没有素混凝土垫层时取 a_s =75mm；短边方向的截面有效高度取 $h_0=h-a_s-d$，d为纵向钢筋的直径。

对于阶形基础，尚应验算变阶处截面的受弯承载力。

第五节 厂房屋盖设计

一、概述

单层厂房的屋盖结构分为无檩体系和有檩体系两大类。

无檩体系屋盖一般包括钢筋混凝土大型屋面板、屋架（或屋面梁）和屋盖支撑。有时为了满足采光和通风要求，需要在屋面布置天窗，在屋架上设置天窗架。当厂房采用扩大柱距时，采用托架来支承缺柱位置的屋架。无檩体系屋盖的构件种类和数量少，构造简单，安装方便，施工速度快，并且屋盖的刚度大、整体性好。

有檩体系屋盖中采用檩条和瓦代替无檩体系中的大型屋面板，屋架间距和屋面布置相对较灵活，当采用轻型屋面材料时可减轻自重，但构件的种类增加，构造较复杂。

二、屋架设计

（一）屋架种类

单层厂房的屋架按材料可以分为混凝土屋架、钢屋架、钢—混凝土组合屋架和钢—木组合屋架。在钢—混凝土组合屋架中，受压杆件采用混凝土，而受拉杆件采用型钢或钢筋；在钢—木组合屋架中受拉杆件采用钢材。

混凝土屋架按是否施加预应力，分为普通钢筋混凝土屋架和预应力钢筋混凝土屋架两类；按屋架的外形可分为三角形屋架、折线形屋架和梯形屋架等。当跨度在15 ～ 30m时，一般应优先选用预应力混凝土折线形屋架；当跨度在9 ～ 15m时，可采用钢筋混凝土屋架；对预应力结构施工有困难的地区，跨度为15~18m时，也可选用钢筋混凝土折线形屋架；当采用轻型屋面材料且跨度不大时，可选用三角形屋架。

钢屋架按其外形可分为三角形屋架、梯形屋架、平行弦屋架和拱形屋架等几种。

三角形屋架适用于屋面坡度较大（1 ∶ 3 ～ 1 ∶ 2）的有檩屋盖体系，屋架与柱只能做成铰接，故房屋的横向刚度差些。弦杆的内力变化比较大，当弦杆采用同一规格截面时，材料不能得到充分利用。三角形屋架的腹杆有单斜式、人字式和芬克式等几种。其中，单斜式中较长的斜杆受拉，较短的竖杆受压，受力比较合理，但腹杆和节点的数目均较多，比较适合下弦需要设置天棚的屋架；人字式腹杆的节点数量较少，但受压腹杆较长，适合跨度较小的情况；芬克式的腹杆受力合理，还可以分成左右两根较小的屋架，便于运输。

梯形屋架适用于屋面坡度较为平缓（1 ∶ 16 ～ 1 ∶ 8）的无檩屋盖体系，屋架与柱（钢柱）可以做成刚接，提高房屋的横向刚度。因外形接近于均布荷载下简支构件的弯矩图，弦杆内力较为均匀，优于三角形屋架。梯形屋架的腹杆可采用人字式和再分式。人字式布置方式不仅可以使受压上弦的自由长度比受拉下弦小，还能使大型屋面板的支撑点搁置在节点上，避免产生局部弯矩；若人字式节间过长，可采用再分式布置形式。

平行弦屋架，顾名思义其上、下弦相平行，具有杆件规格、节点构造统一、便于制造等优点，多用于单坡屋盖或双坡屋盖，以及托架和支撑体系中。腹杆形式有人字式、交叉式和K式。人字式腹杆数量少，节点简单；交叉式常用于受反复荷载的桁架中，有时斜杆可用柔性杆；K形腹杆用于桁架较高时，可减少竖杆的计算长度。

（二）屋架的几何尺寸

1. 跨度

屋架的标志跨度L是指纵向定位轴线的距离；屋架的计算跨度 L_0 是两端支承点之间的距离。当屋架与柱铰接时，L_0 =L-2×150mm；当屋架与柱（钢柱）刚接时，计算跨度取钢柱内侧之间的距离。

2. 高度

三角形屋架的高跨比一般采用1/6 ～ 1/4，梯形和折线形屋架的高跨比一般采用1/10 ～ 1/6。双坡折线形屋架的上弦坡度可采用1 ∶ 5（端部）和1 ∶ 15（中部），单坡折线形屋架的上弦坡度可采用1 ∶ 7.5，梯形屋架的上弦坡度可采用1 ∶ 7.5（用于非卷材防水屋面）或1 ∶ 10（用于卷材防水屋面）。混凝土折线形屋架和梯形屋架的端部高度一般取1180mm。钢梯形屋架的端部高度，当与柱铰接时取1.6 ～ 2.2m；当与柱刚接时取1.8 ～ 2.4m。

当屋架的高跨比符合上述要求时，一般可不验算挠度。

跨度≥ 15m的三角形屋架和跨度≥ 24m的梯形屋架，跨中宜起拱，即制作时形成一个向上的反挠度。起拱值：钢屋架可采用L/500；钢筋混凝土屋架可采用L/700 ～ L/600；

预应力屋架可采用L/1000～L/900。

3. 节间长度

屋架节间长度要有利于改善杆件受力条件和便于布置天窗架及支撑。

混凝土屋架的上弦节间长度一般采用3m、4.5m；下弦节间长度一般采用4.5m和6m，个别的采用3m，第一节间长度宜一律采用4.5m。

钢屋架的上弦节间长度一般采用1.5m或3.0m，对于有椽体系根据檩条间距取0.8～3m；下弦一般取3m。

4. 杆件尺寸

混凝土屋架的上弦截面不小于200mm×180mm，下弦不小于200mm×140mm，腹杆不小于100mm×100mm。受拉杆件的长细比不大于40，受压杆件的长细比不大于35。

钢屋架杆件一般采用双角钢拼成的T形截面，对于正中竖杆为了布置垂直支撑，常采用双角钢十字形截面。角钢规格不宜小于∟50×5或∟75×50×5。有螺栓孔时，角钢的肢宽须满足螺栓线距要求；须搁置屋面板时，上弦角钢的水平肢宽应满足屋面板的搁置尺寸要求。上、下弦杆通常采用等截面，仅当梯形和平行弦屋架跨度大于30m、三角形屋架跨度大于24m时才在半跨内改变一次截面，一般改变角钢的宽度而保持厚度不变。所有受压和压弯杆件的长细比不应大于150，受拉和拉弯杆件的长细比不应大于350，有重级工作制吊车的厂房不应大于250。

（三）屋架内力分析

1. 计算简图

无论是混凝土屋架，还是钢屋架，腹杆与弦杆并非理想铰接。为了计算方便，按铰接桁架计算杆件轴力，按折线连续梁计算上弦的弯矩。连续梁的支座反力R反向作用在铰接桁架的上弦节点。

2. 荷载

作用在屋架上的荷载包括屋架及屋盖支撑自重、通过屋面板或檩条传来的屋面荷载以及天窗架立柱传来的集中荷载、悬挂吊车或其他悬挂设备的重力等。

屋架和支撑自重水平投影面的分布荷载g_{wk}（单位kN/m^2）可近似按下列经验式估计：钢屋架g_{wk}=0.12+0.011L；混凝土屋架g_{wk}=0.25+（0.025～0.03）L，其中，L为屋架标志跨度，单位m。

屋架和支撑自重可全部以均布线荷载的形式作用在屋架上弦。

屋面板或檩条传来的集中荷载包括屋面永久荷载F_g和屋面可变荷载F_q，其中屋面永久荷载按斜面分布，须换算成按水平投影面分布；屋面可变荷载按水平投影面分布。

3. 荷载组合

荷载的最不利组合考虑使用和施工两个阶段。由于在半跨荷载下尽管杆件内力的绝对值减小，但腹杆内力可能变号，从而使某些杆件更为不利（混凝土杆件从受压变为受拉、钢杆件从受拉变为受压），因而须考虑半跨可变荷载作用。屋架计算考虑以下三种荷载组合：

①全跨永久荷载+全跨可变荷载；

②全跨永久荷载+半跨可变荷载；

③全跨屋架、支撑自重+半跨屋面板自重+半跨屋面施工荷载。

永久荷载的分项系数取1.2，可变荷载的分项系数取1.4。

4. 分析模型讨论

上述计算模型与实际结构存在两个方面的差异：一是节点之间将产生相对位移（相当于连续梁的支座沉降），从而在上弦杆中产生附加弯矩；二是因节点非理想铰接，各杆件中存在节点的分配弯矩。一般把这些附加内力称为“次内力”，而把按计算模型得到的内力称为“主内力”。

次内力一般不计算，而在截面设计时适当考虑这种影响，将上弦杆和支座斜杆的截面（对钢屋架）或配筋（对混凝土屋架）适当增大。

（四）钢屋架杆件设计

受拉腹杆和下弦杆按轴心受拉构件进行强度计算；受压腹杆按轴心受压构件进行强度和稳定计算，并验算其刚度（长细比限值）；上弦杆按压弯构件进行强度、平面内稳定和平面外稳定计算，并验算其刚度。可采用以下计算步骤：假定长细比（弦杆可取$\lambda=60\sim100$，腹杆可取$\lambda=80\sim120$）；由λ查φ值计算截面面积A以及回转半径i_x、i_y；由A、i_x、i_y选择角钢；按实际的A、i_x、i_y上进行强度、刚度和稳定计算。

1. 计算长度

屋架节点非理想铰，节点板具有一定的刚度，杆件在节点受到转动约束。这种约束对杆件的稳定承载力是有利的，可以加以利用。考虑到弦杆和支座斜杆、支座竖杆受到的约束较小，平面内计算长度取节点间的轴线长度，即$l_{0x}=l$。

对于其他单系腹杆（并非交叉的腹杆），计算平面内计算长度时取图2-26（a）所示的计算模型。考虑到上弦杆受压失稳会失去对腹杆的转动约束作用，腹杆上端取为铰接；只考虑下弦杆的转动约束作用，并假定相邻节点为铰接。图2-26（a）的计算模型可以用图2-26（b）所示的计算模型代替。由结构力学中等直杆的转角位移关系，$k_r = 6i_1$，其中$i_1 = EI_1 / l_1$，将$6i_1 / i(i = EI / l)$代替式（2-19g）中的η_l，可以得到：

$$\frac{\pi / \mu - \tan(\pi / \mu)}{(\pi / \mu)^2 \tan(\pi / \mu)} = \frac{i}{6i_1}$$

图2-26（c）是按上式算得的单系腹杆计算长度系数μ与杆件线刚度比i / i_1的关系。实际工程中，受拉弦杆的线刚度常大于受压腹杆的线刚度，即$i / i_1 < 1.0$，所以μ通常略小于0.8。为使用方便，《钢结构设计规范》将桁架中部单系受压腹杆的平面内计算长度系数取为常数0.8。

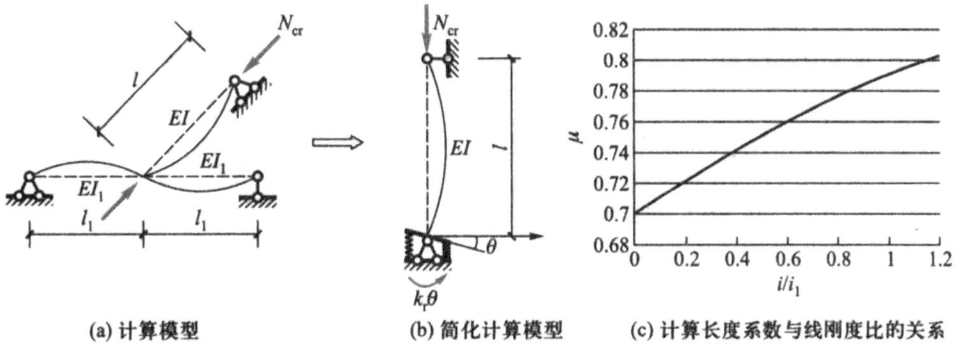

图2-26　单条腹杆的计算长度

由于节点板平面外的刚度很小，杆件的转动约束可以忽略不计，杆件平面外的计算长度均取侧向支承点之间的距离$l_{0y} = l_1$。

上弦杆侧向支承点距离的取值：有檩体系中，檩条与横向水平支撑的交点由节点板相连时，可取檩条间距，否则应取支撑节点间的距离；无檩体系中，能保证大型屋面板与上弦三点相焊时，可取两块屋面板宽度，否则应取支撑节点间的距离。

下弦杆侧向支撑点的距离取纵向水平系杆的间距。

单系腹杆的侧向支撑点距离取节间长度。

对于双角钢组成的十字形截面和单角钢截面腹杆，截面主轴不在屋架平面内，杆件可能发生绕较小主轴的斜平面内失稳。腹杆斜平面的计算长度取平面内和平面外计算长度的平均值，即$l_0 = 0.9l$。

对于侧向支撑点距离为节间长度的2倍的上弦杆[2-27（a）]，以及再分式腹杆体系的受压主斜杆[2-27（b）]、K形腹杆体系的竖杆[2-27（c）]，当内力不等时，其平面外计算长度可按图2-27（d）所示的模型确定。可求得稳定方程：

$$\frac{\beta-2+1/\beta}{1+\beta}=\frac{0.5\pi/\mu}{\tan(0.5\pi/\mu)}+\frac{0.5\sqrt{\beta}\pi/\mu}{\beta\tan(0.5\sqrt{\beta}\pi/\mu)}$$

式中，$\beta=N_2/N_1$，N_1是较大的压力，N_2是较小的压力。

上式较为复杂，《钢结构设计规范》采用了下列近似公式：

$$l_0=l_1\left(0.75+0.25N_2/N_1\right) \tag{2-42}$$

如果N_2为拉力，取负值，也可近似用式（2-42）计算。当算得的$l_0<0.5l_1$时，应取$l_0=0.5l_1$。

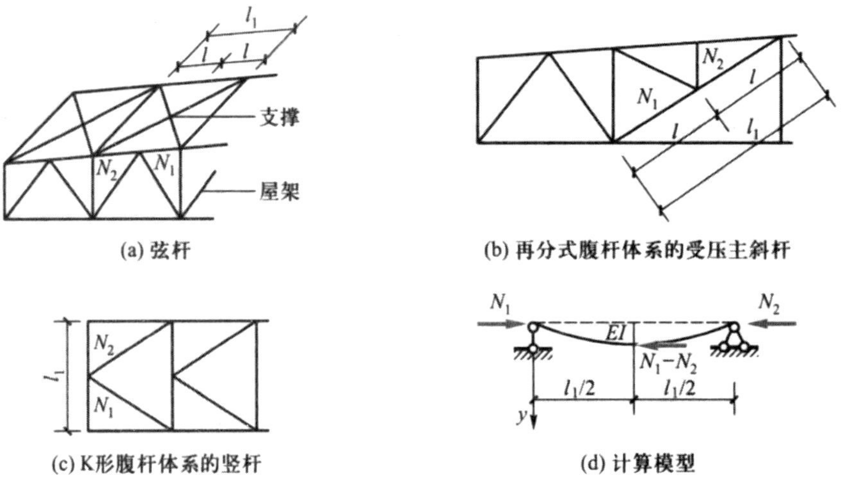

图2-27　侧向支撑点间内力有变化杆件平面外计算长度

2. 截面形式和填板要求

为节省材料，两个角钢的拼接形式应尽量使屋架杆件在平面内和平面外具有相近的长细比。

对于上弦杆，平面外计算长度一般是平面内计算长度的2倍，如无局部弯矩（无节间荷载），则宜采用短肢相拼的T形截面，i_y/i_x=2.6～2.9；当有较大的局部弯矩时，可采用两个等肢角钢拼成的T形截面（i_y/i_x=1.3～1.5）或长肢相拼的T形截面（i_y/i_x=0.75～1.0），以提高平面内的抗弯能力。

因支座斜杆的平面内和平面外计算长度相等，采用长肢相拼的T形截面比较合理。其

他腹杆因 $l_{0y}=1.25l_{0x}$，宜采用等肢角钢拼成的T形截面。连接垂直支撑的竖腹杆为了使节点连接不偏心；宜采用等肢角钢拼成的十字形截面。

下弦杆平面外的计算长度一般很大，为增加其侧向刚度，宜采用短肢相拼的T形截面。

为保证两个角钢组成的杆件能够共同工作，应在两个角钢之间设置填板，并用焊缝连接。填板厚度同节点板厚，宽度一般取40～60mm，长度每边比角钢肢宽大10～15mm。填板间距 l_d：对于压杆不大于40i、拉杆不大于80i，此处的i，对T形截面，为一个角钢对平行于填板的自身形心轴的回转半径；对十字形截面，为一个角钢的最小回转半径。计算长度范围内的填板数量不少于2块。

（五）钢屋架节点设计

1. 一般要求

节点设计时应按以下原则和步骤进行。

布置杆件时，应使杆件形心线尽量与屋架的几何轴线重合，并交会于节点中心。考虑到施工方便，肢背到轴线的距离可取5mm的倍数。螺栓连接的屋架可采用靠近杆件重心线的螺栓准线为轴线。

对变截面弦杆，宜采用肢背平齐的连接方式，便于搁置屋面构件。变截面的两部分形心线的中线应与屋架的几何轴线重合。如轴心线引起的偏心e不超过较大弦杆截面高度的5%，计算时可不考虑由此引起的偏心影响。

为避免因焊缝过分密集而使该处节点板过热变脆，杆件之间空隙不应小于20mm。

杆端的切割面一般宜与杆件轴线垂直[2-28（a）]。有时为了减小节点板尺寸而采用斜切时，可以采用图[2-28（b）]所示切法，但不可采用图[2-28（c）]所示的切割方法。

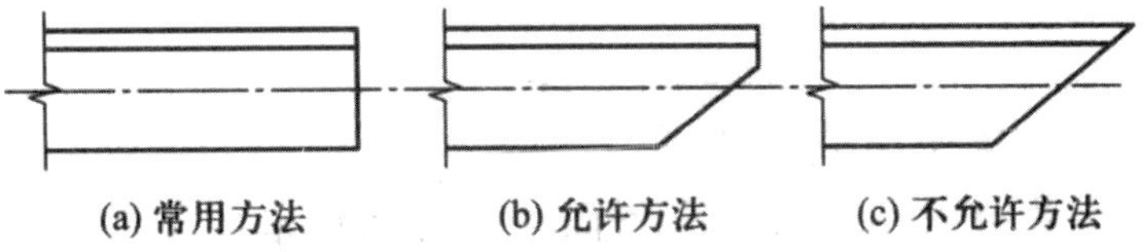

图2-28 角钢端部切割形式

节点板的形状力求简单规则，优先采用矩形、梯形、平行四边形或至少有一直角的四边形。避免出现凹角，以防止产生应力集中。节点板的尺寸应使连接焊缝中心受力，外边缘与斜杆轴线应保持不小于30°的坡度；焊缝长度方向应预留2倍焊脚高度h的长度以考虑施焊时的焊口，垂直于焊缝长度方向应预留10～15mm的焊缝位置。

节点的设计步骤为：选定节点板厚度、计算焊缝长度、确定节点板大小。

下面介绍各类节点的设计要点。

2. 一般节点

对于图2-29所示无集中荷载的一般节点，腹杆全部内力（N_3、N_4、N_5）通过焊缝传给节点板，所以应取杆件的最大内力来计算腹杆与节点板之间的连接焊缝；而弦杆在节点板处是贯通的，只须取二节间的最大内力差（N_1-N_2）来计算弦杆与节点板之间的连接焊缝。杆件内力按分配系数分配给肢背焊缝和肢尖焊缝。

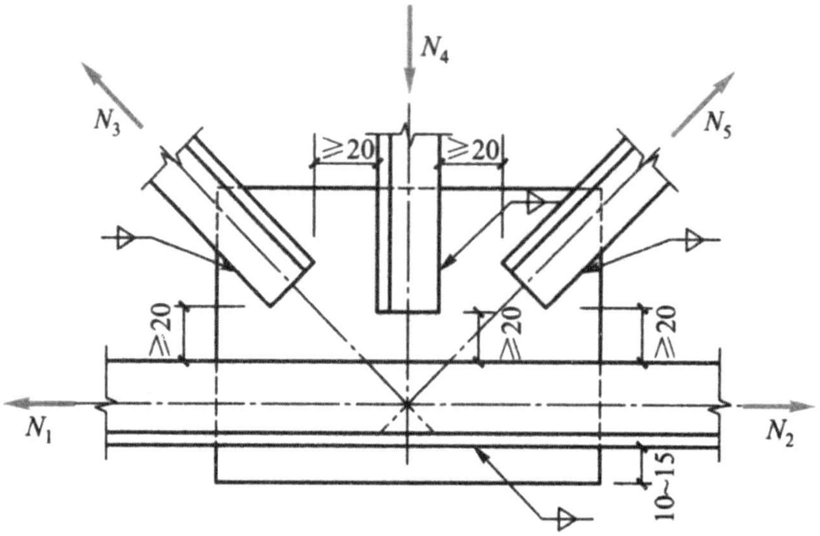

图2-29　一般节点

3. 有集中荷载的节点

上弦节点一般有大型屋面板或檩条传来的集中荷载F，如图2-30所示。为了放置屋面构件，常常将节点板缩入角钢肢背（0.6～1.0t）（t为节点板厚度），并采取塞焊连接。塞焊缝按两条$h_f=t/2$的角焊缝对待，这种焊缝质量不宜保证，其强度设计值乘以0.8的折减系数。计算弦杆与节点板的连接焊缝时，可假定集中荷载F由塞焊缝承担；上弦角钢肢尖焊缝承担弦杆内力差$\Delta N\left(=N_1-N_2\right)$和由此产生的偏心力矩$\Delta Ne$，此处e是上弦角钢肢尖到弦杆轴线的距离。腹杆与节点板的连接焊缝计算方法同一般节点。

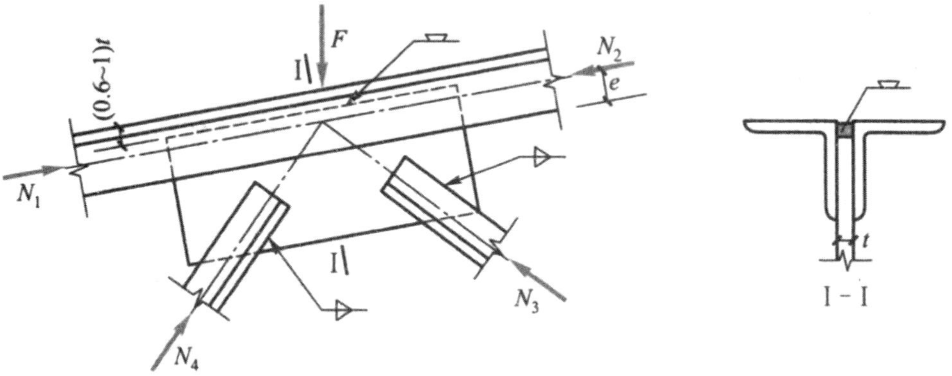

图 2-30 有集中荷载的节点

4. 弦杆的拼接节点

图2-31所示拼接节点，左右两弦杆是断开的，需要用拼接件在现场连接，拼接件通常采用与弦杆相同的角钢截面。为了使拼接角钢与弦杆角钢贴紧，需要将拼接角钢的棱角截去r（r为角钢内圆弧半径），并把竖向肢截去（h_f+t+5）mm，以便施焊。

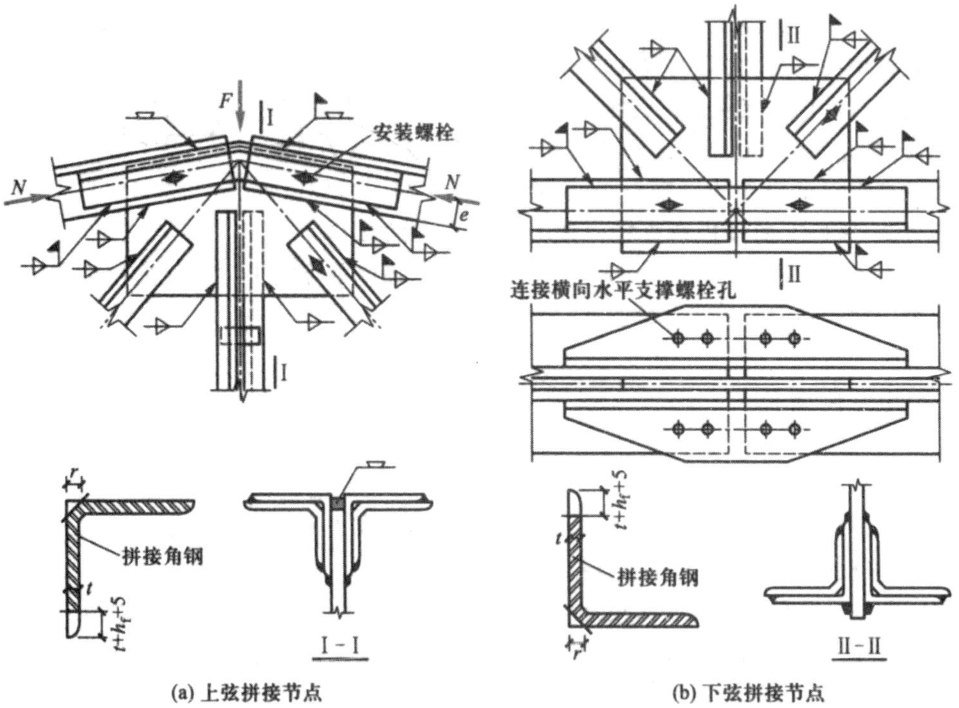

图 2-31 拼接节点

屋面坡度较小的梯形屋架屋脊处，拼接角钢可热弯成型；对屋面坡度较大的三角形屋架，宜将竖肢切口后冷弯对焊。为使拼接节点能正确定位，焊接前须用安装螺栓将节点夹紧固定。

计算拼接角钢与弦杆的连接焊缝（一侧共四条，均为肢尖焊缝）长度 l_w 时，上弦杆按最大内力计算，下弦杆按截面的抗拉强度（fA）计算。拼接角钢的长度 l 应按焊缝长度 l_w 确定，$l \geqslant 2\left(l_w + 2h_f\right)$ + 弦杆杆端空隙，其中弦杆杆端空隙对下弦杆取 10 ～ 20mm，对上弦杆取 30 ～ 50mm。

计算上弦杆与节点板的焊缝时，假定节点荷载 F 由上弦角钢肢背处的塞焊承担，角钢肢尖与节点板的连接焊缝按照上弦杆内力的 15% 计算，且考虑它产生的偏心力矩。计算下弦杆与节点板的连接焊缝时，可按两侧下弦较大内力的 15% 和两侧下弦内力差中的较大值计算。

5. 支座节点

屋架与柱的连接分铰接和刚接两种形式。图 2-32 是铰接支座节点，包括节点板、加劲肋、底板和锚栓等。支座节点的传力路线为屋架杆件的内力通过连接焊缝传给节点板，然后经节点板和加劲肋传给底板，最后传给柱子等竖向支承构件。

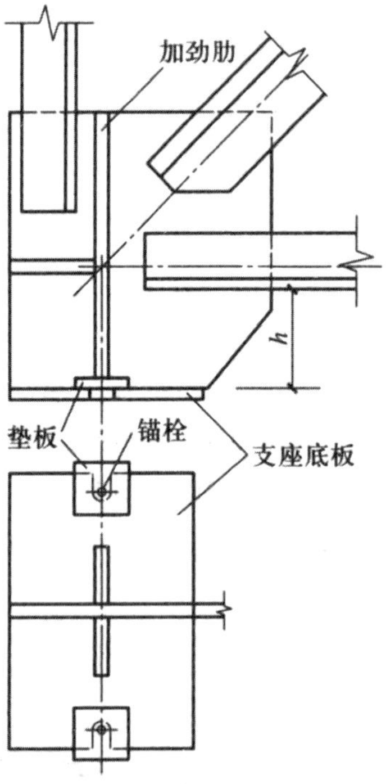

图 2-32　支座节点

支座底板所需净面积的确定方法同柱脚底板。当采用混凝土排架柱时，底板的尺寸由混凝土局部受压承载力确定，厚度一般取为 20mm。

节点板的大小由杆件与节点板的连接焊缝长度确定。为了便于节点施焊，下弦杆和支座底板间应留有不小于下弦水平肢宽且不小于130mm的距离。

加劲肋的作用是加强支座底板刚度，以便均匀传递支座反力并增强节点板的侧向刚度，它须设置在支座节点中心处。加劲肋与节点板的垂直焊缝可按假定其承担支座反力的25%计算，并考虑焊缝为偏心受力；加劲肋与底板的水平焊缝可按均匀传递支座反力计算。

锚栓预埋于支承构件的混凝土中，常用M20～M24。为便于安装时调整位置，底板上的锚栓孔直径一般为锚栓直径的2～2.5倍，或开成U形缺口，待屋架调整到设计位置后，用孔径比锚栓直径大1～2mm的垫板套住锚栓，并与底板焊牢。螺栓不需要进行计算。

第三章 砌体建筑结构设计

第一节 砌体结构布置

一、砌体结构种类

砌体房屋主要采用砌体混合结构的形式，包括砌体—木结构和砌体—混凝土结构。目前常用的是砌体—混凝土结构，亦即水平构件（梁、楼板）采用钢筋混凝土，墙体、柱采用砌体。习惯上将以砌体墙、柱作为竖向承重构件的建筑物统称为砌体结构。砌体结构所用的块体材料可以分为砖、砌块和石材三类。砖的种类很多，其中，烧结普通砖是指由黏土、煤矸石、页岩或粉煤灰为主要原料，经过焙烧而成的实心或孔洞率不大于规定值且外形尺寸符合规定的砖，又称标准砖。烧结多孔砖是指以黏土、页岩、煤矸石为主要原料，经焙烧而成的多孔且孔洞率不少于15%的砖。蒸压砖是指经坯料制备、压制成型、蒸压养护而成的砖，以石灰、砂为主要原料的蒸压灰砂砖和以粉煤灰、石灰为主要原料的蒸压粉煤灰砖。

混凝土小型砌块由普通混凝土制成，主要规格尺寸为390mm×190mm×190mm，空心率在25%～50%。灌孔砌体是在空心砌块砌体芯柱或其他需要填实的部位灌注混凝土。石材则根据加工后的外形规则程度进行分类。砌体结构根据是否配筋可以分为砌体结构、无筋砌体、配筋砌体、水平配筋砌体、网状配筋砌体。

砌体房屋根据竖向荷载的承重结构类型可以分为横墙承重体系、纵墙承重体系、纵横墙承重体系、内框架承重体系和底部框架上部砌体承重体系。主要竖向荷载由横墙承担的结构称为横墙承重体系。楼面竖向荷载通过楼板直接传递给横墙，而纵墙仅承担墙体自重（内纵墙还承担走道板传来的荷载）。受楼板经济跨度的限制（一般为3～4.5m），横墙间距比较密，房间大小固定，适用于宿舍、住宅等平面布置比较规则的房屋。由于横墙较多，又有纵墙的拉结，房屋的空间刚度大，整体性好，对抵抗风、地震等水平作用和抵抗地基不均匀沉降比较有利。横墙承重体系竖向荷载的传递路线为：板→横墙→基础→地基。在纵墙承重体系中，楼面竖向荷载通过梁主要传给纵墙。横墙的设置主要是为了满足房屋空间刚度和整体性的要求，因此，间距可以比较大，位置相对灵活。这种承重体系可以用于教学楼、实验楼、食堂、仓库、中小型工业厂房等要求有较大空间的房屋。与横墙承重体系相比，房屋的空间刚度和整体性较差。由于纵墙承受主要的竖向荷载，设置在纵墙上的门窗大小和位置受到一定限制。纵墙承重体系竖向荷载的传递路线为：板→梁纵墙→基础→地基。纵横墙承重体系的纵墙和横墙均为承重墙。

砌体结构种类：横墙承重体系；纵墙承重体系；纵横墙承重体系；内框架承重体系；底部框架承重体系。

内框架承重体系与一般全框架结构的区别在于省去边柱，而由砌体墙承重。与纵墙承重体系相比，内框架承重体系能得到较大空间而不需要增加梁的跨度，适合于商店、多层工业厂房等建筑。由于横墙较少，内框架承重体系房屋的空间刚度较差。此外，由于墙下基础与柱下基础的差异，内框架承重体系容易产生不均匀沉降。内框架承重体系竖向荷载的传递路线为：板→梁→外纵墙→纵墙基础柱→柱基础→地基。

在沿街建筑中，为了在底层开设商店，需要大空间，采用框架结构，而上面各层用作住宅，采用砌体结构。这类结构体系称为底层框架砌体房屋。在抗震设防区，为了满足上、下层刚度比的要求，在底层常常需要布置剪力墙。

二、砌体结构的组成与布置

（一）砌体结构的组成

砌体结构包括上部结构和基础。上部结构由竖向承重构件和水平承重构件组成，竖向承重构件包括砌体墙和砌体独立柱。砌体房屋中一般布置有圈梁和构造柱，此外，根据需要还有过梁、挑梁和墙梁等构件。为了增强砌体结构的整体性，防止由于地基不均匀沉降或较大振动荷载等对房屋引起的不利影响，在房屋的檐口、基础顶面和适当的楼层处布置有钢筋混凝土圈梁。为提高房屋的延性，地震设防区的砌体结构，在外墙四角、内外墙交接处等部位设有钢筋混凝土构造柱或芯柱（对砌块砌体），构造柱要求先砌墙后浇柱。

为了将门窗洞上方的荷载传递给洞口侧边的墙体，需要设置过梁，过梁分钢筋混凝土过梁、钢筋砖过梁、砖砌平拱过梁和砖砌弧拱过梁。

挑梁是指嵌固在砌体中的悬挑式钢筋混凝土梁，一般有阳台挑梁、雨篷挑梁和外走廊挑梁。当悬挑梁与混凝土圈梁连成一体时，不称其为挑梁。当房屋因底部大空间的需要，部分墙体不能落地时，须设置钢筋混凝土托梁，钢筋混凝土托梁和托梁上的墙体共同组成墙梁。另外，单层工业厂房围护结构中的基础梁与墙体、连系梁与墙体也构成墙梁。墙梁分简支墙梁、连续墙梁和框支墙梁。砌体结构房屋的基础类型有墙下刚性基础、墙下条形基础、筏板基础和桩基础。刚性基础是指基础宽度在刚性角以内、台阶宽高比满足一定要求的基础。刚性基础比较经济，当场地土情况较好时，可以采用这种基础。基础材料有毛石、毛石砌体、砖砌体和混凝土。在以前，也有采用灰土、三合土的。墙下条形基础采用钢筋混凝土，抵抗地基不均匀沉降的能力比刚性基础强，是目前常用的砌体基础形式。当地质条件较差时可以采用筏板基础和桩基础。

（二）砌体结构布置的一般要求

在抗震设防区的多层砌体房屋应优先采用横墙承重或纵横墙承重结构体系，纵、横墙的布置宜均匀对称，沿平面内宜对齐，沿竖向应上下连续。砌体房屋的总高度、层数和高宽比不应超过规定。对医院、教学楼等横墙较少的房屋总高度应比《建筑抗震设计规范》（GB 50011-2010）中规定的数值降低3m，层数应相应减少一层。石砌体的层高不宜超过3m；砖和砌块砌体房屋的层高不宜超过3.6m；底部框架—抗震墙房屋的底部和内框架房屋的层高不应超过4.5m。抗震横墙的间距不应超过要求，墙体的局部尺寸应满足限值。

底层框架—抗震墙房屋的纵、横两个方向，第二层与底层抗侧刚度的比值，6度和7度时不应大于2.5；8度和9度时不应大于2.0，且均不宜小于1。底部两层框架—抗震墙房屋的纵、横两个方向，底层与底部第二层抗侧刚度应接近，第三层与底部第二层抗侧刚度的比值，6度和7度时不应大于2.0；8度和9度时不应大于1.5，且均不宜小于1。

车间、仓库、食堂等空旷的单层砌体房屋，当墙厚240mm时，应按下列规定设置现浇钢筋混凝土圈梁：

①砖砌体房屋，檐口标高为5～8m时应设置一道，檐口标高大于8m时宜适当增设；

②砌块及料石砌体房屋，檐口标高为4～5m时应设置一道，檐口标高大于5m时宜适当增设；

③对有吊车或较大振动设备的砌体单层工业厂房，除在檐口或窗顶标高处设置圈梁外，宜在吊车梁标高或其他适当位置增设。

住宅、宿舍、办公楼等多层砌体民用房屋，当墙厚h≤240mm，且层数为3～4层时，应在檐口标高处设置一道圈梁；当层数超过4层或设有墙梁时，宜在所有纵横墙上每层设置。砌体多层工业厂房宜每层设置圈梁。抗震设防区的砌体房屋，其圈梁的设置要求尚应满足要求。砖砌体房屋和砌块砌体房屋应根据要求设置钢筋混凝土构造柱和芯柱。

第二节　砌体结构分析

一、静力计算模型

（一）平面计算模型

计算模型包括选取计算单元和确定计算简图。如果结构某一部分的受力状态和整个房屋的受力状态相同，就可以用这一部分代替整个房屋作为计算的对象，这一部分称为计算单元。

下面以外纵墙承重单层房屋为例，讨论计算模型的确定方法。该房屋采用钢筋混凝土屋面板和屋面大梁，两端没有山墙（横墙）。纵墙上的窗洞沿纵向均匀开设。竖向荷载下的传递路线为：屋面板→屋面大梁→纵墙→基础→地基。在水平荷载下，整个房屋将发生侧移，屋盖处具有相同的水平位移。水平荷载的传递路线为：纵墙→基础→地基。可见，在竖向和水平荷载下，标出的部分均与整个结构的受力状态相同，因而可以将这部分取为计算单元。

进一步，相对于砌体纵墙来说，钢筋混凝土屋盖的刚度很大，屋面梁搁置在砌体墙上，无法传递弯矩，因而可用平面排架作为该单元的计算简图，墙体相当于排架柱水平荷载下，屋盖处的水平侧移可以根据这一排架模型计算，用u_p表示。

（二）房屋的空间作用

当在房屋两端加上山墙后，水平荷载的传递路线将发生本质变化。设有山墙后，屋盖结构相当于两端支承在山墙上、刚度很大的水平构件，其跨度为山墙间距。在水平荷载作用下，纵墙一端支承在基础，另一端支承在屋盖。纵墙上的风荷载，一部分通过纵墙基础直接传给地基，另一部分则通过屋盖传给两端的山墙，其传递路线为：风荷载→纵墙→屋盖→山墙→山墙基础→纵墙基础→地基。

此时，水平荷载下屋盖处的水平位移是不同的，中间大，两端小。在房屋两端，屋盖处的水平位移等于山墙顶部的侧移u_{max}；而在房屋的中部，屋盖处的水平位移u_s是山墙顶部侧移u_{max}与屋盖的水平挠度F_{max}之和。

可见，有山墙后，风荷载的传力体系不再是平面受力体系，即风荷载不只是在纵墙和屋盖组成的平面排架内传递，而是在屋盖和山墙组成的空间结构中传递，结构存在空间作用。

有山墙时，屋盖处的最大水平位移主要与山墙刚度、屋盖刚度以及山墙的间距有关；而无山墙时，房屋屋盖处的水平位移仅与纵墙本身的刚度有关。由于山墙参与工作，实际结构屋盖处的最大水平位移u_s比按排架模型计算的侧移u_p要小，令$\eta = u_s u_p$，称空间性能影响系数，η的大小反映了空间作用的强弱。

（三）静力计算方案

为了考虑结构的空间作用，根据房屋的空间刚度，静力计算时划分为三种计算方案，对排架模型进行相应的修正。

若u_s很小，$\eta \approx 0$，说明房屋的空间刚度很大，此时屋盖可以作为纵墙的侧向不动铰支座，这相当于在排架顶端加上一个不动铰支座。这类房屋称为刚性方案房屋。

若$u_s \approx u_p$，$\eta \approx 1$，说明房屋的空间刚度很小，结构的空间作用很弱，墙、柱的内力可按不考虑空间作用的平面排架模型计算。这类房屋称为弹性方案房屋。

若$0 < u_s < u_p$，$0 < \eta < 1$，称为刚弹性方案房屋，其受力性能介于刚性方案和弹性方案之间。此时的计算简图可在排架的顶端加上一个弹簧铰支座。

静力计算方案包括刚性方案、弹性方案、刚弹性方案，计算中，η在一定范围内，即认为属于某一种方案。例如，对于第一类屋盖，规范规定当$\eta < 0.33$时按刚性方案计算；当$\eta > 0.77$按弹性方案计算；当$0.33 \leqslant \eta \leqslant 0.77$按刚弹性方案计算。

由于屋盖（楼盖）刚度和横墙间距是结构侧移u_s的主要因素，规范主要将这两个因素作为划分静力计算方案的依据。

（四）刚性方案和刚弹性方案计算时对横墙的要求

房屋的空间刚度除了与楼盖类型和横墙间距有关外，还与横墙本身的刚度有关。按刚性方案和刚弹性方案计算时需要利用房屋的空间作用，因而横墙应满足一定的要求。规范规定如下：

①横墙中洞口的水平截面积不超过全截面的50%；②横墙厚度不宜小于180mm；③横墙长度不宜小于高度（单层）或总高度的一半（多层）；④纵横墙应同时砌筑，如不满足应采取其他措施。如果①、②、③条不能同时满足，要求对横墙的刚度进行验算，满足$u_{max} \leqslant H/4000$，计算横墙侧移时忽略轴向变形的影响，仅考虑弯曲变形和剪切变形的影响。当墙顶作用水平荷载为P_1时，墙顶侧移为：

$$u_{max} = \int_0^H P_1 xEIdx + \xi P_1 \cdot 1GA = P_1 H_3 3EI + \tau HG \tag{3-1}$$

式中 τ——水平截面上的平均剪应力，$\tau = \xi P_1 A$；ζ——剪应力不均匀系数，对于弹性材料的矩形截面为1.2，此处取 ζ=2.0；

G——砌体剪切模量，可近似取G=E/2；P_1——横墙承受的水平荷载，设每个开间分布风荷载产生的水平力为R，墙顶以上部分屋面风荷载产生的集中风力为W，该横墙的负荷范围为n/2个开间，则$P_1 = n/2(R+W)$，其中n为与该横墙相邻的两横墙间的开间数。多层房屋的总侧移可逐层计算。

二、刚性方案房屋的内力分析

（一）承重纵墙的计算

对于单层房屋，刚性方案承重纵墙的计算简图是在柱顶加上不动铰支座的单层排架。作用的荷载包括下列内容：

①屋面自重、屋面活荷载产生的N_p。N_p的作用点对墙体可能有偏心矩e_p，因而产生偏心力矩$M_p = N_p \times e_p$；

②风荷载。风荷载包括迎风面上的风压荷载q_1、背风面上的风吸荷载q_2和墙顶以上部分屋面的集中风荷载w；

③墙体及门窗自重。如果是变厚度墙，上阶部分自重对下阶轴线将产生偏心力矩。内力计算可以利用附表或用结构力学方法。对于多层房屋，刚性方案纵墙的计算简图是每层加上一个不动铰支座的多层排架。为了减少计算工作量，可做进一步的简化。

在竖向荷载下，假定墙体在楼层处为铰接，在基础顶面也假定为铰接，于是计算简图就变成若干个竖向简支构件，变超静定问题为静定问题，内力计算非常简单。这种简化是基于以下两点考虑的：简化计算主要引起弯矩的误差，而竖向荷载作用下轴力是主要的，弯矩较小；楼盖嵌入墙体，使墙体传递弯矩的能力受到削弱。

在水平荷载下，假定墙体在基础顶面为铰接，于是计算简图变成竖向连续梁，计算得以简化。

为什么在基础顶面，单层和多层采用了不同的假定？即前者假定为刚接，后者假定为铰接？因为在多层房屋中，基础顶面墙体的轴力比较大，弯矩相对较小；而单层房屋的层高一般较大，基础顶面墙体由风荷载引起的弯矩相对较大，且轴力相对较小，忽略弯矩将会引起较大的误差。

在竖向荷载作用下，上端截面存在轴力N_{I}和偏心弯矩M_{I}，分别为：

$$N_{\mathrm{I}} = N_{\mathrm{p}} + N_{\mathrm{u}} \tag{3-2}$$

$$M_{\mathrm{I}} = N_{\mathrm{p}} \times e_{\mathrm{p}} - N_{\mathrm{u}} \times e_{\mathrm{u}} \tag{3-3}$$

式中，N_{p}——本层楼盖梁或板传来的荷载；e_{p}——N_{p}对墙体截面形心线的偏心距，$e_{\mathrm{p}} = h2/2 - 0.4\mathrm{a}_0$；$N_{\mathrm{u}}$——由上面各层通过墙体传来的荷载；$e_{\mathrm{u}}$——$N_{\mathrm{u}}$对本层墙体截面形心的偏心距，$e_{\mathrm{u}} = (h_2 - h_1)/2$；$h_1$，$h_2$——分别为上层和本层的墙厚。下端截面没有弯矩（根据铰接假定），轴力为上端截面轴力加上本层墙体自重N_{d}，多层刚性房屋的外墙满足以下三个条件可不考虑风荷载：①洞口水平截面面积不超过全截面面积的2/3；②层高和总高不超过规定；③屋面自重不小于0.8kN/m^2。当必须考虑风荷载时，可按连续梁计算，也可近似取$M=112wH_i^2$。式中，w——风荷载设计值；M——层高。

（二）承重横墙的计算

确定横墙的静力计算方案时，纵墙间距相当于横墙间距。在横墙承重的房屋中，一般来说，纵墙长度较大，但其间距不大，符合刚性方案的要求。此时，楼盖是横墙的不动铰支座，计算简图与刚性方案的纵墙相同。除山墙外，内横墙仅承受由楼面传来的竖向荷载。同纵墙一样，对于多层，可近似假定墙体在楼盖处为铰接，但由于横墙承受均布荷载，常取b=1m宽度作为计算单元宽度。当横墙沿房屋纵向均匀布置，且楼面的构造和使用荷载相同时，内横墙两边楼面传来的竖向荷载大小相等，作用位置对称，墙体按轴心受压计算；当两边的荷载大小不等或作用点不对称时，墙体按偏心受压计算。

三、弹性和刚弹性方案

房屋的内力分析弹性方案的计算简图就是排架模型，其内力分析方法可以参照前面介绍的内容，此处不再赘述。

（一）单层刚弹性方案

单层刚弹性方案的计算简图是在柱顶加上一个弹性支座。由于空间工作的作用，当排架柱顶作用一集中力R时，其柱顶水平位移$u_{\mathrm{s}}=\eta u_{\mathrm{p}}$，较平面排架的柱顶位移$u_{\mathrm{p}}$小，其差值为$u_{\mathrm{p}}-u_{\mathrm{s}}=(1-\eta)u_{\mathrm{p}}$。

设x为弹性支座反力，根据位移与内力成正比的关系$u_{\mathrm{p}}:(1-\eta)u_{\mathrm{p}}=R:x$，可求$x=(1-\eta)R$。因此，对于单层刚弹性方案，只须在单层弹性方案的计算简图上加上一个由空间作用引起的弹性支座反力$(1-\eta)\mathrm{R}$，即当柱顶作用一水平力R时，该排架本身承担的水平力为$\eta\mathrm{R}$。

单层刚弹性方案房屋的计算可以按以下步骤：

①首先在柱顶加上不动铰支座（此时原来的弹性铰不起作用），求出截面内力和不动铰支座的反力R；

②将反力R反方向作用于带弹性铰支座的排架柱顶，其结果相当于在排架柱顶作用$\eta\mathrm{R}$，求出其内力；

③将上面两种情况的内力叠加，即得到刚弹性方案的内力。

（二）多层刚弹性方案

多层房屋与单层房屋的空间工作性能有所不同。单层房屋由于屋盖和纵、横墙的联系，在纵向各开间之间存在相互制约的空间作用。而多层房屋除了在纵向各开间之间存在空间作用外，各层之间也存在相互联系、相互制约的空间作用。

根据两层房屋的空间计算模型，现在来分析中间一榀排架（称为直接受荷排架）在楼层处受到水平力作用的情况。当在第一层作用水平力R_1时，由于存在空间作用，该排架在一层实际承担的水平力为$\eta_1 R_1$，其余部分由相邻排架分担；二层处的水平位移同样将受到相邻排架的制约，因而受到水平力$\eta_2 R_1$的作用（η的第一个下标代表位置，第二个下标代表水平力的编号），其方向与R_1的方向相反。同理，在第二层作用水平力R_2时，除了在二层位置受到$\eta_2 R_2$的作用，在一层位置还存在与之方向相反的$\eta_1 R_2$的作用。多层刚弹性方案计算方法后，直接受荷排架受到的水平力，为方便计算，规范采用综合空间性能影响系数η_i来反映多层房屋的空间性能。由上述分析不难得出：

$$\eta_i = \sum n_j = 1\eta_j R_j R_i \tag{3-4}$$

式中，η_i——综合空间性能影响系数，n层房屋有n个；η_j——自空间作用系数，n层房屋有n个；η_j（i=j）——互空间作用系数，n层房屋有n^2-n个；R_i、R_j——第i、j层楼层处的水平力。在实测和模型计算的基础上，多层刚弹性方案房屋在任意荷载作用下的计算可以分以下三个步骤：

①在各楼层处加上不动铰支座，求出各层支座反力R_i及截面内力；

②将支座R_i反力乘以综合空间性能影响系数η_i后，反向作用于排架，并求出相应内力；

③将上述两种情况下的内力叠加。

四、上柔下刚多层房屋的内力分析

上柔下刚多层房屋是指顶层横墙间距超过刚性方案的限值，而下面各层横墙间距满足刚性方案的要求。

上柔下刚多层房屋的计算，顶层楼面处有一个弹性支座，而其余各层楼面处为不动铰支座。内力计算时，可先在顶层也加上一个不动铰支座，此时的计算简图同刚性方案多层房屋，求出顶层的支座反力R；然后将反力乘空间性能影响系数η后反向作用多层排架。在顶层ηR作用下，下面各层的内力很小，所以可按单层计算；将两种情况下的内力叠加，即得到最后的内力。

五、上刚下柔多层房屋的内力分析

上刚下柔多层房屋是指底层横墙间距超过刚性方案的限值，而上面各层的横墙间距满足刚性方案的要求。

上刚下柔多层房屋的计算，二层楼面处有一个弹性支座，而其余各层没有层间位移，该部分楼层间没有相对位移。内力计算时，先在二层楼面处加上不动铰支座，其余各层楼面位置也存在不动铰支座，求出各层的支座反力 R_1，…，R_i，…，R_n 及截面内力；然后将支座反力反向作用，在支座反力作用下，二层以上部分柱不产生内力，因而仅须对底层进行分析。底层受到的水平力和力矩分别为：

$$V = \eta \sum n_i = 1 R_i M = \sum n_i = 2 R_i \left(H_i - H_1 \right) \tag{3-5}$$

最后，把上述计算结果相叠加，即得所求的内力。

六、内框架和底部框架砌体房屋的内力分析要点

（一）内框架砌体房屋

内框架砌体房屋中，外墙（柱）与混凝土水平构件铰接，混凝土柱与梁一般是刚接，因而其计算简图为框—排架。在竖向静力荷载作用下，可将墙体简化为竖向不动铰支座，对框架进行内力分析，求出的支座反力即是本层梁板传给墙体的竖向力，根据墙体中心线与梁端反力合力点的距离可以确定墙体承受的偏心力矩。墙体承受的竖向力也可以近似按负荷面积确定，参见框架柱在竖向荷载作用下柱轴力的近似计算方法。水平静力荷载（风荷载）作用下的内力分析可根据楼盖类型和横墙间距，确定相应的计算模型。当横墙间距符合刚性方案要求时，可认为楼层处无侧移，纵墙的计算简图为一竖向连续梁；当为柔性方案时，可按框—排架进行内力分析，为了简化，也可不考虑墙体的抗侧刚度，假定水平荷载完全由框架柱承担。

（二）底部框架砌体房屋

底部框架砌体房屋，可对上部砌体和下部框架分别计算。砌体部分的计算同一般多层砌体房屋；框架部分须承受上部各层的竖向荷载和水平荷载，其中水平荷载可以等效成作用于框架顶部的集中水平力和倾覆力矩。

七、砌体房屋的抗震分析要点

多层砌体房屋、底部框架房屋和多层内框架房屋的抗震分析可采用底部剪力法。

（一）多层砌体房屋地震剪力的分配

在多层砌体房屋中，屋盖和楼盖如同水平隔板一样，将作用在房屋上的水平地震剪力传给各抗侧力构件墙或柱。依据不同的楼盖刚度，横向水平地震剪力分别按下列原则进行分配。

1. 刚性楼盖

对于现浇和装配整体式钢筋混凝土楼盖，如横墙间距符合规定，可认为楼盖在平面内的刚度无限大，水平地震剪力按各抗侧力构件的抗侧刚度进行分配，即：

$$V_{ik} = D_{ik} \sum mk = 1 D_{ik} V_i \tag{3-6}$$

$$D_{ik} = 1 h^3_{\ i} 12 E_i I_{ik} + \boldsymbol{\mu}_{ik} h_i G_i A_{ik} \tag{3-7}$$

式中，V_i——第i楼层的水平地震剪力；V_{ik}——第i楼层第k榀墙所承担的水平地震剪力；D_{ik}——第i楼层第k榀墙的抗侧刚度；h_i——第i楼层的高度；I_{ik}——第i楼层第k榀墙的截面惯性矩；A_{ik}——第i楼层第k榀墙的截面面积；E_i——第i楼层墙的弹性模量；G_i——第i楼层墙的剪切模量；μ_{ik}——第i楼层第k榀墙的剪应力分布不均匀系数，对于矩形截面可以取1.2。墙段宜按门窗洞口划分。对于开有小洞口的墙段，抗侧刚度按毛截面计算后，根据开洞率乘以墙段洞口影响系数。

当墙的高宽比大于4时，可不考虑该墙的抗侧刚度；当墙的高宽比小于1时，可不考虑弯曲变形的影响，即抗侧刚度近似取为：

$$D_{ik} = G_i A_{ik} \mu_{ik} h_i \tag{3-8}$$

若假定各榀墙的截面形状相同，则 μ_{ik} 相同，于是可以得到：

$$V_{ik} = A_{ik} \sum mk = 1 A_{ik} V_i \tag{3-9}$$

设每根墙的厚度为t_{ik}、长度为b_{ik}，则

$$A_{ik} = t_{ik} b_{ik} \tag{3-10}$$

$$I_{ik} = t_{ik} b_{ik}{}^3 1^2 = A_{ik} b_{kii}^2 1^2 \tag{3-11}$$

可以表示为：

$$D_{ik} = A_{ik} h_i^3 E_j b_{ik}{}^2 + \mu_{ik} h_i \tag{3-12}$$

G_i 若假定每榀墙的长度 b_{ik} 相等，并对 μ_{ik} 取相同数值，则上式中的分母为常数，即可按每榀墙的截面面积分配水平地震剪力。

2. 柔性楼盖

对于木楼盖等柔性楼盖，可以忽略其平面内的刚度。每榀墙相当于单独振动而不受楼盖的约束，因而各墙承担的水平地震剪力与该墙负荷范围内的重力荷载代表值成正比，若假定荷载在楼层均匀分布，则重力荷载代表值与负荷面积成正比，因而水平地震剪力可按各墙的负荷面积分配，即：

$$V_{ik}=S_{ik}\sum mk=1S_{ik}V_{i} \tag{3-13}$$

式中，S_{ik}——第 i 楼层第 k 榀墙所负担的重力荷载面积。

3. 中等刚性楼盖

对于装配式钢筋混凝土楼盖等中等刚性楼盖，可近似取刚性楼盖和柔性楼盖分配的平均值，即：

$$V_{ik}=1^{2}S_{ik}\sum mk=1S_{ik}+A_{ik}\sum mk=1A_{ik}V_{i} \tag{3-14}$$

对于纵向水平地震剪力，考虑到楼盖沿纵向的水平刚度较横向的水平刚度大得多，故均可按墙体抗侧刚度进行分配。如果房屋质量和刚度分布很不均匀，尚应考虑地震作用引起的扭转效应。

（二）其他砌体房屋的水平地震剪力分配

配筋砌块砌体剪力墙房屋的水平地震剪力分配可以参考高层剪力墙结构的分配方法。

底部框架—抗震墙房屋的底部，计算抗震墙承担的水平地震剪力时，将全部纵横向地震剪力按抗侧刚度分配给该方向的抗震墙；计算框架柱承担的地震剪力时，按各抗侧力构件（包括墙、柱）的有效抗侧刚度进行分配。有效抗侧刚度的取值：框架不折减；混凝土墙折减系数取0.3；黏土砖墙折减系数取0.2。框架柱的轴力还应考虑地震倾覆力矩引起的附加轴力。底部框架—抗震墙房屋的上部，仍可按多层砌体房屋分配各榀墙承担的水平地震剪力。多层内框架房屋各柱的地震剪力按下式确定：

$$V_{ci}=\Psi\ cnbns\ \left(\xi_{1}+\xi_{2}\lambda\right)V_{i} \tag{3-15}$$

式中，V_i——第 i 楼层的水平地震剪力；V_{ci}——第 i 楼层框架柱承担的水平地震剪力；Ψc——柱类型系数，钢筋混凝土内柱取0.012，外墙组合砖柱取0.0075；nb——抗震横墙间的开间数；ns——内框架的跨数；λ——抗震横墙间距与房屋总宽度的比值，当$\lambda<0.75$时，取$\lambda=0.75$；ξ_1、ξ_2——计算系数。

地震剪力设计值的调整：配筋砌块砌体剪力墙的地震剪力设计值，在底部加强区（参见高层剪力墙结构）范围，根据不同的抗震等级，进行调整。对一、二级抗震等级，分别提高50%和20%。底部框架—抗震墙房屋的底部，地震剪力设计值根据底层与上部抗侧刚度的比值，提高20%～50%。

第三节 砌体房屋墙体设计

一、墙、柱的受压承载力计算

（一）控制截面的选择

构件的控制截面是指荷载效应较大或截面抗力较小、对整个构件的可靠度起控制作用的截面。

Ⅲ-Ⅲ、Ⅳ-Ⅳ截面由于开有窗洞而受到削弱，抗力较低；Ⅰ-Ⅰ截面在 N_p 作用下局部受压，且弯矩M最大；Ⅱ-Ⅱ截面轴力最大，且窗下砌体抗剪能力较弱，压应力分布不均匀，因而这四个截面都是控制截面。但规范规定：对于有门窗洞的墙体，承载力计算时一律取窗间墙面积。于是只须取Ⅰ-Ⅰ、Ⅱ-Ⅱ截面作为计算截面。

（二）承载力计算内容

墙、柱属偏心受力构件，需要进行偏心受压的承载力计算，当墙体承受楼面大梁传来的集中荷载时，还须对大梁底面墙体进行局部受压承载力的计算。受压构件沿水平灰缝的受剪承载力一般不起控制作用，可以不计算。

对于Ⅰ-Ⅰ截面应分别按 $M_{\max}$、$N_{\min}$ 进行偏心受压承载力计算和按 M_u、N_p 进行局部受压承载力计算；对于Ⅱ-Ⅱ截面按 $M_{\max}$、$N_{\min}$ 进行偏心受压承载力计算。

（三）荷载效应组合

在确定控制截面的内力时，考虑以下两种荷载组合方式：

1.2×恒荷载的内力标准值+1.4×其中一项活荷载的内力标准值+其余活荷载的内力组合值；

1.35×恒荷载的内力标准值+所有活荷载的内力标准值。

二、墙、柱的高厚比验算

（一）高厚比验算公式

砌体墙、柱的高厚比应满足下列公式：

$$\beta = H_0 hT \leqslant \mu_1 \mu_2 \beta \tag{3-16}$$

式中，H_0——墙、柱的计算高度；hT——墙、柱的折算厚度，$hT = 1^2 IA$（对于矩形截面 $hT=h$）；β——允许高厚比，与砂浆强度有关；μ_1——非承重墙的修正系数（对承重墙 $\mu_1=1$）；μ_2——开洞修正系数。

（二）影响墙、柱稳定的因素

高厚比验算是为了保证墙、柱的稳定性，影响墙、柱稳定性的因素包括以下几点：

1. 砂浆强度等级

砂浆强度高，砌体的弹性模量高，因而稳定性好。这一因素反映在 H_0 之中。

2. 砌体类型

空斗与毛石砌体的稳定性差些，组合砌体则好些。这些情况反映在 β 之中。毛石墙、柱允许高厚比应比表中数值降低20%；组合砖砌体构件的允许高厚比可按表中数值提高20%，但不得大于28；验算施工阶段砂浆尚未硬化的新砌体高厚比时，允许高厚比对墙取14，对柱取11。

3. 横墙间距及纵横墙之间的拉结

横墙间距小或与周边很好拉结，稳定性好，独立砖柱则差些。计算高度 H_0 的取值考虑了这些因素。

4. 支承条件

墙或柱下端与基础刚接，上端与楼（屋）盖连接。房屋刚性大，楼盖处侧移小，稳定性好。计算高度的取值与静力计算方案有关，而静力计算方案考虑了楼盖的刚度。

5. 砌体截面形式

墙上开洞会减小截面惯性矩，降低稳定性。计算中用允许高厚比修正系数 μ_2 来考虑这一因素，$\mu_2 = 1 - 0.4\text{bss} \geqslant 0.7$，其中，s 为相邻窗间墙或壁柱之间的距离，bs 为在宽度 s 范围内的门窗洞口宽度。

6. 构件性质

对于非承重墙，仅承受墙体自重，与墙顶承受荷载的承重墙相比，稳定性提高。对非承重墙，允许高厚比用 μ_1 进行修正。对于240mm墙，μ_1 =1.2；对于90mm墙，μ_1 =1.5；当墙厚介于90mm和240mm之间时，μ_1 按线性插入取值。

（三）验算内容

高厚比验算的内容包括整片墙的高厚比验算和壁柱间墙的高厚比验算。验算整片墙的高厚比，确定计算高度 H_0 时，墙长取相邻横墙的间距。计算墙折算厚度所取截面范围，当有门窗洞时可取窗间墙宽度；当无门窗洞时可取相邻壁柱间的距离，且不大于壁柱宽度加2/3墙高。壁柱的存在提高了墙的稳定性。对于带壁柱墙，除了对整片墙进行验算外，还须对壁柱间墙的高厚比进行验算。壁柱间墙计算高度的取值一律按刚性方案考虑。验算带构造柱墙的高厚比时，公式中的h取墙厚，墙的允许高厚比可乘提高系数：

$$\mu_c = h + 1.5b_c l \tag{3-17}$$

式中，b_c——构造柱沿墙长方向的宽度；I——构造柱的间距。设有钢筋混凝土圈梁的带壁柱墙，当圈梁截面宽度与横墙间距的比值大于等于1/30时，圈梁可以作为壁柱间墙的不动铰支点。若由于条件限制，不允许增加圈梁宽度时，可根据等刚度原则增加圈梁的高度，以满足壁柱间墙不动铰支点的要求。

三、墙体抗震承载力验算

对于抗震设防区的墙体，除了要满足静力荷载下的承载力外，还须进行抗震承载力验算。

（一）无筋砌体构件

无筋砌体构件，考虑地震作用组合的受压承载力计算，可按非抗震情况的方法进行，但其抗力应除以承载力抗震调整系数。

地震作用下，砖砌体和石墙体的截面受剪承载力按下式计算：

$$V \leqslant f_{VE} A \gamma_{RE} \eta_k \tag{3-18}$$

式中，V——考虑地震作用组合的墙体剪力设计值；f_{VE}——砌体沿阶梯形截面破坏的抗震抗剪强度设计值；A——砌体横截面面积；γ_{RE}——承载力抗震调整系数；η_k——烧结多孔砖砌体孔洞率折减系数，当孔洞率不大于25%时，取1.0，当孔洞率大于25%时，取0.9。

混凝土小型空心砌块墙体的截面受剪承载力按下式计算：

$$V \leqslant 1\gamma_{RE}\left[f_{VE}A+\left(0.03f_cA_c+0.05f_yA_s\right)\xi_c\right] \tag{3-19}$$

式中，f_c——灌孔混凝土的抗压强度设计值；A_c——灌孔混凝土或芯柱截面总面积；f_y——芯柱钢筋的抗拉强度设计值；A_s——芯柱钢筋截面总面积；ξ_c——芯柱影响系数。

理论分析和试验表明，当同时作用剪力和压力时，砌体的抗剪强度不仅与材料本身的强度有关，还与压力产生的摩擦力有关。砌体沿阶梯形截面破坏的抗震抗剪强度设计值可按下式确定：

$$f_{VE}=f_V+\alpha\mu\sigma_0 \tag{3-20}$$

式中，f_{VE}——砌体的抗剪强度设计值；α——修正系数，对砖砌体及料石砌体取0.325，对砌块砌体取0.65；μ——剪压复合受力影响系数，μ=0.31-0.12 σ_0f；σ_0——对应于重力荷载代表值的水平截面平均压应力；f——砌体抗压强度设计值。

（二）配筋砖砌体构件网状

配筋或水平配筋烧结普通砖、烧结多孔砖墙的截面抗震承载力按下式验算：

$$V \leqslant 1\gamma_{RE}\left(f_{VE}+\Psi_sf_y\rho_v\right) \tag{3-21}$$

式中，ρ_v——层间墙体水平钢筋体积配筋率；

Ψ_s——钢筋参与工作系数，与墙体高宽比有关。

砖砌体和钢筋混凝土构造柱组合墙的截面抗震承载力应按下式计算：

$$V \leqslant 1\gamma_{RE}\sum\eta_mf_{VE}A_n+0.056 \tag{3-22}$$

$$n_i=1\Psi_cf_cA_{ci}+008f_yA_s) \tag{3-23}$$

式中，A_n——扣除构造柱后的组合墙截面面积；A_{ci}——第 i 根构造柱的截面面积；A_s——所有构造柱的纵向钢筋面积之和；η_m——受构造柱约束的工作系数，可取1.10；Ψ_c——构造柱混凝土参与抗剪工作系数，对于端部构造柱可取0.68，对于中部构造柱可取1.0。

四、配筋砌块砌体剪力墙的承载力计算

配筋砌块砌体剪力墙的承载力计算包括正截面承载力和斜截面承载力。正截面承载力分轴心受压、偏心受压和偏心受拉；斜截面承载力分偏心受压和偏心受拉。

（一）正截面承载力

轴心受压配筋砌块砌体剪力墙，当配有箍筋或水平分布钢筋时，其正截面承载力按下列公式计算：

$$N \leqslant \phi_0 \left(fGA + 0.8 f' y A's \right) \tag{3-24}$$

式中，N——轴向力设计值；ϕ_0——剪力墙轴心受压稳定系数，取ϕ_0=11+0.0018$\beta 2 fG$——灌孔砌体的抗压强度设计值；A——构件毛截面面积；$f' y$——竖向钢筋的抗压强度设计值；$A' s$——全部竖向钢筋的截面面积。β——高厚比，计算高度可取层高。配筋砌块砌体剪力墙的偏心受压、偏心受拉正截面承载力计算方法同混凝土剪力墙，只须将公式中的$\alpha_1 f_c$换成灌孔砌体的抗压强度fG。

（二）斜截面承载力

配筋砌块砌体剪力墙在偏心受压和偏心受拉时的斜截面承载力分别按下列公式计算：

偏心受压$V \leqslant 1.5\lambda + 0.50.1f + 0.12N$，偏心受拉$V \leqslant 1.5\lambda + 0.50.1f - 0.18N$

式中，λ——计算截面的剪跨比，$\lambda = \mathrm{M} / \mathrm{Vh}_0$。当λ小于1.0时，取1.0；当λ大于2.0时，取2.0。M、N、V——计算截面的弯矩、轴力和剪力设计值。A——剪力墙的截面面积，其中翼缘计算宽度，对于T形、I形截面，取1/3计算高度、腹板间距、墙厚加12倍翼缘厚度和翼缘实际宽度中的较小值；对于L形截面，取1/6计算高度、1/2腹板间距、墙厚加6倍翼缘厚度和翼缘实际宽度中的较小值。

第四节　砌体房屋水平构件设计

在砌体房屋中，过梁、墙梁及挑梁等水平构件同样是重要的组成部分。

一、过梁的计算与构造

（一）种类与构造

过梁是墙体门窗洞口上的常用构件，其作用是将洞口上方的荷载传递给洞口两边的墙体。过梁的主要种类有砖砌过梁和钢筋混凝土过梁两类，其中，砖砌过梁又可分为钢筋砖过梁、砖砌平拱过梁和砖砌弧拱过梁。

钢筋混凝土过梁是目前最为常用的过梁，适用于任意跨度，一般做成预制构件，端部在墙体上的支承长度不宜小于240mm。当房屋采用清水墙（墙体表面不做粉刷和贴面）时，采用砖砌过梁可以使过梁与墙体保持同一种风貌，砖砌弧拱过梁还可以满足建筑造型的要求。此外，由于过梁和墙体采用同一种材料，可以避免因温度变化引起的附加应力。但砖砌过梁对振动荷载和地基不均匀沉降比较敏感，在这些场合不宜采用。砖砌过梁的跨度也不宜过大，对钢筋砖过梁，跨度不宜超过1.5m；对砖砌平拱过梁，跨度不宜超过1.2m。砖砌过梁截面计算高度内的砂浆强度不宜低于M5。钢筋砖过梁底面砂浆层处的钢筋，其直径不应小于5mm，间距不宜大于120mm，钢筋伸入支座砌体内的长度不宜小于240mm，砂浆层的厚度不宜小于30mm，砖砌平拱过梁竖砖砌筑部分高度不应小于240mm。砖砌弧拱过梁竖砖砌筑高度不应小于115mm。弧拱最大跨度：当矢高等于1/8～1/12跨度时为2.5～3.5m；当矢高等于1/5～1/6跨度时为3～4m。

（二）计算

1. 受力特点

砖砌过梁受载后，在跨中上部受压，下部受拉。当跨中竖向截面或支座斜截面的拉应变达到砌体的极限拉应变时，将出现竖向裂缝和阶梯形斜裂缝。对钢筋砖过梁，过梁下部的拉力将由钢筋承受；对砖砌平拱过梁，下部的拉力将由两端砌体提供的推力来平衡。最后可能有三种破坏形式：第一种是过梁跨中截面受弯承载力不足而破坏；第二种是过梁支座附近斜截面受剪承载力不足而破坏；第三种是过梁支座边沿水平灰缝发生破坏（钢筋砖过梁不会发生）。

2. 荷载

过梁承受的荷载包括两种情况：一种仅承受墙体自重；另一种除墙体自重外，还有楼面梁、板传来的荷载。由于存在内拱作用，并不是所有的砌体荷载都由过梁承担。

试验发现，作用于过梁上的墙体当量荷载仅相当于高度为1/3跨度的墙体重量。试验还表明，当在砌体高度等于0.8倍跨度左右的位置施加荷载时，过梁挠度变化极小。可以认为，当梁板处于1.0倍跨度的高度以外时，梁板荷载并不由过梁承担。为了简化计算，规范对过梁荷载的取值做以下规定：

（1）梁、板荷载

对砖和小型砌块，当梁、板下的墙体高度 $h_w < l_n$ 时（l_n 为过梁的净跨），应计入梁、板荷载；当梁、板下的墙体高度 $h_w \geq l_n$ 时，可不考虑梁、板荷载。

（2）墙体自重

对砖砌体，当过梁上的墙体高度 $h_w < l_n/3$ 时，应按实际墙体高度计算荷载；当墙体高度 $h_w \geq l_n/3$ 时，仅考虑 $l_n/3$ 高墙体的荷载。对混凝土砌块砌体，当过梁上的墙体高度 $h_w < l_n/2$ 时，应按实际墙体高度计算荷载；当墙体高度 $h_w \geq l_n/2$ 时，仅考虑 $l_n/2$ 高墙体的荷载。

3. 承载力计算公式

（1）砖砌平拱过梁

砖砌平拱过梁不考虑支座水平推力对抗弯承载力的提高，而仅将砌体抗拉强度取为沿齿缝的强度，分别按下列公式进行砌体受弯构件正截面和斜截面承载力计算：

$$M \leqslant f_{tm} W \tag{3-25}$$

$$V \leqslant f_v b_z \tag{3-26}$$

式中，M——梁跨中的弯矩设计值。

V——梁支座边的剪力设计值。

f_{tm}——砌体弯曲抗拉强度设计值。取沿齿缝破坏和沿块体破坏的较小值。

f_v——砌体的抗剪强度设计值。

W——截面抵抗矩。对矩形截面，$W=bh2$。

z——内力臂，z=I/S，对于矩形截面 z=2h/3。

I——截面惯性矩。

S——截面面积矩。

b——截面宽度。

h——截面高度，当 $h_w > l_n$，取 h= l_n /3；当 l_n /3 ≤ $h_w < l_n$ 时，如果有梁板荷载，h= h_w，当无梁板荷载时，h= l_n /3；当 h_w < ln/3，取 h= h_w。

（2）钢筋砖过梁

钢筋砖过梁的正截面承载力可按下式计算：

$$M \leqslant 0.85 h_0 \ fyAs \tag{3-27}$$

式中，$h_0 = h - a$，h 为过梁计算高度；a 为钢筋重心至下边缘距离。

（3）钢筋混凝土过梁

钢筋混凝土过梁按钢筋混凝土受弯构件进行正截面和斜截面承载力计算，并进行过梁下砌体的局部受压承载力计算。进行局部受压承载力计算时，可不考虑上层荷载的影响，即取 $\Psi = 0$。局部受压强度提高系数 γ 可取 1.25；压应力图形的完整性系数 η 取为 1；有效支承长度 a_0 可取实际支承长度。

（4）砖砌弧拱过梁

砖砌弧拱过梁砖砌弧拱过梁须按两铰拱进行内力分析。

二、墙梁的计算与构造

（一）概述

墙梁是指钢筋混凝土托梁和梁上计算高度范围内的砌体墙组成的组合构件。托梁上的砌体既是托梁上荷载的一部分，又构成结构的一部分，与托梁共同工作。墙梁广泛应用于工业建筑的围护结构中，如：基础梁、连系梁。在民用建筑如商住楼（上层为住宅，底层为商店）、旅馆（上层为客房，底层为餐厅）等多层房屋中，采用墙梁解决上层为小房间、下层为大房间的矛盾。在底部框架房屋中，框架梁和上部墙体构成墙梁。墙梁可以分为自承重墙梁和承重墙梁。自承重墙梁仅承担墙体荷载，如：围护结构中的基础梁、连系梁；承重墙梁除承担墙体荷载外，还要承担楼面荷载。承重墙梁根据其支座情况又可以分为简支墙梁、连续墙梁和框支墙梁。

将墙梁按一般钢筋混凝土梁进行设计存在以下问题：一是墙梁中的砌体受压，而托梁处于偏心受拉，如将托梁按受弯构件计算，忽略了砌体的作用，致使托梁的配筋过多；二是由于没有验算砌体强度，而可能导致砌体不安全。

（二）墙梁的受力特点与破坏形态

墙梁与一般钢筋混凝土梁的差别在于：墙梁是组合梁，由混凝土和砌体两种材料组成；墙梁是深梁。对于弹性材料的浅梁，材料力学分析时采用了平截面假定。对于边界条件的梁，弹性力学进一步论证了平截面假定是完全成立的，截面正应力沿高度线性分布；对于通常的边界条件，正应力不再是线性分布，正应力沿截面高度的变化 $\sigma_{\mathrm{x}}=\mathrm{MIy}+\mathrm{qy}_{\mathrm{h}}\left(4\mathrm{y}2\mathrm{h}^{2}-35\right)$，其中括号内为非线性修正项，对于一般的浅梁，修正项可以忽略，但对于深梁，忽略修正项将导致较大的误差。当高度等于跨度时，修正项占主要项的26%。组合梁的分析在材料力学中采用按弹性模量之比等效成单一材料梁的方法。借助有限元分析可以了解墙梁内的应力分布情况。

1. 应力分布

高跨比大于0.5，无洞口墙梁在梁顶面作用均布荷载时，竖向截面正应力 σ_x、水平截面正应力 σ_y 和剪应力 τ_{xy} 以及主应力迹线，从 σ_x 沿竖向截面的分布可以看出，墙体大部分受压，托梁的全部或大部分受拉，中和轴一开始就在墙中，或随着荷载的增加，裂缝的出现和开展逐步上升到墙中，视托梁高度的大小而定。在交界处 σ_x 有突变。沿水平截面分布的 σ_y，靠近顶面较均匀，愈靠近托梁愈向支座附近集中。从 τ_{xy} 的分布可以看出，托梁和墙体共同承担剪力，在交界面和支座附近变化较大。主应力迹线可以反映出墙梁的受力特征：①墙梁两边主压应力迹线直接指向支座，而中间部分呈拱形指向支座，在支座附近的托梁上部砌体中形成很大的主压应力；②托梁中段主拉应力迹线几乎水平，托梁处于偏心受拉状态。

2. 裂缝开展

托梁处于偏心受拉，托梁中段将首先出现垂直裂缝，并向上扩展，托梁刚度的减小将引起主压应力进一步向支座附近集中；当墙中主拉应变达到砌体极限拉应变时将出现裂缝；斜裂缝将穿过墙体和托梁的交界面，在托梁端部形成较陡的上宽下窄的斜裂缝，临近破坏时在托梁中段交界面上将出现水平裂缝。

由应力分析以及裂缝的出现和开展可以看出，临近破坏时，墙梁将形成以支座上方斜向墙体为拱肋、以托梁为拉杆的组合拱受力体系。

3. 破坏形态

影响墙梁破坏形态的因素较多，如：墙体高跨比（h_w / l_0）、托梁高跨比（h_b / l_0）、砌体强度、混凝土强度、托梁纵筋配筋率、受荷方式（均布受荷、集中受荷）、墙体开洞情况和有无翼墙等。由于影响因素的不同，将可能出现以下几种破坏形态：

（1）弯曲破坏

当托梁配筋较少，砌体强度较高，h_w / l_0 较小时，随着荷载的增加，托梁中段的垂直裂缝将穿过截面而迅速上升，最后托梁下部和上部的纵向钢筋先后达到屈服，沿跨中垂直截面发生拉弯破坏。这时，墙体受压区不大，破坏时受压区砌体沿水平方向没有被压碎的现象。这种破坏可以看作组合拱的拉杆强度相对于砌体拱肋较弱而导致的破坏。

（2）剪切破坏

剪切破坏出现在托梁配筋较多，砌体强度相对较弱，h_w / l_0 适中的情况下。由于支座上方砌体出现斜裂缝，并延伸至托梁而发生墙体的剪切破坏，即与拉杆相比，组合拱的砌体拱肋相对较弱而引起破坏。剪切破坏又可以分为斜拉破坏、斜压破坏。当砌体沿齿缝的抗拉强度不足以抵抗主拉应力而形成沿灰缝阶梯形上升的斜裂缝，最后导致斜拉破坏。这种斜裂缝一般较平缓，破坏时，受剪承载力较低。当 $h_w / l_0 < 0.4$，砂浆强度等级较低，或集中荷载的 a_F / l_0 较大时，容易发生这种破坏。

由于砌体斜向抗压强度不足以抵抗主压应力而引起的组合拱肋斜向压坏，称为斜压破坏。这种破坏的特点是斜裂缝较为陡峭，裂缝较多且穿过砖和灰缝；破坏时有被压碎的砌体碎屑。斜压破坏的受剪承载力比较大。一般当 $h_w / l_0 \geq 0.4$，或集中荷载的 a_F / l_0 较小时容易发生这种破坏。

此外，在集中荷载作用下，斜裂缝多出现在支座垫板与荷载作用点的连线上。斜裂缝出现突然，延伸较长，有时伴有响声，开裂不久，即沿一条上下贯通的主要斜裂缝破坏。破坏荷载和开裂荷载比较接近，破坏没有预兆。这种破坏属于劈裂破坏。托梁本身的剪切破坏仅当墙体较强，而托梁端部较弱时才会出现。破坏截面靠近支座，斜裂缝较陡，且上宽下窄。

（3）局部受压破坏

当支座上方的墙体中的集中压应力超过砌体的局部抗压强度时，将产生支座上方较小范围内砌体的局部压碎现象，称为局部受压破坏。一般当托梁较强，砌体相对较弱，且 $h_w / l_0 \geq 0.75$ 时可能出现这种破坏。

此外，由于纵向钢筋的锚固不足，支座面积或刚度较小，都可能引起托梁或砌体的局部破坏。这些破坏一般通过相应的构造措施加以防止。

（三）墙梁的计算要点

墙梁的计算内容包括使用阶段的正截面抗弯承载力、斜截面承载力、托梁支座上部砌体局部受压承载力和施工阶段的托梁抗弯、抗剪承载力验算。自承重墙梁可以不验算墙体受剪承载力和砌体局部受压承载力。下面以简支墙梁为例，介绍墙梁的计算要点。

1. 计算简图

简支墙梁的计算跨度对于简支和连续墙梁 l_0 取1.1 l_n 或 l_c 中的较小值，其中，l_n 为净跨，l_c 为支座中心线的距离；对框支墙梁取框架柱中心线的距离。墙梁跨中截面的计算高度取 $H_0 = hw + hb/2$，其中，hw 取托梁顶面的一层墙高，当 $h_w > l_0$ 时取 $h_w = l_0$，h_b 为托梁高度。翼墙计算宽度取窗间墙宽度或横墙间距的2/3，且每边不大于3.5h（h为墙厚）和 l_0 /6。

2. 正截面承载力计算

对简支墙梁，跨中截面弯矩最大。Q_2 在跨中截面产生的弯矩用 M_2 表示；Q_1、F_1 在跨中截面产生的弯矩用 M_1 表示。其中，M_1 完全由托梁承担，M_2 由托梁和砌体共同承担，在 M_2 作用下，托梁除了本身承担一定的弯矩 aM_1 外，托梁的拉力和砌体中的压力共同承担 $(1\text{-}a)M_2$。设内力臂系数为 γ，根据力矩平衡条件，有 $M_2 = \alpha MM_2 + Nbt\gamma H_0$，可以得到托梁拉力 $N_b t = (1-\alpha)M_2 / \gamma H$。托梁的弯矩为 $M_b = M_1 + \alpha M_2$。规范在试验和有限元分析的基础上，采用下列公式计算托梁跨中截面的弯矩和轴力：

$$M_b = M_1 + \alpha MM_2 \tag{3-28}$$

$$N_b = \eta NM_2 / H_0 \tag{3-29}$$

$$\alpha_{\mathrm{M}} = \Psi M\left(1.7\mathrm{h_b} / 10 - 0.03\right) \tag{3-30}$$

$$\Psi_{\mathrm{M}} = 4.5 - 10a / 10 \tag{3-31}$$

$$\eta_{\mathrm{N}} = 0.44 + 2.1\mathrm{hW} / 10 \tag{3-32}$$

式中，M_1——Q_1、F_1作用下跨中截面的弯矩设计值；M_2——Q_2作用下跨中截面的弯矩设计值；α_{M}——考虑墙梁组合作用的托梁的跨中弯矩系数，对自承重简支墙梁乘以0.8，对连续墙梁和框支墙梁，$\alpha_{\mathrm{M}} = \Psi_{\mathrm{M}}$（2.7$h_b$/10-0.08）；$\Psi_{\mathrm{M}}$——洞口对托梁弯矩的影响系数，对无洞口墙梁取1.0，对连续墙梁和框支墙梁，$\Psi_{\mathrm{M}} = 3.8 - 8\mathrm{a} / 1 \eta_{\mathrm{N}}$——考虑墙梁组合作用的托梁的跨中轴力系数；$a$——洞口边至墙梁最近支座的距离，当$a$＞0.3510时，取$a$=0.3510。

托梁跨中截面按钢筋混凝土偏心受拉构件进行正截面承载力计算。对于框支墙梁和连续墙梁，还须对托梁的支座截面按受弯构件进行正截面承载力计算，其弯矩按下式计算：

$$M_{\mathrm{b}} = M_1 + \alpha MM_2 \tag{3-33}$$

$$\alpha_M = 0.75 - \mathrm{a} / 10 \tag{3-34}$$

式中，M_1——Q_1、F_1作用下按连续梁或框架梁分析得到的托梁支座截面弯矩设计值；M_2——Q_2作用下按连续梁或框架梁分析得到的托梁支座截面弯矩设计值；α_{M}——考虑墙梁组合作用的托梁跨中弯矩系数，无洞口墙梁取0.4。

3. 斜截面承载力计算

墙梁斜截面承载力计算涉及托梁和墙体两部分。试验表明，墙梁发生剪切破坏时，一般情况下墙体先于托梁进入极限状态，故托梁与墙体可分别进行受剪承载力计算。

（1）墙体受剪承载力计算

墙体的斜拉破坏发生在h_w / l_0＜0.4的情况下，通过构造措施可以避免。墙体的受剪承载力计算是针对斜压破坏模式的。从墙体中截取任一个可能发生剪切破坏的单元，都处于复合受力状态。根据复合受力状态下砌体的抗剪强度以及墙体单元的应力状态，分别对无洞口墙梁及有洞口墙梁的墙体进行理论分析。通过对按正交设计的墙梁受剪承载力试验结果进行方差分析，找出影响受剪承载力最显著的因素，再进行回归分析，获得与试验结果比较符合的计算公式。规范采用简化公式对墙体的受剪承载力进行计算：

$$V_2 \leqslant \xi_1 \xi_2 \left(0.2 + h_b / 10 + h_t / 10\right) h h_{wf} \tag{3-35}$$

式中，V_2——Q_2 作用下支座边缘的剪力设计值。

ξ_1——翼墙或构造柱影响系数，对单层墙梁取1.0；对多层墙梁，当bf/h=3时，取1.3；当bf/h=7或设置构造柱时取1.5；当3＜bf/h＜7时，按线性插入取值。

ξ_2——洞口影响系数，无洞口墙梁取1.0；多层有洞口取0.9；单层有洞口取0.7。

h_t——墙梁顶面圈梁截面高度。

（2）托梁受剪承载力计算

托梁的斜截面受剪承载力按钢筋混凝土受弯构件计算，其剪力设计值按下式取：

$$V_b = V_1 + \beta V V_2 \tag{3-36}$$

式中，V_1——Q_1、F_1 作用下按简支梁、连续梁或框架梁分析得到的托梁支座截面剪力设计值。

V_2——Q_2 作用下按简支梁、连续梁或框架梁分析得到的托梁支座截面剪力设计值。

βV——考虑组合作用的托梁剪力系数，无洞口墙梁边支座取0.6，中支座取0.7；有洞口墙梁边支座取0.7，中支座取0.8；自承重墙梁，无洞口时取0.45，有洞口时取0.5。

4. 托梁上部砌体局部受压承载力计算

试验表明，当 h_w / l_0 ＞0.75～0.8，且无翼墙，砌体强度较低时，易发生托梁支座上方竖向应力集中而引起的砌体局部受压破坏。为保证砌体局部受压承载力，应满足 $\sigma y_{\max} h \leqslant \gamma f h$（$\sigma y_{\max}$ 为最大竖向压应力，γ 为局部受压强度提高系数）。令 $C = \sigma y_{\max} h / Q_2$，称为应力集中系数，则上式变成 $Q_2 \leqslant \gamma_{fh} / C$。规范采用下列公式计算托梁上部砌体局部受压承载力：

$$Q_2 \leqslant \xi f_h \tag{3-37}$$

$$\xi = 0.25 + 0.08\mathrm{bf} / \mathrm{h} \tag{3-38}$$

式中，ξ——高压系数，当 ξ ＞1时，取 ξ =1。

翼墙和构造柱可以约束墙体，减少应力集中，改善局部受压性能。当bf/h ≥5或墙梁支座处设置上下贯通的落地混凝土构造柱时，可不验算局部受压承载力。

5. 托梁在施工阶段的验算

施工阶段砌体中砂浆尚未硬化，不考虑共同工作，托梁按受弯构件进行正截面、斜截面承载力计算。荷载包括：①托梁自重及本层楼盖的自重；②本层楼盖的施工荷载；③墙体自重，可取高度为1/3跨度的墙体重量。

（四）墙梁构造

1.一般要求

采用烧结普通砖和烧结多孔砖砌体和配筋砌体的墙梁应符合相关规定。墙梁计算高度范围内每跨允许设置一个洞口；洞口边至支座中心的距离距边支座不应小于0.1510，距中支座不应小于0.0710。对多层房屋的墙梁，各层洞口宜设置在相同位置，并宜上下对齐。

2. 材料

托梁的混凝土强度等级不应低于C25；纵向钢筋宜采用HRB335、HRB400或RRB400级钢筋；承重墙梁的块体强度等级不应低于MU10，计算高度范围内墙体的砂浆强度等级不应低于M7.5。

3. 墙体

框支墙梁的上部砌体房屋，以及设有承重的简支梁或连续墙梁的房屋，应满足刚性方案房屋的要求。墙梁计算高度范围内的墙体厚度，对砖砌体不应小于240mm，对混凝土小型砌块砌体不应小于190mm。墙梁洞口上方应设置钢筋混凝土过梁，其支承长度不应小于240mm，洞口范围内不应施加集中荷载。承重墙梁的支座处应设置落地翼墙，翼墙厚度对砖砌体不应小于240mm，对混凝土小型砌块砌体不应小于190mm；翼墙宽度不应小于翼墙厚度的3倍，并与墙梁砌体同时砌筑。当不能设置翼墙时，应设置落地且上下贯通的混凝土构造柱。当墙梁墙体的洞口靠近支座时，支座处也应设置落地且上下贯通的混凝土构造柱，并与每层圈梁连接。墙梁计算高度范围内的墙体，每天的砌筑高度不应超过1.5m，否则应加设临时支撑。

4. 托梁

有墙梁的房屋托梁处采用现浇钢筋混凝土楼盖，并适当加大楼板厚度。承重墙梁的托梁纵向受力钢筋的配筋率不应小于0.5%。托梁的纵向受力钢筋宜通长设置，不应在跨中段弯起或截断。钢筋接长应采用机械连接或焊接。托梁距边支座$l_0/4$范围内，上部纵向钢筋面积不应小于跨中下部纵向钢筋面积的1/3，连续墙梁或多跨框支墙梁的托梁中支座上部附加纵向钢筋从支座边算起每边延伸不应少于$l_0/4$。当托梁高度不小于500mm时，应沿梁高设置通长水平腰筋，直径不应小于12mm，间距不应大于250mm。承重墙梁托梁支承长度不应小于350mm。纵向受力钢筋伸入支座的长度不应小于受拉钢筋的最小锚固长度。墙梁偏开洞口的宽度和两侧各一个梁高范围内，以及从洞口边至支座边的托梁箍筋直径不宜小于8mm，间距不应大于100mm。

三、挑梁设计

（一）受力特点

埋置在砌体中的悬挑构件，实际上是与砌体共同工作的。在悬挑端集中荷载及砌体上荷载作用下，挑梁经历了弹性阶段、截面水平裂缝发展及破坏三个受力阶段。

弹性阶段，在砌体自重及上部荷载作用下，挑梁的埋置部分上下界面将产生压应力σ_0；在悬挑端施加集中荷载后，界面上将形成竖向正应力分布。

当挑梁与砌体的上界面墙边竖向拉应力超过砌体沿通缝的抗拉强度时，将出现水平裂缝，随着荷载的增加，水平裂缝不断向内发展。随后在挑梁埋入端下界面出现水平裂缝，并随荷载的增大向墙边发展，这时挑梁有向上翘的趋势。随后在挑梁埋入端上角出现阶梯形斜裂缝，试验发现这种裂缝与竖向轴线的夹角平均为57°。水平裂缝的发展使挑梁下砌体受压区面积不断减少，有时会出现局部受压裂缝。最后，挑梁可能发生以下三种破坏形态：

①绕倾覆点发生倾覆破坏，即刚体失稳；

②挑梁下砌体局部受压破坏；

③挑梁本身的正截面或斜截面破坏。

（二）计算要点

根据挑梁的受力特点和破坏形态，挑梁应进行抗倾覆验算、挑梁下砌体局部受压承载力验算和挑梁的正截面、斜截面承载力计算。

1. 抗倾覆验算

砌体墙中钢筋混凝土挑梁的抗倾覆可按下列公式进行验算：

$$M_{ov} \leqslant M_r \tag{3-39}$$

$$M_r = 0.8G_r(12 - x_0) \tag{3-40}$$

式中，M_{ov}——挑梁的荷载设计值对计算倾覆点产生的倾覆力矩。

M_r——挑梁的抗倾覆力矩设计值。

G_r——挑梁的抗倾覆荷载，为挑梁尾端上部45°扩展角范围内本层的砌体与楼面恒荷载标准值之和。

x_0——计算倾覆点至墙外边缘的距离（mm），按下列规定采用：当$l_1 \geq 2.2h_b$时，$x_0=0.3h_b$，且不大于$0.13l_1$；当$l_1 < 2.2h_b$时，$x_0=0.13l_1$。

l_1——挑梁埋入砌体墙中的长度（mm）。

h_b——挑梁的截面高度（mm）。

2. 挑梁下墙体的局部承压验算

$$N_l \leqslant \eta\gamma f_{Al} \tag{3-41}$$

式中N_l——挑梁下支承压力，可取N_l=2R，R为挑梁的倾覆荷载设计值；

η——梁端底面压应力图形完整系数，可取0.7；

γ——局部承压强度提高系数，对一字墙取1.25，对丁字墙取1.5；

A_l——挑梁下砌体局部受压面积，可取$A_l=1.2bh_b$。

3. 挑梁自身承载力计算

由于倾覆点不在墙边而在离墙边x_0处，以及墙内挑梁上、下界面压应力作用，挑梁的内力分布。挑梁内的最大剪力V_{max}在墙边，即$V_{max}=V_0$，而最大弯矩在接近x_0处，近似取$M_{max}=M_{ov}$。挑梁的正截面承载力和斜截面承载力计算方法同一般的钢筋混凝土受弯构件。

第五节 砌体房屋的构造措施

一、墙体开裂及其防止措施

混合结构房屋的墙体经常由于结构布置或构造处理不当而产生裂缝。产生裂缝的主要原因有：外界温度变化而引起的温度变形；材料的收缩变形；地基的不均匀沉降。

（一）防止温度和收缩变形引起的墙体裂缝

由于各种材料的温度膨胀系数不同（钢筋混凝土的温度线膨胀系数为10×10^{-6}，而砖砌体的温度线膨胀系数为5×10^{-6}，两者相差1倍，而房屋中的各部分构件相互联结成为一个空间整体，当温度变化时，各部分必然会因相互制约而产生附加内力。如果构件中产生的拉应力超过混凝土或砌体的抗拉强度，就会出现裂缝。混凝土比砌体的收缩值大得多，收缩值的不一致也会产生附加内力。房屋的长度越长，在墙体中由于温度和收缩引起的拉应力就越大。因此，当房屋过长时，可设置伸缩缝将房屋划分成若干长度较小的单元以减小墙体因温度和收缩产生的拉应力，从而避免或减少墙体开裂。为了防止或减轻房屋顶层墙体的裂缝，可根据情况采取下列措施：

①屋面设置有效的保温、隔热层；

②屋面保温、隔热层或屋面刚性面层及砂浆找平层应设置分隔缝，分隔缝间距不宜大于6m，并与女儿墙隔开，其缝宽不宜小于30mm；

③采用装配式有檩体系钢筋混凝土屋盖和瓦材屋盖；

④7度及7度以下抗震设防区，在钢筋混凝土屋面板与墙体圈梁的接触面处设置水平滑动层，滑动层可采用两层油毡夹滑石粉或橡胶片等；对于长纵墙，可只在其两端的2～3个开间内设置，对于横墙，可只在其两端各1/4墙长范围内设置；

⑤顶层屋面板下设置现浇钢筋混凝土圈梁，并沿内外墙拉通；

⑥顶层挑梁末端下墙体灰缝内设置3道焊接钢筋网片或拉结筋，钢筋网片或拉结筋应自挑梁末端伸入两边墙体不少于1m；

⑦顶层墙体门窗洞口，在过梁上的水平灰缝内设置2～3道焊接钢筋网片或2～6拉结筋，并伸入过梁两端墙内不小于600mm；

⑧顶层及女儿墙砂浆强度等级不低于M5；

⑨女儿墙宜设置构造柱，构造柱间距不宜大于4m，构造柱应伸至女儿墙顶并与现浇钢筋混凝土压顶整浇在一起；

⑩房屋顶层端部墙体内适当增设构造柱。

（二）防止地基不均匀沉降引起墙体开裂的措施

当地基不均匀沉降时，整个房屋就像梁一样受弯、受剪，因而在墙体内将引起较大的附加应力，当产生的拉应力超过砌体的抗拉强度时，墙体就会出现裂缝。防止或减轻地基不均匀沉降引起墙体开裂的措施包括：设置沉降缝、采用合理的建筑体形和结构形式、加强房屋整体刚度和强度。在下列情况下应设置沉降缝：

①在地基土质有显著差异处；

②在房屋的相邻部分高差较大或荷载、结构刚度、地基处理方法和基础类型有显著差异处；

③在平面形状复杂的房屋转角处和过长房屋的适当部位；

④在分期建造的房屋交接处。采用合理的建筑体形和结构形式，软土地区房屋的体形应力求简单，尽量避免立面高低起伏和平面凹凸曲折；房屋的长高比不宜过大；邻近建筑物或地面荷载引起的地基附加变形对建筑物的影响应予考虑。

通过合理布置承重墙，尽量将纵墙拉通，避免断开和转折；设置圈梁；不在墙体上开过大的洞等措施加强房屋整体刚度和强度。

二、圈梁的构造要求

圈梁的设置应符合下列要求：

①圈梁宜连续设置在墙的同一水平面上，并尽可能形成封闭。当圈梁因门窗洞口被切断时，应在门窗洞上部墙体中增设相同截面的附加圈梁，附加圈梁与圈梁搭接长度不应小于其中到中垂直距离的2倍，且不少于1m。

②纵横墙交接处的圈梁应有可靠的连接。刚弹性和弹性方案房屋，圈梁应与屋架、大梁等构件可靠连接。横墙为墙梁时，墙梁顶面应设置贯通圈梁。

③钢筋混凝土圈梁的宽度宜与墙厚相同，当墙厚≥240mm时，不宜小于2/3墙厚。圈梁高度不应小于120mm。纵向钢筋不宜小于4φ10，绑扎接头的搭接长度按受拉钢筋考虑，箍筋间距不宜大于300mm。

④圈梁兼做过梁时，过梁部分的钢筋用量应按计算用量单独配置。

三、墙、柱的一般构造要求

①材料要求。五层及五层以上房屋的墙，以及受振动或层高大于6m的墙、柱所用材料的最低强度等级应满足：砌块为MU7.5，石材为MU30，砂浆为M5。地面以下或防潮层以下的砌体，潮湿房间的墙，所用材料的最低强度等级应符合要求。

②最小截面尺寸。承重的独立砖柱截面尺寸不应小于240mm×370mm。毛石墙的厚度不宜小于350mm，毛料石柱较小边长不宜小于400mm。

③支承。跨度大于6m的屋架和以下三种情况下，应在支承处砌体上设置混凝土或钢筋混凝土垫块，当墙中设有圈梁时，垫块与圈梁宜浇成整体：

a. 对砖砌体梁跨度大于4.8m；

b. 对砌块和料石砌体梁跨度大于4.2m；

c. 对毛石砌体梁跨度大于3.9m。

对厚度小于或等于240mm的墙，当梁跨度大于或等于下列数值时，其支承处宜加设壁柱或构造柱：

a. 对240mm厚的砖墙为6m；

b. 对砌块、料石墙和厚度小于240mm的砖墙为4.8m。

预制钢筋混凝土板的支承长度，在墙上不宜小于100mm；在钢筋混凝土圈梁上不宜小于80mm；当利用板端伸出钢筋和混凝土灌缝时，其支承长度可为40mm，但板端缝宽不宜小于80mm，灌缝混凝土不宜低于C20。

④连接支承在墙、柱上的吊车梁、屋架及跨度大于等于下列数值的预制梁的端部，应采用锚固件与墙、柱上的垫块锚固：

a. 对砖砌体为9m；

b. 对砌块和料石砌体为7.2m。

填充墙、隔墙应分别采取措施与周边构件可靠连接。山墙处的壁柱宜砌至山墙顶部，檩条应与山墙可靠拉结。

⑤墙体的搭接。砌块砌体应分皮错缝搭砌，上、下皮搭砌长度不得小于90mm。当搭砌长度不满足上述要求时，应在水平灰缝内设置不少于2Φ4的焊接钢筋网片，网片每端均应超过该垂直缝，其长度不得小于300mm。砌块墙与后砌隔墙交接处，应沿高度每400mm，在水平灰缝内设置不少于2Φ4的焊接钢筋网片。

⑥砌块灌孔。混凝土小型空心砌块房屋的纵横墙交接处，距墙中心线每边不少于300mm范围内的孔洞，用不低于C20的混凝土灌实，灌实高度应为墙身全高。

下列部位的孔洞，如未设圈梁或混凝土垫块，也应用不低于C20的混凝土灌实：

a. 搁栅、模条和钢筋混凝土楼板的支承面下，高度不应小于200mm的砌体；

b. 屋架、梁等构件的支承面下，高度不应小于400mm、长度不应小于600mm的砌体；

c. 挑梁支承面下，纵横墙交接处，距墙中心线每边不应小于300mm、高度不应小于400mm的砌体。

⑦夹心墙。混凝土小型空心砌块的强度等级不应低于MU10；夹心墙的夹层厚度不宜大于100mm；夹心墙的有效厚度可取各叶墙厚度的平方和开方；夹心墙外叶墙的最大横向支承间距不宜大于9m。叶墙应用经防腐处理的拉结件或钢筋网片连接；当采用环形拉结件时，钢筋直径不应小于4mm，当采用Z形拉结件时，钢筋直径不应大于6mm。拉结件应沿竖向梅花形布置，拉结件的水平和竖向最大间距分别不宜大于800mm和600mm；当有振动或有抗震设防要求时，其水平和竖向间距分别不宜大于800mm和400mm；当采用钢筋网片做拉结件时，网片横向钢筋的直径不应小于4mm，其间距不应大于400mm；网片的竖向间距不宜大于600mm，当有振动或有抗震设防要求时，不宜大于400mm。拉结件在叶墙上的搁置长度，不应小于叶墙厚度的2/3，并不应小于60mm；门窗洞周边300mm范围内应附加间

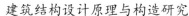

距不大于600mm的拉结件。

第四章 高层建筑结构设计

第一节 高层建筑结构体系及其布置原则

一、高层结构的基本受力单元

高层结构的基本受力单元包括框架、剪力墙和筒体。其中，筒体又可以分为核心筒和框筒，框架由梁、柱构成。

（一）剪力墙

剪力墙是宽度和高度比其厚度大得多，且以承受水平荷载为主的竖向构件。剪力墙的宽达十几米或更大，高达几十米甚至上百米。相对而言，它的厚度则很小。剪力墙平面内的刚度很大，而平面外的刚度很小。为了保证剪力墙的侧向稳定，各层楼盖对它的支撑作用相当重要。剪力墙的下部一般固结于基础顶面，构成竖向悬臂构件，习惯上称其为落地剪力墙。剪力墙既可以承受水平荷载，也可以承受竖向荷载，但承受平行于墙体平面的水平荷载是其主要作用。这一点与一般仅承受竖向荷载的墙体有区别。在抗震设防区，水平荷载由水平地震作用产生，因此，剪力墙有时也称为抗震墙。由于纵横墙相连，故剪力墙的截面形成I形、Z形、T形等。剪力墙上常常因建筑要求开设门窗洞，开洞时应尽量使洞口上下对齐，布置规则，洞到墙边的距离必须满足一定的要求。有时在旅馆和住宅等建筑中，底层需要大开间用作门厅、餐厅、商场或车库，这时底层用柱支承，形成框支剪力墙。

（二）核心筒

核心筒一般由电梯间或设备管线井道周围的钢筋混凝土墙组成。其水平截面为箱形，是竖向悬臂薄壁结构。在建筑平面布置中，为了充分利用建筑物四周的景观和采光，电梯间等服务性用房常设置在房屋的中部，核心筒由此而得名。因筒壁上仅开有少量洞口，故有时也称为“实腹筒”。

筒体在两个水平方向均有很大的刚度。核心筒的刚度除了与壁厚有关外，还与筒体的平面尺寸有关。平面尺寸越大，结构的刚度越大。但平面尺寸的增大会减少使用面积。

（三）框筒

框筒是由布置在房屋四周的密集立柱与高跨比很大的裙梁所组成的空腹筒体，它犹如四根平面框架在角部连接而成，故称为框筒。框筒结构在水平荷载作用下，不仅与水平荷载相平行的两榀框架（常称为腹板框架）受力，而且与水平荷载相垂直的两榀框架（常称为翼缘框架）也参与工作，构成一个空间受力结构。

二、高层结构体系

由高层结构的基本受力单元可以构成许多种类的结构承重体系。最常用的有框架结构体系、剪力墙结构体系、框架—剪力墙结构体系、筒体结构体系、框架—筒体结构体系、巨型框架结构体系等。

（一）框架结构体系

高层建筑中的框架结构体系由纵、横向框架组成，框架既承受竖向荷载，又承受两个方向的水平荷载。框架结构具有布置灵活的优点，容易满足各种不同的建筑功能和造型要求。框架结构的延性和抗震性能较好，但由于侧向刚度相对较小，在地震作用下容易产生较大的变形而导致非结构构件的破坏，框架结构的高度受到一定限制。

（二）剪刀墙结构体系

剪力墙结构体系由纵、横向剪力墙和楼板构成，剪力墙既承受两个方向的水平荷载，又承受全部的竖向荷载。剪力墙结构体系的侧向刚度较大，因而建造高度比框架结构体系大。

（三）框架—剪力墙结构体系

框架—剪力墙结构体系由框架和剪力墙组成，它克服了框架结构侧向刚度小和剪力墙结构开间过小的缺点，发挥了两者的优势，既可使建筑平面灵活布置，又能使层数不是太多（3层以下）的高层建筑有足够的侧向刚度。由于楼盖在自身平面内的巨大刚度，水平荷载由框架和剪力墙共同承担，一般情况下，剪力墙承担大部分剪力。负荷范围内的竖向荷载则由框架或剪力墙各自承担。在框架—剪力墙结构体系中，剪力墙应尽可能均匀布置在房屋的四周，以提高结构抵抗扭转的能力。

（四）筒体结构体系

筒体结构体系的主要形式有框筒结构、筒中筒结构和成束筒结构。典型的框筒结构体系为了减小楼面结构的跨度，中间往往设置一些柱子，以承受竖向荷载，而水平荷载全部由框筒结构承担。

筒中筒结构体系由建筑物四周的框筒和内部的核心筒组成。当内外筒之间的距离超过12m时，一般另设承受竖向荷载的内柱，以减小楼面结构的跨度。筒中筒结构体系的侧向刚度非常大，是目前超高层建筑的主要结构形式。深圳国际贸易中心，高160m，采用的就是这种筒中筒结构体系。

成束筒结构体系由若干个单元筒体并列组成，它的侧向刚度极大。美国西尔斯大厦，110层、高443m，底部由9个钢框筒组成，是典型的成束筒结构体系。

（五）框架—筒体结构体系

常用的框架—筒体结构是在核心筒周围布置框架，以满足建筑功能要求。南京金陵饭店标准层平面，四周由28根外柱、20根内柱以及四个角筒组成的框架，中间为正方形内筒，属框架—筒体结构。这种结构体系的受力特点与框架—剪力墙结构体系类似，发挥了框架和筒体各自的优点。由于核心筒的位置和平面尺寸受建筑布置的影响，因而结构的侧向刚度受到一定限制。有时在建筑物四周布置多个实腹筒体，而中间为框架结构，这也是一种框架—筒体结构形式，一般称为框架—多筒体结构体系。

（六）巨型框架结构体系

巨型框架结构是利用筒体作为柱子，在筒体与筒体之间每隔若干层（几层或十几层）设置巨型梁或桁架，形成具有很强侧向刚度的框架结构，其余楼层设置次框架。次框架可以落在巨型梁上或悬挂在巨型梁上，后者一般称为悬挂结构。次框架上的竖向荷载和水平荷载全部传递给巨型框架。

三、高层建筑结构布置原则

（一）平面布置

在高层建筑中，水平荷载往往起着控制作用。从抗风的角度，具有圆形、椭圆形等流线型周边的建筑物受到的风荷载较小；从抗震的角度，平面对称、结构侧向刚度均匀、平面长宽比较接近，则抗震性能较好。因而高层建筑的平面宜简单、规则、对称，减少偏心。平面长度L不宜过长，凸出部分长度L应尽可能小，凹角处（标有处）宜采取加强措施。

增加建筑平面宽度，对提高结构的侧向刚度非常显著。为了保证设计的合理性，一般要求建筑物总高度与宽度之比H/B能满足要求。

当高层结构的高宽比大于5时，需要对其整体稳定性和抗倾覆进行验算。整体稳定性按下式验算：

$$G_{tc}\leqslant\sum E_cI_{eq}8H^2 \tag{4-1}$$

式中，G_{tc}——顶端等效重力荷载设计值。

$G_{tc}=1H^2\sum G_iH_i^2$，当各层的竖向荷载沿高度分布基本均匀时，可近似取$G_{tc}=13\sum G_i+G_t$。H——建筑物总高度。G_i——第i层重力荷载设计值。G_t——除去作为均匀荷载以外的顶点附加荷载设计值。H_i——第i层高度。$\sum E_cI_{eq}$——验算方向抗侧力结构的等效刚度之和。进行抗倾覆验算时，倾覆力矩取风荷载或地震作用设计值对倾覆点的力矩；计算抗倾覆力矩时，楼面活荷载取标准值的50%，恒荷载取标准值的90%。要求抗倾覆力矩不小于倾覆力矩。在剪力墙结构中，剪力墙应双向或多向布置，并对直拉通。独立墙段的总高度与长度之比不宜大于2，较长的剪力墙可用楼板或弱连梁分为若干个独立墙段。对于底层大空间剪力墙结构，当平面形状为矩形时，横向落地剪力墙的数目与全部横向剪力墙数目的比值，非抗震时不少于30%；抗震设防时不少于50%。落地剪力墙的最大间距I应满足下列规定：

非抗震设计I≤3B，I≤36m；6度、7度抗震设防I≤2.5B，I≤30m；8度抗震设防I≤2B，I≤24m。其中B是楼面宽度。在框架—剪力墙结构中，横向剪力墙宜均匀设置在建筑物的端部附近、楼梯间、电梯间、平面形状变化处及恒荷载较大的地方。横向剪力墙的间距应满足要求。纵向剪力墙宜布置在结构单元的中间区段内。房屋纵向较长时，纵向剪力墙不宜集中在两端，以减少温度、收缩应力的影响。每榀剪力墙承受的水平力不宜超过总水平力的40%。

筒中筒结构的高宽比宜大于3，高度不宜低于60m。框筒结构高宽比宜大于40，为保证翼缘框架在抵抗水平荷载中的作用，充分发挥框筒的空间工作性能，一般要求框筒墙面孔洞面积不大于墙面总面积的50%；内筒与外筒之间的距离，对非抗震设计不宜大于12m；对抗震设计不宜大于10m；外侧框筒柱距不宜大于层高，宜小于3m；矩形框筒的长宽比不宜大于1.5，任何情况下不应大于2。

房屋的顶层、结构转换层、平面复杂或开洞过大的楼层应采用现浇楼面；房屋高度超过50m时，宜采用现浇楼面结构；框架—剪力墙结构应优先采用现浇楼面。

（二）竖向布置

抗震设防区的高层建筑，竖向体形应力求规则、均匀，避免有过大的外挑和内收。楼层刚度沿高度逐渐变化，没有突变。符合下列要求的建筑可视为竖向规则建筑，否则应考虑刚度突变产生的不利影响：立面局部收进尺寸不大于该方向总尺寸的25%；楼层刚度不小于相邻上层刚度的70%，且连续三层总的刚度下降不超过50%。剪力墙宜贯通建筑物全高，厚度逐渐减薄。对于底层大开间剪力墙结构，落地剪力墙或筒壁的厚度宜加厚，混凝土强度等级宜提高以补偿底层的刚度，上下层的刚度比 Υ 应尽可能接近。非抗震设计时，$\gamma\leqslant3$；抗震设防区 $\gamma\leqslant2$，γ 按下式计算：

$$\gamma = G_{i+1} A_{i+1} G_i A_i h_i h_{i+1} \tag{4-2}$$

式中 G_i、G_{i+1}——第 i 层、第 i+1 层的混凝土剪切模量；

A_i、A_{i+1}——第 i 层、第 i+1 层的折算抗剪截面面积，$A = A_W + 0.12 A_{AW}$——在所计算的方向上，剪力墙全部有效截面面积；A_c——部柱截面面积；h_i、h_{i+1}，——第 i 层、第 i+1 层的层高。

（三）变形缝设置

由于变形缝的设置会给建筑带来一系列的困难，如：屋面防水、地下室渗漏、立面处理等，因而在设计中宜通过调整平面形状和尺寸，采取构造和施工措施，尽量少设缝和不设缝。当需要设缝时，应将结构划分为独立的结构单元。当房屋长度超过限值，又未采取可靠措施时，应设置伸缩缝。当屋面无隔热或保温措施时，或位于气候干燥地区，夏季炎热且暴雨频繁地区的结构，应适当减小伸缩缝间距。当混凝土的收缩较大，或室内结构因施工外露时间较长，伸缩缝间距也应减小。当采取下列构造和施工措施时，伸缩缝间距可以增大：①在顶层、底层、山墙、内纵墙端开间等温度影响较大的部位提高配筋率；②顶层加强保温隔热措施或采用架空通风屋面；③顶部楼层改为刚度较小的结构形式或顶部设局部温度缝，将结构划分为长度较短的区段；每30～40m设800～1000mm宽的后浇带。

在下列情况下，一般应考虑设置沉降缝：①在建筑高度差异或荷载差异较大处；②地基土的压缩性有显著差异处；③上部结构类型和结构体系不同，其相邻交接处；④基底标高相差过大，基础类型或基础处理不一致处。

采用以下措施后，主楼与裙房之间可以不设沉降缝：①采用桩基，桩支承在基岩上；采取减少沉降的有效措施并经计算，沉降差在允许范围内。②主楼与裙房采用不同的基础形式，先施工主楼，后施工裙房，通过调整土压力使后期沉降基本接近。③当沉降计算较为可靠时，主楼与裙房的标高预留沉降差，使最后两者标高基本一致。

在下列情况下，一般应设置防震缝：①平面各项尺寸超过限值而无加强措施；②房屋有较大错层；③各部分结构的刚度或荷载相差悬殊而又未采取有效措施。抗震设防区设置的伸缩缝和沉降缝宽度均应满足规定。

（四）结构构件截面尺寸的估算

在进行结构分析之前，首先要初步确定构件的截面尺寸。结构类型确定后，结构的刚度主要与截面尺寸有关。鉴于以下原因，需要对正常使用条件下结构的水平位移加以限制：

①过大的侧移会使填充墙、装修等开裂甚至损坏，造成电梯运行困难；

②过大的侧移会使人感觉不舒服；

③侧向位移过大，竖向荷载将会产生较大的附加弯矩。水平位移的限制包括顶点位移和层间位移。

剪力墙的厚度应满足抗震设防要求，框架—剪力墙结构中的剪力墙周边宜设梁和柱，形成带边框剪力墙。周边梁的截面宽度不应小于2 b_w（b_w为剪力墙厚度），梁的截面高度不小于3 b_w；柱的截面宽度不应小于2.5 b_w，柱的截面高度不应小于柱宽。如剪力墙周边仅有柱而无梁时，则应设置暗梁。

第二节 剪力墙结构分析

一、单榀剪力墙受到的水平荷载

（一）空间问题的简化

剪力墙结构是由一系列纵、横向剪力墙和楼盖组成的空间结构，承受竖向荷载和水平荷载。在竖向荷载作用下，剪力墙结构的分析比较简单。下面主要讨论在水平荷载作用下的内力和侧移计算方法。为了把空间问题简化为平面问题，在计算剪力墙结构在水平荷载作用下的内力和侧移时，做如下基本假定：①楼盖在自身平面内的刚度为无限大，而在平面外的刚度很小，可忽略不计；②各榀剪力墙主要在自身平面内发挥作用，而在平面外的作用很小，可忽略不计。根据假定①，在水平荷载作用下，楼盖在水平面内没有相对变形，仅发生刚体位移。因而，任一楼盖标高处，各榀剪力墙的侧向水平位移可由楼盖的刚体运动条件唯一确定。根据假定②，对于正交的剪力墙结构，在横向水平分力的作用下，可只考虑横向剪力墙的作用而忽略纵向剪力墙的作用；在纵向水平分力的作用下，可只考虑纵向剪力墙的作用而忽略横向剪力墙的作用。从而将一个实际的空间问题简化为纵、横两个方向的平面问题。

实际上，在水平荷载作用下，纵、横剪力墙是共同工作的，即结构在横向水平力作用下，不仅横向剪力墙起抵抗作用，纵向剪力墙也起部分抵抗作用；纵向水平力作用下的情况类似。为此，将剪力墙端部的另一方向墙体作为剪力墙的翼缘来考虑，即纵墙的一部分作为横墙端部的翼缘，横墙的一部分作为纵墙的翼缘参加工作。纵、横墙翼缘的有效宽度可取各项中的最小值。

（二）剪力墙的抗侧刚度

框架柱的抗侧刚度是当柱上下端产生单位相对位移，柱子所承受的剪力，可表示为$D=\alpha EIh^3$，其中a是与柱上、下端节点约束情况有关的系数。与此类似，剪力墙的抗侧刚度定义为发生单位层间位移，剪力墙承受的剪力。

在简化计算中，不考虑楼盖对剪力墙平面内弯曲的约束作用（因对楼盖而言属平面外弯曲），将剪力墙作为竖向悬臂构件。由于剪力墙的截面抗弯刚度很大，弯曲变形相对较小，剪切变形的影响不能忽略。此外，当结构很高时，还应考虑轴向变形的影响。在简化计算中，剪切变形和轴向变形对抗侧刚度的影响可采用等效刚度的方法。等效刚度是按顶点位移相等的原则折算为竖向悬臂构件只考虑弯曲变形时的刚度。在不同的侧向荷载作用下，等效刚度的表达式将有所不同。

水平荷载在各榀剪力墙之间的分配。一般情况下，楼盖在水平荷载作用下的刚体运动将发生包括自身平面内的移动和转动。但若水平荷载通过某一中心点，则楼盖仅发生移动而无转动，这一中心位置称为剪力墙结构的抗侧刚度中心。

二、单榀剪力墙的受力特点

当把作用于整个结构的水平荷载分配给各榀剪力墙后，便可对每榀剪力墙进行内力分析。单榀剪力墙可以被看作竖向悬臂结构。由于剪力墙上往往开有门窗洞口，与一般的实腹悬臂梁相比，其应力分布要复杂得多。通常把剪力墙开洞后所形成的水平构件称为连梁；竖向构件称为墙肢。理论分析与试验研究表明，剪力墙的受力和变形特性主要受洞口的大小、形状和位置的影响。当剪力墙上洞口较小时，剪力墙水平截面内的正应力分布在整个截面高度范围内，呈线性分布或接近于线性分布，仅在洞口附近局部区域有应力集中现象。洞口对墙体内力的影响可以忽略不计。这类剪力墙称为整截面剪力墙。

如果剪力墙上的洞口很大，连梁和墙肢的刚度均较小，整个剪力墙的受力和变形类似框架结构，在水平荷载作用下，墙肢内沿高度方向几乎每层均有反弯点。但由于连梁和墙肢的截面尺寸均较一般框架结构的梁、柱大，须考虑截面尺寸效应。这类剪力墙称为壁式框架。当剪力墙的开洞情况介于上述两者之间时，剪力墙的受力特性也介于上述两种情况之间。这一范围的剪力墙又可以分为整体小开口剪力墙和联肢剪力墙两种。上述四种剪力墙的判别条件将在后面的章节中讨论。

针对不同类型剪力墙的主要受力特点，提出了不同的简化计算方法。目前常用的计算方法有三类：材料力学方法，适用于整截面剪力墙和整体小开口剪力墙；连续化方法，适用于联肢剪力墙（双肢或多肢）；D值法，适用于壁式框架。

三、水平荷载作用下的材料力学法

（一）内力分析

对于整截面剪力墙，洞口对截面应力分布的影响可忽略，在弹性阶段，在水平荷载作用下，沿截面高度的正应力呈线性分布，故可直接应用材料力学公式，按竖向悬臂梁计算剪力墙任意点的应力或任意水平截面上的内力。对于整体小开口剪力墙，在水平荷载作用下，墙肢水平截面的正应力分布偏离直线规律，相当于剪力墙整体弯曲所产生的正应力和各墙肢局部弯曲所产生的正应力之和，相应地，可将荷载产生的总弯矩分为整体弯矩和局部弯矩。在整体弯矩作用下，剪力墙按组合截面弯曲，正应力在整个截面高度上按直线分布，然而每个墙肢的正应力分布是不均匀的，除存在轴力外还有部分整体弯矩；在局部弯矩作用下，剪力墙按各个单独的墙肢截面弯曲，正应力仅在各墙肢截面高度上按直线分布。

外荷载在计算截面产生的总弯矩用M_p表示，设整体弯矩所占比例为Y，在整体弯矩作用下，各墙肢的曲率相同；近似认为局部弯矩在各墙肢中按抗弯刚度分配。则任一墙肢的弯矩为：

$$M_j = \gamma M_P I_j I + (1-\gamma) M_P I_j \sum I_j \tag{4-3}$$

式中，M_p——外荷载在计算截面所产生的弯矩（总弯矩）；

I_j——第j墙肢的截面惯性矩；I——组合截面惯性矩；γ——整体弯矩系数（总体弯矩在总弯矩中所占比例），设计中取γ=0.85。局部弯矩在墙肢中并不产生轴力，墙肢轴力是由整体弯矩引起的。墙肢的截面形心到整个剪力墙组合截面形心由外荷载所产生的总剪力在各墙肢之间可以按抗侧刚度进行分配。墙肢的抗侧刚度既与截面的惯性矩有关，又跟截面面积有关。近似取两者的平均值进行分配。

当剪力墙的多数墙肢基本均匀，符合整体小开口剪力墙的条件，但存在个别小墙肢j时，作为近似，仍可以按上述公式计算内力，但小墙肢宜考虑附加的局部弯矩ΔM_j，取

$$\Delta M_j = V_j \cdot h^2 \tag{4-4}$$

式中，V_j——按式计算的第 j 墙肢的剪力；

h——洞口高度。

（二）侧移计算

整截面剪力墙及整体小开口剪力墙在水平荷载作用下的侧移值，同样可以用材料力学公式计算。但因剪力墙的截面高度大，须考虑剪切变形对位移的影响。当开有洞口时，还应考虑洞口对截面刚度的削弱。

在顶点作用集中荷载的剪力墙，不考虑轴向变形的影响。

四、水平荷载作用下的连续栅片法

连续栅片法适用于联肢剪力墙。当剪力墙上有一列洞口时，称为双肢墙；当剪力墙上有多列洞口时，称为多肢墙，双肢墙和多肢墙统称为联肢墙。剪力墙上的洞口较大时，整体性受到影响，剪力墙的截面变形不再符合平截面假定，水平截面上的正应力已不再呈一连续的直线分布，不能再作为单个构件用材料力学方法计算。连续栅片法的基本思路：将每一楼层处的连系梁用沿高度连续分布的栅片代替，连续栅片在层高范围内的总抗弯刚度与原结构中的连系梁的抗弯刚度相等，从而使得连系梁的内力可用沿竖向分布的连续函数表示，建立相应的微分方程，求解后再换算成实际连系梁的内力，进而求出墙肢的内力。下面以双肢墙为例，介绍连续栅片法的原理。

（一）基本假定

①连梁的作用可以用沿高度连续分布的栅片代替；②连梁的轴向变形可忽略；③各墙肢在同一标高处的转角和曲率相等；④层高、墙肢截面面积、墙肢惯性矩、连梁截面面积和连梁惯性矩等几何参数沿墙高方向均为常数。

假定①将整个结构沿高度连续化，为建立微分方程提供了前提；根据假定②墙肢在同一标高处具有相同的水平位移；由假定③可得出连梁的反弯点位于梁的跨中；假定④保证了微分方程的系数为常数，从而使方程得到简化。

（二）微分方程的建立

根据上述假定，剪力墙的连梁可以用连续栅片代替。将连续化后的连梁在跨中切开，形成基本结构。由于连梁的反弯点在跨中，故切口处仅有剪力集度T（沿高度的分布剪力），将此作为未知数，利用切口处的竖向相对位移为零这一变形条件，建立微分方程。任一高度处的剪力集度已知后，利用平衡条件可求得墙肢和连梁的所有内力。

切口处的竖向相对位移可通过在切口处施加一对方向相反的单位力求得。位移由墙肢和连梁的弯曲变形、剪切变形和轴向变形引起。在竖向单位力作用下，连梁内没有轴力，略去在墙肢内产生的剪力，因而基本结构在切口处的竖向位移由墙肢弯曲变形引起的 δ_1、墙肢轴向变形引起的 δ_2、连梁弯曲和剪切变形引起的 δ_3 组成。

①由墙肢弯曲变形所引起的竖向相对位移 δ_1 由于假定两个墙肢的转角相同，使切口处产生的竖向相对位移为：

$$\delta_1 = -\left(a^2\theta + a^2\theta\right) = -a \cdot \theta \tag{4-5}$$

②由墙肢轴向变形所引起竖向相对位移δ_2基本结构在外荷载和切口处剪力的共同作用下，两个墙肢中一个受拉，另一个受压，轴力大小相等，方向相反。任一高度z处的墙肢轴力为：

$$NP(z)=\int Hz\tau dy \tag{4-6}$$

当z高度切口处作用一对相反的单位力时，在z高度以下的墙肢引起的轴力为N_1=1z，高度以上墙肢的轴力为零。

③由连梁的弯曲变形和剪切变形所引起的竖向相对位移δ_3栅片是厚度为零的理想薄片，计算连梁弯曲和剪切变形引起的相对位移时，须将层高范围内的栅片还原为实际连梁，连梁切口处的剪力为τ_h。剪力τ_h引起的连梁弯矩和剪力分别用M_p、V_p表示；切口处单位力作用下引起的连梁弯矩和剪力分别用M_1、V_1表示。现在来建立墙肢转角θ与外荷载的关系。z高度处基本结构的总弯矩M（z）由两部分组成：外荷载引起的M_p和剪力集度引起的弯矩。这两个弯矩方向相反，不考虑墙肢轴剪力墙整体性系数。

五、水平荷载作用下壁式框架的D值法

当剪力墙的洞口尺寸很大，甚至于洞口上下梁的刚度大于洞口侧边墙的刚度时，剪力墙的受力接近于框架。但因这时梁柱的截面尺寸均较大，又不完全与普通框架相同，故称这类剪力墙为壁式框架。普通框架在进行结构分析时，梁柱的截面尺寸效应是不考虑的，构件被没有截面宽度和高度的杆件代替，这一般称为杆系结构。对于等截面构件，认为沿构件长度的截面刚度相等。实际上在构件两端，由于受到相交构件的影响，截面刚度相当大，即在节点部位存在一个刚性区域。对于壁式框架，刚性区域较大，对受力的影响不应忽略。此外，由于构件的截面尺寸较大，须考虑剪切变形的影响，所以用D值法计算壁式框架必须做一些修正。

①刚臂长度的取值：壁式框架仍采用杆系计算模型，取墙肢和连梁的截面形心线作为梁柱轴线，刚域的影响用刚度为无限大的刚臂考虑。

②带刚臂杆件的转角位移方程对于一两端固定的等直杆，不考虑剪切变形时，两端各转动一单位转角（$\theta_1=\theta_2=1$），在杆端所须施加的弯矩$m_{12}=m_{21}=6i$，i是杆件的线刚度。带刚臂杆件考虑剪切变形后的转角位移方程需要重新推导。带刚臂杆件1-2，长度为l，两端的刚臂长度分别为al和bl。取杆的无刚臂部分1’-2’为脱离体，当1、2两端各有一个单位转角时，1’、2’两点除了有单位转角外，有线位移al和bl，1’、2’两点的弦转角为（al+bl）/l’。

③带刚臂柱的反弯点高度。

带刚臂框架柱的反弯点高度按下式计算：

$$y_h = \left(a + sy_0 + y_1 + y_2 + y_3\right)h \tag{4-7}$$

壁式框架楼层剪力在各柱之间的分配、柱端弯矩的计算，梁端弯矩、剪力的计算，柱轴力的计算以及框架侧移的计算方法均与普通框架相同。

第三节 框架—剪力墙结构分析

一、框架—剪力墙结构的简化计算模型

框架—剪力墙结构由框架和剪力墙共同承担荷载。在竖向荷载作用下，内力计算比较简单，框架和剪力墙各自承担负荷范围内的楼面荷载。在水平荷载作用下，框架和剪力墙的变形特性有很大的不同。规则框架沿房屋高度的层间抗侧刚度变化不大，楼层剪力及层间位移自顶层向下越来越大，而剪力墙的层间位移自顶层向下越来越小。在框架—剪力墙结构中，由于各层刚性楼盖的连接作用，两者必须协同工作，在各楼层处具有相同的位移。

在框架—剪力墙结构的简化计算中，采用如下基本假定：①楼盖在其自身平面内的刚度无限大，而平面外的刚度可忽略不计；②水平荷载的合力通过结构的抗侧刚度中心，即不考虑扭转的效应；③框架与剪力墙的刚度特征值沿结构高度为常量。由于水平荷载通过结构的抗侧刚度中心，且楼盖平面内刚度无限大，楼盖仅发生沿荷载作用方向的平移，荷载方向每榀框架和每根剪力墙在楼盖处具有相同的侧移，所承担的剪力与其抗侧刚度成正比，而与框架和剪力墙所处的平面位置无关。于是可把所有框架等效成综合框架，把所有剪力墙等效成综合剪力墙，并将综合框架和综合剪力墙放在同一平面内分析。综合框架和综合剪力墙之间用轴向刚度为无限大的综合连杆或综合连梁连接。前者称为框架—剪力墙铰接体系，后者称为框架—剪力墙刚接体系。

综合剪力墙的抗弯刚度是各榀剪力墙等效抗弯刚度的总和，综合框架的抗侧刚度是各榀框架抗侧刚度的总和。在框架结构分析中，框架柱的抗侧刚度定义为杆件两端发生单位相对水平位移所施加的水平推力。此处，为了满足连续化的要求，定义框架的抗侧刚度为产生单位剪切角，框架承受的剪力，用 Cf_i 来表示，以示区别，即 $Cf_i = V_i\Delta u_i / h = h \times D_i$。在一般的框架结构中，抗侧刚度仅考虑梁柱的弯曲变形。但框架高度大于50m或框架高度与宽度之比大于4时，应考虑柱轴向变形对抗侧刚度的影响。此时，对抗侧刚度可按下式进行修正：

$$Cf = \Delta M \Delta M + \Delta N \times Cf_0 \tag{4-8}$$

式中，ΔM ——框架仅考虑梁柱弯曲变形计算的顶点最大侧移；

ΔN ——框架柱轴向变形引起的顶点最大侧移；

Cf_0 ——不考虑框架柱轴向变形的抗侧刚度。

在实际工程中，综合剪力墙各层的等效抗弯刚度和综合框架各层的抗侧刚度沿高度并不完全相同，当变化不大时，可按层高进行加权平均。

二、框架—剪力墙铰接体系

所谓铰接体系，是指在框架与剪力墙之间，没有弯矩传递，仅传递轴力。对于框架—剪力墙铰接体系计算简图，将综合刚性连杆沿高度方向连续化，其作用以等代的分布力 p_f 代替，从而使综合框架和综合剪力墙成为两个脱离体。

脱离后的综合剪力墙可以被看成是一个竖向悬臂构件，受水平分布荷载（$p-p_f$）的作用。

W为综合框架刚度与综合剪力墙刚度之比的一个参数，是影响框架—剪力墙结构的受力和变形性能的主要参数，称为框架—剪力墙结构刚度特征值。

三、框架—剪力墙刚接体系

在框架—剪力墙的铰接体系中，连杆不传递弯矩。当考虑连梁对墙肢转动约束作用时，这种结构称为框架—剪力墙刚接体系。综合框架与综合剪力墙之间用综合连梁连接。综合连梁既包括框架与剪力墙之间的连系梁，又包括墙肢与墙肢之间的连系梁。这两种连梁都可以简化为带刚域的梁。

将综合连梁连续化，其作用除了在综合框架与综合剪力墙之间传递轴向分布力 p_f 外，还有分布剪力 τ_f 引起的约束弯矩 m_b。为了计算简化，将约束弯矩全部作用在综合剪力墙上，构成沿竖向分布的线力矩 m_b。

连梁的约束弯矩与连梁刚度有关。分析连梁刚度时，对于框架与剪力墙之间的连梁可以简化为一端（连接剪力墙端）带刚臂的梁；对于墙肢与墙肢之间的连梁可以简化为两端带刚臂的梁。单根连梁的杆端约束弯矩总和与杆端转角的关系为：

$$Mb = 6\left(c + c'\right) i\theta \tag{4-9}$$

综合连梁的约束弯矩则是所有连梁约束弯矩的总和。将约束弯矩 $\sum \mathrm{Mb}$ 折算成沿高度方向分布的线力矩，则有：

$$\mathrm{mb} = \sum \mathrm{Mbh} = \mathrm{Cb}\theta \tag{4-10}$$

式中，Cb=6∑（c+c'）i。

四、框架—剪力墙的协同工作性能

（一）结构的侧移特性

框架与剪力墙结构的侧向位移特性是不同的。框架结构的侧移曲线凹向初始位置，自底部向上，层间位移越来越小，与悬臂梁的剪切变形曲线相类似，故称“剪切型”；而剪力墙结构的侧移曲线凸向初始位置，自底部向上，层间位移越来越大，与悬臂梁的弯曲变形曲线类似，故称“弯曲型”。对于框架—剪力墙结构，由于刚性楼盖的连接作用，两者的侧向变形必须一致，结构侧移曲线为“弯剪型”。框架—剪力墙结构的侧移曲线，随着其刚度特征值的不同而变化。

当 λ 值较小时（如小于1），结构的侧移曲线接近剪力墙结构的侧移曲线；当 λ 值较大时（如大于6），结构的侧移曲线接近框架结构的侧移曲线。

（二）结构的内力分布特性

在框架—剪力墙结构中，由框架和剪力墙共同分担水平外荷载，由任一截面上水平力的平衡条件可以得到 $p_W + p_f = p$（将水平力微分）。但由于框架和剪力墙的变形特性不同，使 p_W 与 p_f 结构高度方向的分布形式与外荷载的形式不一致，在框架与剪力墙之间存在力的重分布。

可以看到，在结构的底部，剪力墙结构的层间侧移小于框架结构的层间位移，为了使两者具有相同的层间位移，剪力墙承担的分布荷载将大于外荷载，而框架承受的分布荷载与外荷载方向相反，两者之和应等于外荷载。而在结构的上部，框架的层间侧移小于剪力墙的层间侧移，在变形协调过程中，剪力墙受到框架的“扶持”作用，剪力墙承担的分布荷载小于外荷载，框架承担的分布荷载与外荷载方向一致。

框架—剪力墙结构在均布水平荷载作用下，剪力墙部分和框架部分承担的分布荷载沿结构高度方向的变化情况。将分布荷载沿高度方向积分可以得到外荷载产生的总剪力和综合剪力墙承担的剪力、综合框架承担的剪力。综合剪力墙和综合框架承担的剪力随刚度特征值的变化而变化。当 λ=0，意味着综合框架的刚度可以忽略不计，所有的剪力全由综合剪力墙承担；当 λ=8，意味着综合剪力墙的刚度可以忽略不计，所有的剪力全由综合框架承担；在一般情况下，剪力由综合剪力墙和综合框架分担。在结构的顶部，由于框架的“扶持”作用，综合框架承担的剪力将超过外荷载产生的总剪力。需要注意的是，在结构的底面，综合框架所承担的剪力总是为零，外荷载产生的总剪力均由综合剪力墙承担。这是因为在固定端，综合剪力墙的刚度为无限大，而综合框架的抗侧刚度在固定端并不是无限大。

第四节 剪力墙截面设计

一、钢筋混凝土剪力墙截面设计

（一）墙肢正截面承载力计算

剪力墙正截面承载力计算方法与偏心受力柱类似，所不同的是在墙肢内，除了端部集中配筋外还有竖向分布钢筋。此外，纵横向剪力墙常常连成整体共同工作，纵向剪力墙的一部分可以作为横向剪力墙的翼缘，同样，横向剪力墙的一部分也可以作为纵向剪力墙的翼缘。因此，剪力墙墙肢常按T形截面或I形截面设计。

试验表明，剪力墙在水平反复荷载作用下，其正截面承载力并不下降。因此，无论有无地震作用，剪力墙正截面承载力的计算公式都是相同的。当内力设计值中包含地震作用组合时，需要考虑承载力抗震调整系数γ_{RE}。

根据轴向力的性质，墙肢有偏心受压和偏心受拉两种受力状态。其中，偏心受压又可以分剪力墙为大偏心受压和小偏心受压。大小偏压的判别条件与偏心受压柱相同，即$\xi \leqslant \xi_b$时为大偏心受压；$\xi > \xi_b$时为小偏心受压。其中，ξ为相对受压区高度系数，ξ_b为界限受压区高度系数。

剪力墙一般不可能出现小偏心受拉，规范也不允许发生小偏心受拉破坏。

1. 大偏心受压

已知矩形截面墙肢的截面及其配筋情况，其中，As、A's为墙肢端部的集中配筋面积，AsW为墙肢内全部纵向分布钢筋的截面面积，纵向分布钢筋在墙肢内均匀布置。

受压区混凝土采用等效矩形应力图形，受压区高度为x，应力值为$\alpha_1 \mathrm{fc}$，其中，α_1是与混凝土强度等级有关的系数，fcuk≤50MPa时，α_1取为1.0，fcuk≤80MPa时，a1取为0.94，其间进行插入；端部纵向钢筋As、A's分别达到钢筋的抗拉强度设计值和抗压强度设计值；对于墙肢内的分布钢筋，近似假定离受压区边缘1.5x范围以外的受拉钢筋都参加工作并达到强度设计值，忽略其余分布钢筋的作用。设计时常先按构造要求确定墙肢内的分布钢筋AsW。设墙肢内竖向分布钢筋的配筋率为$\rho_s \mathrm{W}$，则墙肢截面受压区高度及端部配筋量可由下式求得：

$$x = \mathrm{N} + \mathrm{fy}_b \mathrm{W}_h \mathrm{W}_0 \rho \mathrm{sW} \alpha_1 \mathrm{fcbW} + 1.5\mathrm{fyW}_b \mathrm{W} \rho_s \mathrm{W} \tag{4-11}$$

当墙肢截面为T形或I形时，可参照T形和I形截面柱的正截面承载力计算方法，其中分布钢筋按上述原则考虑其作用。

2. 小偏心受压

当$\xi > \xi_b$时，墙肢发生小偏心受压破坏，截面上大部分受压或全部受压，大部分或全部分布钢筋处于受压状态。由于分布钢筋直径一般较小，墙体发生破坏时容易产生压屈现象，因此，小偏心受压时墙肢内分布钢筋的作用不予考虑。于是墙肢小偏心受压的承载力计算公式与柱的承载力公式完全相同。而墙肢分布钢筋则按构造要求设置。对于小偏心受压墙肢，尚应按轴心受压构件验算平面外的承载力，验算时，不考虑分布钢筋的作用。

（二）墙肢斜截面承载力计算

墙肢的斜截面破坏形态与受弯构件类似，有斜拉破坏、剪压破坏和斜压破坏。其中，斜拉破坏和斜压破坏比剪压破坏更显脆性，设计中通过构造措施加以避免。与一般受弯构件斜截面承载力计算不同的是需要考虑轴向力的影响。

试验表明，剪力墙在反复水平荷载作用下，其斜截面承载力比单调加载降低15%～20%。规范将静力受剪承载力计算公式乘以0.8作为抗震设计时的受剪承载力计算公式。

对于抗震等级为一、二、三级的剪力墙，为保证墙肢塑性较不过早发生剪切破坏，应使墙肢截面的受剪承载力大于其受弯承载力。在墙肢底部H/8范围内，剪力设计值按下列规定取值：

一级抗震等级VW=1.6V，二级抗震等级VW=1.4V，三级抗震等级VW=1.2V，上式中，V为考虑地震作用组合剪力墙计算部位的剪力设计值。其他部位的剪力设计值均取VW=1.0V。

二、钢骨混凝土剪力墙截面承载力

（一）概述

当在混凝土剪力墙端部设有型钢时，称为钢骨混凝土剪力墙。剪力墙周边有梁和钢骨混凝土柱的剪力墙称为带边框剪力墙；周边没有梁、柱的称为无边框剪力墙。

试验表明，由于端部设置了钢骨，无边框剪力墙的受剪承载力大于普通钢筋混凝土剪力墙。钢骨对抗剪承载力的贡献主要表现为销键作用，这种销键作用随着剪跨比增大而减小。混凝土剪力墙中设置钢骨的另外一个重要作用是能够很好地解决钢梁或钢骨混凝土梁与剪力墙的连接问题。由于普通钢筋混凝土剪力墙的施工精度较差，如果通过预埋件与钢梁连接，其精度很难满足钢结构安装的需要。而在剪力墙中设置了钢骨，将钢梁与剪力墙中的钢骨连接，就很容易满足施工精度的要求。钢骨混凝土剪力墙中连梁的截面设计方法与混凝土剪力墙相同。

（二）正截面承载力

正截面承载力计算时，钢骨的作用相当于钢筋，因而计算公式与前面介绍的混凝土剪力墙墙肢正截面计算公式很类似。当有边框或翼墙存在时，截面形式为I型，否则为矩形。

（三）斜截面承载力

钢骨混凝土剪力墙的斜截面受剪承载力由端柱与钢筋混凝土腹板两部分构成。对于无边框墙和有边框墙，考虑到带边框剪力墙的一侧边框柱可能处于偏心受拉状态，为安全起见，只考虑单侧边框柱的抗剪作用。钢骨混凝土边框柱的受剪承载力考虑柱内混凝土、箍筋、钢骨的贡献及轴向压力的有利影响，为了防止射力墙发生斜压破坏，应对截面的剪压比进行限制，验算方法同普通钢筋混凝土剪力墙。

第五节　筒体结构分析简介

一、筒体的受力特性

（一）实腹筒

实腹筒是一个封闭的箱形截面空间结构，由于各层楼面结构的支撑作用，整个结构呈现很强的整体工作性能。在剪力墙结构中，仅考虑平行于水平力方向的剪力墙参与工作，实腹筒则不同。理论分析和实验表明，实腹筒的整个截面变形基本符合平截面假定。在水平荷载作用下，不仅平行于水平力方向的腹板参与工作，与水平力垂直的翼缘也完全参与工作。

单榀剪力墙和实腹筒在水平荷载下截面呈正应力分布。设剪力墙的宽度为B，则内力臂为2B/3；而筒体的内力臂接近腹板宽度B，其正应力合力也比剪力墙的合力T大得多。因此，实腹筒比剪力墙具有更高的抗弯承载力。剪力墙既承受弯矩又承受剪力作用；而筒体的弯矩主要由翼缘承担，剪力主要由腹板承担。实腹筒体的变形主要由弯曲变形和剪切变形组成。当筒体高宽比小于1时，结构在水平荷载下的侧向位移以剪切变形为主，位移曲线呈剪切型；当筒体高宽比大于4时，结构侧向位移以弯曲变形为主，位移曲线呈弯曲型；当高宽比介于1～4之间时，侧向位移曲线介于剪切型与弯曲型之间。高层建筑中实腹筒的高宽比一般均大于4。

（二）框筒

框筒由密排柱和高跨比很大的裙梁组成，它与普通框架结构的受力有很大的不同。普通框架是平面结构，仅考虑平面内的承载能力和刚度，而忽略平面外的作用；框筒结构在水平荷载作用下，除了与水平力平行的腹板框架参与工作外，与水平力垂直的翼缘框架也参加工作，其中水平剪力主要由腹板框架承担，整体弯矩则主要由一侧受拉、另一侧受压的翼缘框架承担。

框筒的受力特性与实腹筒也有区别。在水平荷载作用下，框筒水平截面的竖向应变不再符合平截面假定。实线表示框筒实际竖向应力分布，虚线表示实腹筒的竖向应力分布，即符合平截面假定的应力分布。框筒的腹板框架和翼缘框架在角区附近的应力大于实腹筒体，而在中间部分的应力均小于实腹筒体，这种现象称为剪力滞后。

如果将筒体的箱形截面等效成工字形截面，由梁理论知，横截面沿腹板和翼缘方向均存在剪应力，根据剪应力互等原理，与横截面垂直的方向存在大小相等的剪应力，这种剪应力是依靠裙梁来传递的。而裙梁的竖向剪切刚度比实腹筒体要小得多，相应的剪切变形不可忽略，从而使截面的正应变无法保持线性变化。剪力滞后使部分中柱的承载能力得不到发挥，结构的空间作用减弱。裙梁的刚度越大，剪力滞后效应越小；框筒的宽度越大，剪力滞后效应越明显。因而为减小剪力滞后效应，应限制框筒的柱距、控制框筒的长宽比。成束筒相当于增加了腹板框架的数量，剪力滞后效应大大缓和，所以抗侧刚度比框筒结构和筒中筒结构大。

设置斜向支撑和加劲层是减少剪力滞后的有效措施。在框筒结构竖向平面内设置X形支撑，可以增大框筒结构的竖向剪切刚度，从而减小剪力滞后效应。在钢框筒结构中常采用这种方法。加劲层一般设置在顶层和中间设备层。当框筒的高宽比较小时，整体弯曲作用不明显，水平荷载主要由腹板框架承担，翼缘框架的轴力很小，由此合成的力矩很小。一般认为当高宽比超过3时，空间作用才明显。

二、筒体结构的简化分析方法

筒体结构是复杂的三维空间结构，它由空间杆件和薄壁杆件组成。在实际工程中多采用三维空间结构分析方法，已有多种结构分析程序。但在初步设计阶段，为了选择结构截面尺寸，需要进行简单的估算。下面简单介绍针对矩形或其他规则筒体结构的近似分析方法。

（一）框筒结构

矩形框筒的翼缘框架由于存在剪力滞后效应，在水平荷载作用下，中间若干柱的轴力较小。为简化计算，假定翼缘框架中部若干柱不承担轴力，而其余柱构成的截面符合平截面假定。对于矩形框筒，截面简化为双槽形截面。等效槽形截面的有效宽度 b，取以下三种情况的最小值：框筒腹板框架全宽 B 的 1/2；框筒翼缘框架全宽 L 的 1/3；框筒总高度 H 的 1/10。其余柱构成的截面符合平截面假定。对于矩形框筒，截面简化为双槽形截面。等效槽形截面的有效宽度 b，取以下三种情况的最小值：框筒腹板框架全宽 B 的 1/2；框筒翼缘框架全宽 L 的 1/3；框筒总高度 H 的 1/10。

将双槽形作为整体截面，利用材料力学公式可以求出整体弯曲应力和剪应力。单根柱范围内的弯曲正应力合成柱的轴力，层高范围内的剪应力构成了裙梁的剪力，矩形框筒结构的内力近似分析方法除了上面介绍的等效槽形截面法外，还有等代角柱法和展开平面框架法等。

（二）框架—筒体结构及筒中筒结构

框架—筒体结构的受力性能类似框架—剪力墙结构，因而可参照其分析方法。对于具有两个相互垂直对称轴的框架—筒体结构，可以在两个方向分别将框架合并为综合框架，将箱形截面的筒体划分为平面剪力墙（带翼缘），然后合并成综合剪力墙。考虑到实腹筒宽度较大时，也会存在剪力滞后效应，因而在计算平面剪力墙的截面惯性矩时，每侧翼缘的有效宽度取以下三种情况的最小值：实腹筒体墙厚度的6倍；实腹筒体墙轴线至翼缘墙洞口边的距离；实腹筒体总高度的1/10。对于筒中筒结构，将框筒作为普通框架处理，按框架—剪力墙结构进行水平力的分配。

第六节 转换层结构简介

一、转换层结构的设计原则

在高层建筑中，为了满足底层大空间的需要，上层的部分剪力墙、柱、框筒等竖向构件将不贯通至基础，为此需要在过渡处设置水平转换层结构，以保证荷载的可靠传递。常用的转换层结构有转换板、转换梁和转换桁架，其中转换桁架的形式有斜腹杆桁架和直腹杆桁架，一般满层设置。转换层结构的受力相当复杂，且对抗震是不利的。结构设计时应遵循以下原则：

①减少转换。布置转换层上下主体竖向结构时，应使尽可能多的竖向结构连续贯通。在框架—核心筒结构中，核心筒应上下贯通。

②传力直接。应尽可能使转换结构传力直接，避免多级复杂转换。少用传力途径复杂的厚板转换。

③强化下部、弱化上部。为保证下部大空间整体结构有适宜的刚度、强度和延性，应通过加强转换层下部主体结构刚度，减弱转换层上部主体结构的刚度，尽可能使上、下部主体结构的刚度及变形特征比较接近。在抗震设防区，上下部主体结构总剪切刚度之比不宜大于2。

④选择合理的计算模型。必须将转换层作为整体结构中的一个重要组成部分，采用符合实际受力状态的计算模型进行三维空间整体结构分析。采用有限元方法对转换层进行局部补充分析时，转换层以上至少取两层结构进入局部计算模型，同时，应考虑转换层及所有楼盖平面内刚度，考虑实际结构三维空间盒子效应，选择符合实际情况的边界条件。转换层结构一般须采用计算机程序进行内力分析。下面对转换梁的受力特点做一简单介绍。

二、剪力墙结构中的转换梁

在剪力墙结构中，如果部分剪力墙支承在底层框架上，形成上部为剪力墙、下部为框架的剪力墙，称为框支剪力墙，而从上到下贯通的剪力墙称为落地剪力墙。支承上部剪力墙的梁称为转换梁。由于转换梁与上部的剪力墙共同工作，类似墙梁的工作状态，其受力与一般的框架梁有本质的区别，需要对底层梁、柱及上部的剪力墙，即框支剪力墙进行整体分析。

（一）框支剪力墙的受力特点

1. 竖向荷载下墙体的应力分布

①竖向正应力是双跨框支剪力墙在竖向荷载作用下，墙内竖向正应力分布情况。在距梁界面 L_0 以上的墙体内，竖向正应力的分布基本不受底层是框架的影响，呈均匀分布;稍低处，竖向正应力 σ_y 沿拱线向柱上方集中。一部分荷载首先沿较大的拱线直接传到边柱，剩下的荷载再沿小拱分别传递给边柱和中柱。所以边柱上方的应力集中现象比中柱上方竖向正应力分布的应力集中现象明显。通常边柱上方竖向正应力 σ_{y1} 可以达到平均压应力q/t的4～6倍；中柱上方上正应力 σ_{y2} 达到平均压应力的2～3倍。而梁跨中位置墙的竖向正应力较小，在梁界面处接近于零。

梁、柱的刚度和宽度都将影响柱上方竖向正应力的数值。梁的刚度、柱的宽度越小，竖向压应力向柱上方集中的程度越高；反之，竖向压应力的集中程度越低。

②水平方向正应力竖向荷载作用下，墙体内水平方向的正应力分布，在距梁界面 L_0 以上的墙体内，没有水平方向正应力；在 L_0 范围以下，存在一个高度约0.4L、宽度为（1.0～1.5）L的三角形拉应力区，其余部分为压应力。拉应力的最大值在中柱上方0点处，其值与梁、柱的刚度有关，一般为 σ_{x0} =（0.7～1.0）q/t。

③剪应力竖向荷载作用下，墙体内的剪应力分布。墙体内剪应力只分布在 L_0 的高度范围内，并在梁与墙体的界面上达到最大。在距边柱外侧0.1 L的A点剪应力 τ_A =（1.1～1.2）q/t；在距中柱中心线0.1L的B点剪应力 τ_B =（1.5～1.6）q/t；梁下缘与柱交接处，最大剪应力可达到（1.5～2.0）q/t。

（二）竖向荷载下框架的内力分布

1. 框支梁内力

双跨框支梁的跨中为正弯矩，最大弯矩截面距边柱外侧（0.15～0.25）L；最大负弯矩出现在中柱支座处；反弯点距边柱外侧0.87L；边支座截面上的负弯矩很小。弯矩分布不再是通常受均布荷载下的抛物线。

轴力大部分为拉力，在距边柱外侧（0.35～0.45）L处达到最大值，其值为（0.15～0.20）q_L；柱上方的拉力近似为零。剪力由剪应力合成，在支座附近最大，在边柱外侧处剪力值为（0.15～0.20）q_L；在中柱形心处的勇力值为（0.20～0.25）q_L。

2. 框支柱内力

框支柱中柱压力与边柱压力之比与框支梁的梁高没有关系，主要取决于柱的宽度。边柱顶受负弯矩，其值与柱宽有关；柱底弯矩约为柱顶弯矩的一半，反弯点约在距柱底1/3柱高处。

（三）水平荷载下的应力分布

水平荷载作用下框支剪力墙的竖向正应力分布，在距梁 L_0 高度以上，竖向正应力为线性分布；在接近梁的墙体内，竖向正应力逐渐向柱上方集中，但仍保持反对称分布的特性。

三、竖向荷载下的内力分析

①墙体无洞口时对于无洞口单跨框支剪力墙，设计时可直接查表，其中，计算应力

σ_y时将应力系数乘q，计算轴力时将系数乘q_L，计算弯矩时将弯矩系数乘$q_L{}^2$，计算框架梁剪力时将系数乘q_L。

②墙体有洞口时，有洞口框支剪力墙的计算方法与无洞口相同，但由于洞口的存在，墙的截面削弱了，更多的荷载需要由框支梁来承担，梁的弯矩和剪力增大，轴向拉力有所减小。设计时将相应无洞口框支墙的系数乘修正系数。

四、水平荷载下的内力及位移分析的思路

（一）上部为整截面剪力墙的内力分析

上部墙体为整截面剪力墙时，可把上部墙体看作固定于框支梁上的竖向悬臂构件，在水平荷载下，用材料力学公式计算剪力墙内力，而框架部分的内力可用反弯点法计算。

（二）上部为联肢剪力墙时的内力分析

框支剪力墙，底层为框架，上部墙体为双肢剪力墙。参照一般双肢剪力墙的分析方法，将连梁用连续化的栅片代替，并在中点切开。以切口处的剪力集度作为未知量。与一般落地剪力墙不同的是，剪力墙底部的边界条件不同。对于落地剪力墙，剪力墙墙底没有水平位移、竖向位移和转角位移；而对于框支剪力墙，剪力墙墙底存在水平位移、竖向位移和转角位移。

假定框架节点A、B的转角位移均为θ_0，设节点A、B的水平位移为u_0，节点A的竖向位移（由框架柱的轴向变形引起）为$\Delta 1$（以向上为正），节点B的竖向位移为$\Delta 2$（以向下为正），而$\Delta 1+\Delta 2=\Delta$。

将θ_0、u_0和△作为补充未知量，加上原来的未知量τ，形成基本结构。

同样利用栅片切口处竖向相对位移为零这一变形协调条件建立基本微分方程。此时，切口处的竖向相对位移除了由墙肢弯曲变形引起的δ_1、墙肢轴向变形引起的δ_2、连梁弯曲和剪切变形引起的δ_3外，还有框架节点竖向位移△和转角位移θ_0引起的δ_4（节点的水平位移u_0并不在栅片切口处引起竖向位移）。利用几何关系，可以得到：

$$\delta_4=\Delta-\mathrm{lb}\theta_0$$

框架梁、框架柱的弯矩利用结构力学的转角位移方程可以表示为基本未知量θ_0、u_0和△的函数，其中框架梁与墙肢接触的部分作为梁的刚臂。根据框架节点的静力平衡条件可以解出未知量θ_0、u_0和△。最后可以得到仅包含未知量τ的二阶常系数非齐次线性微分方程，其形式相同。

微分方程的特解仅与水平荷载形式有关，因而框支剪力墙与落地剪力墙没有区别。

通解中包含两个积分常数C1和C2，其中，C2是由剪力墙上端边界条件决定的，所以框支剪力墙与落地剪力墙相同；C1是由剪力墙下端的边界条件决定的，故框支剪力墙与落地剪力墙有区别。后者只与墙的参数有关，而前者除了与墙的参数有关外，还与底层框架的参数有关。

（三）框支剪力墙的侧移计算

框支剪力墙的水平位移由三部分组成：

$$u = u_w + u_0 + H\theta_0$$

式中，u_w为墙体部分产生的水平位移，其计算方法与针对不同剪力墙介绍的方法相同，但应注意，框支联肢剪力墙与落地联肢剪力墙积分常数不同；u_0、θ_0分别为框架节点的水平位移和转角位移；H为剪力墙部分高度。

第五章 多层框架结构设计

第一节 多层框架结构的种类及布置

一、多层框架结构的种类

框架结构按结构材料可分为混凝土框架、钢框架和钢—混凝土组合框架。

混凝土框架结构的可模性好，能适应不同的平面形状要求，造价相对较低，耐久性好，在我国得到了广泛的应用。其缺点是现场施工的工作量大、工期长，并需要大量的模板。

钢框架结构在工厂预制钢梁、钢柱，运送到施工现场再拼装连接成整体框架。它具有自重轻、抗震性能好、施工速度快、机械化程度高等优点，但耐腐和耐火性能差，后期维修费用高，造价高于混凝土框架。

钢—混凝土组合框架的梁、柱由钢和混凝土组合而成，其中梁有两种组合形式：一种是内置型钢的混凝土构件，称为型钢混凝土梁，也叫钢骨混凝土梁；另一种是第二章介绍过的混凝土翼板与钢梁组合而成的构件。组合柱也有两种形式：一种是型钢混凝土柱；另一种是在钢管（可以是圆形，也可以是方形）内灌注混凝土形成的钢管混凝土柱。

在钢管混凝土柱中，钢管的主要作用是约束混凝土，承受环向拉应力，由于钢管内充填有混凝土，大大提高了钢管的稳定性能，有利材料强度的发挥；而充填的混凝土由于受到环向约束，处于三向受压状态，抗压强度大大提高。因钢管混凝土柱主要利用强度很好的混凝土受压，所以适用于轴心受压或小偏心受压构件，一般用作高层建筑的底部柱子。

框架结构按梁、柱的连接方式可以分为梁、柱刚接的刚架和梁、柱铰接的排架。刚接和铰接的区别在于节点能否传递弯矩。对于混凝土框架，承受弯矩必须依赖纵向钢筋，因而刚接框架的梁、柱纵向钢筋必须贯穿节点区，或在节点区进行可靠的锚固；对于钢框架，弯矩主要由翼缘承担，因而刚接框架梁、柱的翼缘之间必须有可靠的连接。

混凝土框架按施工方法分为现浇框架、装配式框架和装配整体式框架。

现浇框架的梁、柱均为现场浇筑，整体性和抗震性能好。装配式框架的梁、柱为预制构件，通过焊接拼装连接成整体，节点一般为铰接。由于均为预制构件，可实现标准化、工厂化、机械化生产，但结构的整体性较差，抗震能力弱，不宜在抗震设防区应用。

装配整体式框架的部分梁、柱为预制构件，在吊装就位后，焊接或绑扎节点区钢筋，通过浇捣混凝土，将梁、柱连成整体结构，形成刚接节点。它兼有现浇式框架和装配式框架的优点，既具有良好的整体性和抗震能力，又可部分采用预制构件，减少现场浇捣混凝土工作量。施工相对复杂是其缺点。

二、框架结构布置

（一）柱网布置

柱网布置既要满足建筑功能要求，又应使结构受力合理、方便施工。

不同用途的建筑物具有不同的使用功能要求，需要选择不同的柱网。例如，在多层轻工厂房中，常在中间设交通区将两个工作区分开，这时可以采用内廊式柱网。旅馆、办公楼、实验楼等民用建筑也常采用这种柱网。而对于仓库、商场等需要大空间的建筑可采用等跨式柱网。

柱网均匀、对称，对结构受力有利。柱网均匀可以使框架梁的跨度均匀，从而在竖向荷载下的内力较为均匀，充分发挥材料强度。例如，在旅馆建筑中，建筑平面一般布置成两边为客房（带卫生间）、中间为走道。柱网布置有两种方案可以选择：一种是将柱布置在走道两侧，即客房和卫生间为一跨，走道为一跨；另一种是将柱子布置在客房与卫生间之间，即走道与两侧卫生间并为一跨，客房单独为一跨。从结构受力角度分析，后者更合理。当中间走道较小时，抽去一排柱，受力更好。

柱网布置还应考虑到构件尺寸的模数化、标准化，并尽量减少规格种类，以满足工业化生产的要求，提高生产效率，方便施工。对于装配式结构，要考虑构件的最大长度和最大重量，使之满足吊装、运输装备的限制条件。

（二）承重框架布置

对于多层房屋，竖向荷载是主要荷载，因而如何承受竖向荷载是结构布置时重点考虑的问题。根据重力荷载的传递路线，框架结构有横向框架承重、纵向框架承重和纵横向框架混合承重三种布置方案。

横向框架承重方案的楼面荷载首先传递到横向框架梁上，再由横向框架梁传给框架柱。因纵向梁不承受竖向荷载，可布置截面较小的连系梁。在钢框架中，为了简化节点构造，纵向连系梁与柱之间常采用铰接。横向往往跨数少（与纵向相比），抗侧刚度差，采用横向框架承重方案可以提高建筑物的横向抗侧刚度。纵向较小的连系梁有利于房屋室内的采光与通风。

纵向框架承重方案在纵向布置框架主梁，在横向布置连系梁。因为楼面荷载由纵向梁传至柱子，所以横向梁的高度较小，有利于设备管线的穿行；当在房屋开间方向需要较大空间时，可获得较高的室内净高。纵向框架承重方案的缺点是房屋的横向抗侧刚度较差。

纵横向框架混合承重方案在两个方向均布置框架主梁以承受楼面荷载。该方案可以使房屋在两个方向均有较大的抗侧刚度，整体工作性能较好。

承重框架的布置与楼盖的布置方案是密切相关的。如果采用装配式楼盖，则预制板两端搁置在框架梁上；如果采用整体式楼盖，框架梁方向是单向板的短跨方向或框架梁方向与次梁垂直。

（三）框架的规则性

当框架结构存在缺梁、缺柱、凹凸等情况时称为平面不规则框架；当高度方向有错层、内收、外挑等情况时称为竖向不规则框架。而与之相对应的是平面规则框架和竖向规则框架。框架的不规则对受力是不利的，特别是在水平荷载作用下。

三、框架构件选型与截面尺寸估算

（一）框架柱选型

混凝土框架柱的截面常为矩形或正方形，有时由于建筑上的要求做成圆形或八角形。在多层框架结构住宅中，由于不希望柱凸出墙面，采用T形、十字形等异形柱。

钢框架柱最常用的截面有工字形和箱形，其中工字形柱适用于一个方向刚接、另一个方向铰接的框架；箱形截面柱则在两个方向都容易做成刚接。当要求柱有很大的侧向刚度时，可以采用格构式柱。

型钢混凝土柱的外形常采用矩形，内置型钢常用的截面有H形、十字形、箱形、圆形等实腹式型钢以及由角钢或槽钢组成的格构式型钢。

（二）框架梁选型

混凝土框架梁常用的是矩形。在现浇混凝土楼盖中，混凝土板构成梁的翼缘，框架梁呈T形或倒L形；在装配式楼盖中，为减小楼盖结构高度、增加建筑净空，预制板常常搁置在梁侧而不是梁顶，框架梁被设计成十字形或花篮形。

钢框架梁最常用的截面是H形或工字形，边梁或较小的梁也有采用槽形的；当存在较大扭矩时，箱形截面较为合适。

型钢混凝土梁内置型钢常用实腹式H形型钢以及由角钢组成的空腹式型钢。

（三）混凝土构件的截面尺寸估算

与梁板结构中的主梁相比，框架梁除了承受竖向荷载外，还须承受水平荷载。因而，确定框架梁的截面高度除了考虑跨度、间距、竖向荷载的大小、材料强度等因素外，还要考虑水平荷载的大小。一般情况下，截面高度可以取跨度的1/12 ～ 1/8；截面宽度可以取截面高度的1/3 ～ 1/2，且不宜小于200mm。

框架梁的截面尺寸也可根据竖向荷载来估算。首先取M_{max} =（0.6 ～ 0.8） M_0、$V_{max}=V_0$，其中M_0、V_0分别为受相同竖向荷载简支梁的跨中弯矩设计值和支座剪力设计值；然后验算下列条件：

$$M_{max} \leqslant \alpha_s f_c b h_0^2$$

$$V_{max} \leqslant 0.235 f_c b h_0$$

其中α_s对于一级抗震等级取0.22；对二、三级抗震等级取0.29。

混凝土矩形截面框架柱的截面尺寸b_c可近似取层高1/18 ～ 1/12、h_c =（1 ～ 2）b_c、也可按下列步骤估算：首先根据从属面积，估算柱在竖向荷载下的轴力N_c（可近似取荷载基本组合值12 ～ 18 kN/m^2）；然后取N=（1.2 ～ 1.4）N_c，按$N = A_a f_c + \rho A_a f_y$（$\rho$为配筋率，可取1%）估算截面面积。

对于抗震设防区，柱的截面面积一般由轴压比限值控制。对于抗震等级为一、二、三、四级的框架，轴压比要求满足：

$$\frac{N}{f_e A} \leqslant \begin{cases} 0.65 & (\text{一级抗震结构}) \\ 0.75 & (\text{二级抗震结构}) \\ 0.85 & (\text{三级抗震结构}) \\ 0.90 & (\text{四级抗震结构}) \end{cases}$$

柱的截面宽度和高度均不宜小于300mm，截面高度与宽度的比值不宜大于3；圆柱的直径不宜小于350mm。

（四）钢构件的截面尺寸估算

钢框架柱的截面尺寸可根据从属面积估算的轴力乘以1.2 ～ 1.3后按轴心受力构件估算：①确定计算长度，假定长细比λ（一般可取60 ～ 100）；②计算回转半径$i_x = l_x / \lambda$、$i_y = l_y / \lambda$；③根据近似关系$i_x = \alpha_1 h$、$i_y = \alpha_2 b$，确定截面轮廓高度和轮廓宽度；④根据钢材类别、截面类别和λ查表得稳定系数φ；⑤由公式$A = N / f\varphi$确定截面积A；由

A、b、h选择截面尺寸。

钢框架柱的截面轮廓高度一般在层高的1/22～1/18。

与混凝土构件截面尺寸确定后还可以调整配筋不同，钢构件截面尺寸一旦选定后，其强度、刚度和稳定性均已确定（在结构布置确定的情况下）。所以，为了获得经济、合理的截面尺寸，常常需要在截面设计时再做调整。

第二节 多层框架结构内力与侧移的近似分析方法

一、竖向荷载作用下多层刚架的分层法

（一）基本假定

刚架结构在竖向荷载作用下的侧移一般较小，当这种侧移可以忽略时，可近似按无侧移刚架进行内力分析。对于规则刚架结构，根据结构力学的力矩分配法，当某层梁上作用竖向荷载时，梁两端的固端弯矩构成节点i、j的不平衡弯矩M_i、M_j；根据力矩分配系数可分别得到柱端的分配弯矩M_{ik}、M_{im}、M_{jl}和M_{jn}；柱端弯矩向远端传递，传递系数为1/2，即$M_{ki}=M_{ik}/2$、$M_{mi}=M_{im}/2$、$M_{lj}=M_{jl}/2$、$M_{nj}=M_{jn}/2$；这些远端弯矩又构成了节点k、l、m、n的不平衡弯矩；进一步可以得到上、下层梁端的分配弯矩。在经过柱子传递和节点分配后，其值比直接受荷层的梁端弯矩要小得多，并随着传递和分配次数的增加而衰减。可见，当刚架某一层梁上作用竖向荷载时，其他层的弯矩很小。

在上述分析的基础上，对于竖向荷载下刚架结构的内力分析做如下基本假定：

①刚架没有侧移。

②每一层刚架梁上的竖向荷载只对本层的梁及与本层梁相连的刚架柱产生弯矩和剪力，忽略对其他各层梁、柱的影响。

（二）简化计算模型

根据上述两个假定，对于上述刚架，只须取出虚框部分的结构（开口刚架）进行分析，这可以使计算工作量大大减少。

虚框部分从整体结构取出后须分析其边界条件，用适当的支座进行模拟。对于一般的刚架结构，可忽略柱子的轴向变形，因而边界处没有竖向位移；注意到前面的假定①，边界处也没有水平位移；上、下层梁对柱端的转动约束并不是绝对固接。所以，支座形式为弹性抗转支座，即介于铰支和固支之间。其中弹性抗转刚度取决于横梁对柱子的转动约束能力，是未知的，这给结构分析带来困难，需要进一步简化。

近似将支座取为固支，将柱端边界从实际情况的弹性抗转支座改为固支，对节点的力矩分配和柱弯矩的传递有一定影响。为此，对柱的线刚度和传递系数进行修正。计算节点力矩分配系数时，两端固支杆件的刚度系数为4i，一端固支、一端铰支杆件的刚度系数为3i。现对柱的线刚度乘以折减系数0.9，这相当于取柱的刚度系数为0.9×4i=3.6i，介于远端为固支和远端为铰支杆件刚度系数之间。两端固支杆件的传递系数为1/2，一端固支、一端铰支杆件的传递系数为0。现取柱的传递系数为1/3。

多层刚架在各层竖向荷载同时作用下的内力，可以看成是各层竖向荷载单独作用下内力的叠加；每种工况下的刚架可以分解为一系列开口刚架。除底层柱子外，其余各层柱的线刚度乘以0.9的折减系数，弯矩传递系数取为1/3。这种将整刚架分解为一系列开口刚架计算的方法称为分层法。

（三）计算方法

1. 梁、柱弯矩

用力矩分配法计算各开口刚架的弯矩，开口刚架梁的弯矩即为原刚架相应层梁的弯矩；原刚架柱的弯矩须将相邻两个开口刚架中相同柱的弯矩叠加。弯矩叠加后节点弯矩一般不等于零，为减小误差，对于不平衡弯矩较大的节点，可再做一次分配，但不传递。

2. 梁剪力

求得刚架结构的弯矩后，将横梁逐个取隔离体，根据力矩平衡条件可求得梁两端的剪力：

$$\left.\begin{aligned} V_{\mathrm{b}}^{\mathrm{r}} &= \frac{M_{\mathrm{b}}^{\mathrm{r}} + M_{\mathrm{b}}^{l}}{l} - \frac{ql}{2} \\ V_{\mathrm{b}}^{l} &= \frac{M_{\mathrm{b}}^{\mathrm{r}} + M_{\mathrm{b}}^{l}}{l} + \frac{ql}{2} \end{aligned}\right\} \tag{5-1}$$

3. 柱轴力

某层柱的轴力=上层柱轴力+本层两个方向框架梁梁端剪力之和+本层柱自重。如果假定框架梁的最大正弯矩出现在跨中，则柱的负荷范围为相邻柱中线围成的区域。对于板面荷载引起的柱轴力，只须将板上面分布荷载值乘以该柱的从属面积。

二、水平荷载下多层刚架的反弯点法

（一）简化计算模型

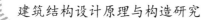

多层刚架结构的水平荷载，如风荷载和地震作用，都简化为节点荷载。在节点水平

荷载作用下，刚架节点将产生水平线位移和转角位移。如果假定刚架梁的线刚度相对刚架柱的线刚度为无限大，则在忽略柱子轴向变形的情况下，节点转角为零。一般认为，当梁柱线刚度之比大于3时，由上述假定引起的误差即能满足工程设计的精度要求。

在这一假定下，刚架结构在节点水平荷载下的变形曲线如图5-1（a）所示。从刚架中任意取出一根柱，其边界条件、变形情况和弯矩分布如图5-1（b）所示。由结构力学的转角位移方程，柱上、下端的弯矩为：

$$\begin{cases} M_{AB} = -6i\dfrac{\Delta u_{AB}}{h} \\ M_{BA} = -6i\dfrac{\Delta u_{AB}}{h} \end{cases} \tag{5-2}$$

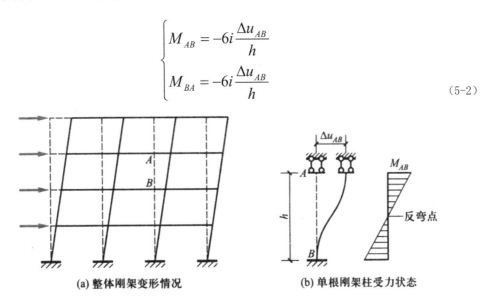

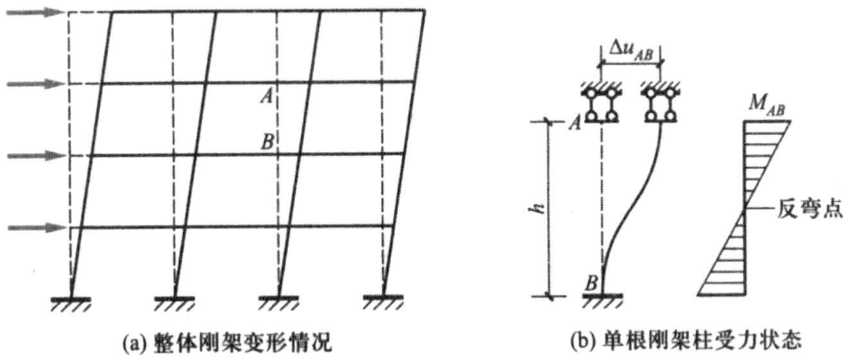

图5-1　刚架受节点水平荷载作用

柱子高度中点的弯矩为零。这一弯矩为零的点称反弯点。利用这一特性，可以使刚架在节点水平荷载下的内力分析得以简化，其分析方法称为反弯点法。

需要指出的是：当柱两端的转角不为零，但转角相等时，柱两端弯矩的数值仍相等，因而反弯点仍在中点；但当柱两端的转角位移不等时，反弯点将偏向转角大的一侧。

在工程设计中，底层柱的反弯点取为距基础顶面2/3柱高处，其余各层柱的反弯点取为柱高的中点。

（二）计算方法

1. 柱剪力

图5-2（a）所示的刚架结构共有n层、m-1跨。从j层的反弯点处切开，取出上半部分，见图5-2（b）。反弯点处没有弯矩，其剪力分别用V_{j1}、…、V_{jm}表示。设j层各柱的层间位移分别为Δu_{j1}、…、Δu_{jm}。

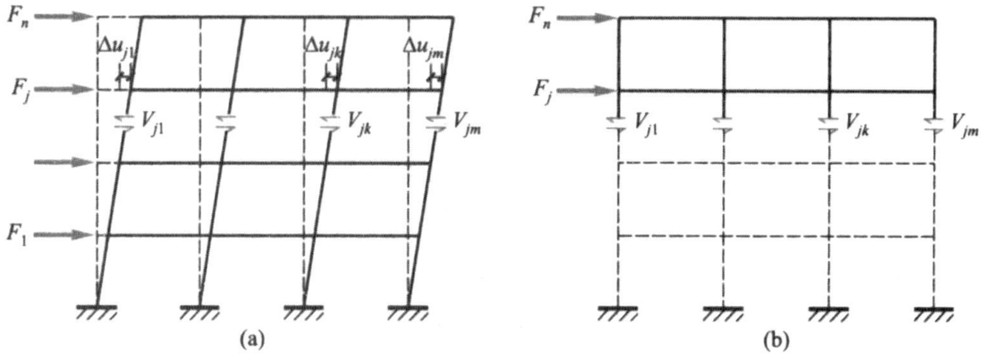

图 5-2　水平荷载下的反弯点法

由水平力平衡条件，有：

$$\sum_{i=j}^{n} F_i = \sum_{k=1}^{m} V_{jk} \quad ①$$

当忽略梁的轴向变形时，有几何条件：

$$\Delta u_{j1} = \Delta u_{j2} = \cdots = \Delta u_{jk} = \Delta u_j \quad ②$$

在排架结构分析中，将柱顶产生单位水平位移，需要在柱顶施加的力称为柱的抗侧刚度。在此，给出杆件抗侧刚度更一般的定义：当杆件两端发生单位侧移时，杆件内的剪力称为抗侧刚度，用D表示。如果杆件两端没有转角，由式（5-2），杆件内的剪力为$V_{AB} = -\left(M_{AB} + M_{BA}\right)/h = \frac{12i}{h^2}\Delta u_{AB}$，因而柱的抗侧刚度可以表示为：

$$D = 12i_c / h^2 \quad (5\text{-}3)$$

式中，i_c为柱的线刚度。

对于j层第k柱，其侧移为Δu_{jk}，相应的剪力可表示为：

$$V_{jk} = D_{jk} \times \Delta u_{jk} \quad ③$$

注意到同一层各柱的高度相等，利用式①、②、③，可求得j层各柱的剪力：

$$V_{jk} = \frac{D_{jk}}{\sum_{l=1}^{m} D_{jl}} V_{Fj} = \frac{i_{jk}}{\sum_{i=1}^{m} i_{jl}} V_{Fj} = \eta_{jk} V_{Fj} \quad (5\text{-}4)$$

式中，η_{jk}为j层k柱的剪力分配系数；$V_{Fj} = \sum_{i=j}^{n} F_i$，称水平荷载在$j$层产生的层间剪力。

层间位移：

$$\Delta u_j = \frac{V_{jk}}{D_{jk}} = \frac{V_{Fj}}{\sum_{l=1}^{m} D_{jl}} \tag{5-5}$$

2. 柱端弯矩

逐层取隔离体，利用上式求得各柱剪力后，根据各层反弯点位置，可以求出柱上、下端的弯矩：

对于底层柱，有：

$$\left.\begin{aligned} M_{c1k}^{t} &= V_{1k} \cdot \frac{h_1}{3} \\ M_{c1k}^{b} &= V_{1k} \cdot \frac{2h_1}{3} \end{aligned}\right\} \tag{5-6a}$$

对于上部各层柱，有：

$$M_{cjk}^{t} = M_{cjk}^{b} = V_{jk} \cdot \frac{h_j}{2} \tag{5-6b}$$

上式中的上标t和下标b分别表示柱的上端和下端。

3. 梁端弯矩和剪力

图5-3（a）所示的节点，上、下柱端的弯矩M_c^t、M_c^b由上述公式已求得，节点左右的梁端弯矩分别用M_b^l、M_b^r表示。杆端弯矩是按杆件的刚度系数进行分配的，因而有：

$$M_b^l : M_b^r = 4i_b^l : 4i_b^r$$

根据节点的力矩平衡条件，有：

$$M_b^l + M_b^r = M_c^t + M_c^b$$

由上面两式，可求得梁端弯矩：

$$\left.\begin{aligned} M_b^l &= \frac{i_b^l}{i_b^l + i_b^r}\left(M_c^b + M_c^t\right) \\ M_b^r &= \frac{i_b^r}{i_b^l + i_b^r}\left(M_c^b + M_c^t\right) \end{aligned}\right\} \tag{5-7}$$

以梁为隔离体［图5-3（b）］，根据力矩平衡可得到梁的剪力：

$$V_b = \left(M_b^l + M_b^r\right)/l \tag{5-8}$$

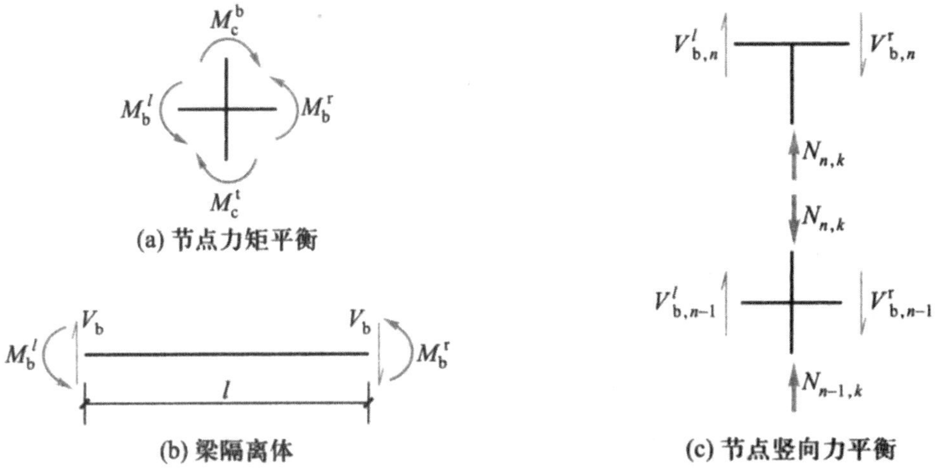

图 5-3　梁端弯矩、剪力和柱轴力的计算

4. 柱轴力

已知梁的剪力，从上到下利用节点的竖向力平衡条件，可求得柱的轴力[图5-3(c)]。

三、水平荷载下多层刚架的D值法

反弯点法假定梁、柱线刚度比为无限大，从而得出各层柱的反弯点高度是一定值，各柱的抗侧刚度只与柱本身的刚度有关。如果刚架梁的线刚度并不比柱的线刚度大很多，节点转角位移为零的假定将会引起较大的误差。

实际上，对于两端同时存在转角位移和相对线位移的杆件，其转角位移方程为：

$$\left.\begin{aligned} M_{AB} &= 4i\theta_A + 2i\theta_B - 6i\frac{\Delta u}{h} \\ M_{BA} &= 4i\theta_B + 2i\theta_A - 6i\frac{\Delta u}{h} \end{aligned}\right\} \tag{5-9}$$

可见，反弯点位置与柱上下节点的转角 θ_A、θ_B 有关。当 $\theta_A = \theta_B$ 时，反弯点在中点；如果 $\theta_A > \theta_B$，则反弯点偏向A端；反之，偏向B端。而 θ_A、θ_B 与梁柱刚度比、上下层梁的刚度、柱AB所处位置等因素有关。同样柱的抗侧刚度也与 θ_A、θ_B 有关。

（一）修正抗侧刚度

从图5-4（a）所示的刚架结构中，围绕柱选取对该柱抗侧刚度影响最大的一部分杆件来分析；如图5-4（b）所示。柱AB除了发生层间位移 Δu 外，还存在转角位移 θ 。

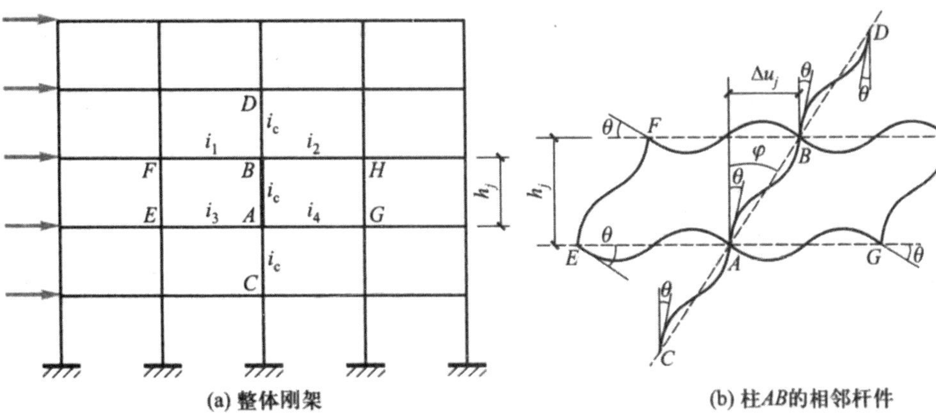

图 5-4　对柱 AB 抗侧刚度影响最大的相邻杆件

做如下简化假定：

①柱AB两端节点及上下、左右相邻节点的转角均为 θ；

②柱AB及与其上下相邻柱的弦转角均为$\varphi = \Delta u_j / h_j$；

③柱AB及与其上下相邻柱的线刚度均为i_c。

根据式（5-9）转角位移方程，并利用上面三个假定，可以得到：

$$\begin{cases} M_{AB} = 4i_c\theta + 2i_c\theta - 6i_c\varphi = 6i_c(\theta-\varphi) \\ M_{BA} = 6i_c(\theta-\varphi) \\ M_{AC} = 6i_c(\theta-\varphi) \\ M_{BD} = 6i_c(\theta-\varphi) \end{cases};\quad \begin{cases} M_{BF} = 4i_1\theta + 2i_1\theta = 6i_1\theta \\ M_{BH} = 6i_2\theta \\ M_{AE} = 6i_3\theta \\ M_{AG} = 6i_4\theta \end{cases}$$

对节点A、节点B分别取力矩平衡，有：

$$\begin{cases} M_{AE} + M_{AB} + M_{AG} + M_{AC} = 0 \\ M_{BF} + M_{BA} + M_{BH} + M_{BD} = 0 \end{cases} \Rightarrow \begin{cases} 6\theta\left(i_3 + i_4 + 2i_c\right) - 12i_c\varphi = 0 \\ 6\theta\left(i_1 + i_2 + 2i_c\right) - 12i_c\varphi = 0 \end{cases}$$

将以上两式相加，化简后得到 θ 的表达式$\theta = \dfrac{4i_c}{i_1 + i_2 + i_3 + i_4 + 4i_c}\varphi = \dfrac{2}{2+K}\varphi$，其中：

$$K = \left(i_1 + i_2 + i_3 + i_4\right) / \left(2i_c\right) \tag{5-10}$$

柱AB的剪力$V_{AB} = \left(M_{AB} + M_{BA}\right) / h_j = 12i_c(\varphi - \theta) / h_j$，将 θ 表达式代入后，得到：

$$V_{AB} = \frac{12i_c}{h_j}\left(\varphi - \frac{2}{2+K}\varphi\right) = \frac{12i_c}{h_j}\frac{\Delta u_j}{h_j}\left(\frac{2+K-2}{2+K}\right) - \alpha_c \frac{12i_c}{h_j^2}\Delta u_j$$

式中，$\alpha_c = K/(2+K)$。

根据定义，柱AB的修正抗侧刚度：

$$D_{AB} = \frac{V_{AB}}{\Delta u_j} = \alpha_c \frac{12i_c}{h_j^2} \tag{5-11}$$

上式与式（5-3）比较，其中的α_c反映了梁、柱线刚度比对柱抗侧刚度的影响，它是小于1的一个系数。当$K \to \infty$时，$\alpha_c \to 1$，修正抗侧刚度退化为反弯点法采用的抗侧刚度，即两端没有转角时的柱抗侧刚度。

（二）修正反弯点高度

对图5-5（a）所示受节点水平荷载作用的多层刚架，做如下假定：

①同层各节点的转角相等；

②横梁中点无竖向位移。

由假定①，横梁的反弯点在梁的中点，因而此处可以简化为一个铰；再由假定②，无竖向位移。因而此处可以简化为可动铰支座，图5-5（a）所示的整体结构可以拆分为图5-5（b）所示的部分结构。

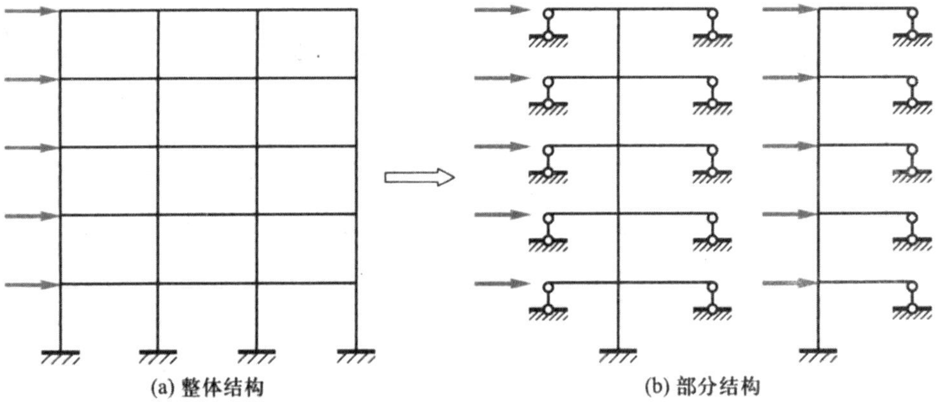

图5-5 刚架在节点水平荷载下的简化计算简图

各柱的反弯点高度与该柱上、下端的转角比值有关。影响转角的因素有：层数、柱子所在层次、梁柱线刚度比及上下层层高变化。上述影响因素可逐一考虑。

1. 梁柱线刚度比及层数、层次对反弯点高度的影响

考虑梁柱线刚度比、层数、层次对反弯点高度的影响时，假定刚架横梁的线刚度、刚架柱的线刚度和层高沿刚架高度不变。采用结构力学中的无剪力分配法，可以求得各层柱的反弯点高度称为标准反弯点高度比。

2. 上下横梁线刚度比对反弯点高度的影响

假定上层的横梁线刚度均为i_2（如果是中柱，左右侧横梁分别为i_1、i_2）；下层的横梁线刚度均为i_4（如果是中柱，左右侧横梁分别为i_3、i_4）。当上层横梁线刚度比下层小时，反弯点上移；反之下移。反弯点高度的变化值用y_1表示，正号代表向上移动。y_1可根据上下横梁线刚度比I和K，其中$I=(i_1+i_2)/(i_3+i_4)$。当$I>1$时，取$1/I$，并将取得的y_1冠以负号。对于底层柱，没有修正值，即取$y_1=0$。

3. 层高变化对反弯点高度的影响

如果上、下层层高与某柱所在层的层高不同时，该柱的反弯点位置将不同于标准反弯点高度。上层层高发生变化反弯点位置的变动量用y_2表示，下层层高发生变化反弯点位置的变动量用y_3表示。对于顶层柱，没有修正值y_2；对于底层柱，没有修正值y_3。

经过各项修正后，柱底到反弯点的高度yh为

$$yh=(y_0+y_1+y_2+y_3)h \tag{5-12}$$

按式（5-11）求得各柱的抗侧刚度、按式（5-12）求得各柱的反弯点高度后，即可按反弯点法的步骤求出各柱的剪力、弯矩和轴力，梁的弯矩和剪力。

四、刚架结构侧移的近似分析及限值

刚架结构的侧向位移主要由水平荷载引起，故一般仅进行水平荷载下的侧移计算。

由结构力学知识可知，结构的位移由各杆件的弯曲变形、轴向变形和剪切变形引起（如果存在支座沉降和温度变化，这两者也将产生结构位移）。刚架结构属于杆系结构，可以不考虑剪切变形的影响（对于剪力墙一类的构件，位移计算则必须考虑剪切变形的影响）。

（一）由梁柱弯曲变形引起的侧移

由梁柱弯曲变形引起的侧移如图5-6（a）所示。顶点侧移u_M为各层层间侧移之和，即：

$$u_M=\sum_{j=1}^{n}\Delta u_j \tag{5-13}$$

其中层间位移Δu_j见式（5-5）。

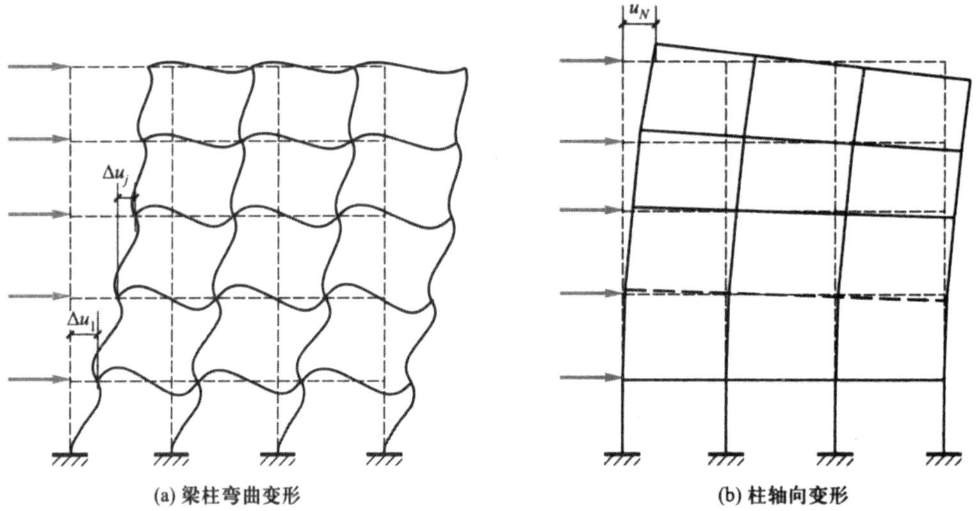

图 5-6　多层刚架在节点水平荷载下的变形

（二）由柱轴向变形引起的侧移

杆件轴向变形引起的位移计算公式为：

$$u_N = \sum \int_0^H \frac{N_1 N_F}{EA} \mathrm{d}z \qquad ①$$

式中，Σ代表对所有柱子求和；M为顶点作用单位水平力时柱子轴力；N_F为水平外荷载作用下的柱子轴力；A为柱子的截面面积；E为弹性模量；H为柱子总高度。

刚架在水平荷载作用下，一侧的柱子产生轴向拉力，另一侧的柱子产生轴向压力；外侧柱子的轴力大，内侧柱子的轴力小。为了简化，忽略内柱的轴力，并近似取外侧柱轴力为：

$$N_z = \pm M_z / B$$

式中，M_z为上部水平荷载在任一高度z产生的力矩；B为外侧柱之间的距离，即刚架宽度。

将节点水平荷载化为分布荷载q（y），在高度z处，有：

$$\left.\begin{aligned} N_1 &= \pm \frac{1 \times (H-z)}{B} \\ N_F &= \pm \int_z^H \frac{q(y)(y-z)\mathrm{d}y}{B} \end{aligned}\right\} \qquad ②$$

将式②代入式①可得到由柱轴向变形引起的顶点侧移，与q（y）的形式有关。假定柱截面沿高度不变化，则对于刚架受均匀分布水平荷载、倒三角形分布水平荷载和顶点集中水平荷载作用，刚架柱轴向变形引起的顶点侧移分别为：

$$u_N = \begin{cases} \dfrac{1V_0H^3}{4EAB^2} & \text{（均匀分布水平荷载）} \\ \dfrac{11V_0H^3}{30EAB^2} & \text{（倒三角形分布水平荷载）} \\ \dfrac{2V_0H^3}{3EAB^2} & \text{（顶点集中水平荷载）} \end{cases} \tag{5-14}$$

式中，V_0 是水平外荷载在刚架底面产生的总剪力。

从上式可以看出，房屋高度越高（H越大）、宽度越窄（B越小），由柱轴向变形引起的顶点侧移如越大。计算表明，对于高度不大于50m或高宽比$H/B \leqslant 4$的钢筋混凝土刚架办公楼，柱轴向变形引起的顶点位移占刚架梁柱弯曲变形引起的顶点侧移的5%～11%。当高度和高宽比大于上述数值时，应考虑轴向变形的影响。

（三）侧移限值

框架结构除了要保证梁的挠度不超过规定值外，还应验算结构的侧向位移。结构侧向位移的验算包括层间位移和顶点位移，要求分别满足：

$$\left.\begin{aligned} u/H &\leqslant [u/H] \\ \Delta u/h &\leqslant [\Delta u/h] \end{aligned}\right\} \tag{5-15}$$

式中，u、Δu——分别为按弹性方法计算所得结构顶点位移和最大层间位移；

h、H——分别为结构的层高和总高；

$[u/H]$、$[\Delta u/h]$——分别为框架结构顶点位移和层间位移限值。

第三节 框架结构构件设计

一、设计内力

（一）控制截面

在层高范围内框架柱是等截面的，每个截面具有相同的抗力；而框架柱的弯矩、轴力等内力沿柱高为线性变化，因此，可取各层柱的上、下端截面作为控制截面。

框架梁在一跨范围内也是等截面的。两端的剪力和负弯矩最大，跨中的正弯矩最大，因而控制截面有三个：左、右端截面和跨中截面。

（二）竖向可变荷载的最不利布置

为了得到控制截面的最不利内力，需要考虑可变荷载的最不利布置。可变荷载的最不利作用位置可以借助影响线确定。

对于图5-7所示的多层框架，欲求某跨梁AB的跨中C截面最大正弯矩荷载最不利位置，可先作M_C的影响线。去掉与M_C相应的约束（即将C点改为铰），使结构沿约束力的正向产生单位虚位移$\theta_C=1$，由此可得到整个结构的虚位移图，如图5-7（a）所示。为求梁AB跨内最大正弯矩，只须在产生正向虚位移的跨间均布置可变荷载，亦即除该跨布置可变荷载外，其他各跨应相间布置，同时在竖向亦相间布置，形成棋盘形间隔布置，如图5-7（b）所示。可以看出，AB跨达到跨内弯矩最大时的可变荷载最不利布置，也正好使其他布置可变荷载跨的跨内弯矩达到最大值。因此，只要进行二次棋盘形可变荷载布置，便可求得整个框架中所有梁的跨内最大正弯矩。

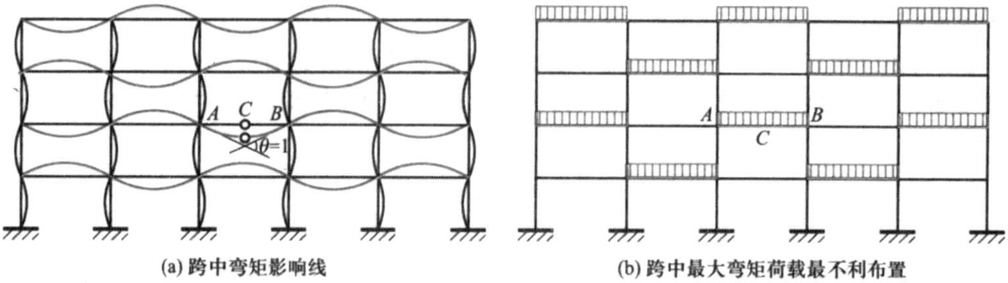

图5-7　多层框架梁跨内最大弯矩的最不利可变荷载布置

梁端或柱端最大弯矩的可变荷载最不利布置亦可用上述方法得到，但稍复杂。

显然，柱最大轴向力的可变荷载最不利布置，是在该柱以上的各层中与该柱相邻的梁跨内都布满可变荷载。

当竖向荷载下内力采用分层法计算时，对于梁只须考虑可变荷载在本层的不利布置，其布置方法与连续梁相同；对于柱端弯矩，只须考虑柱相邻上下层的可变荷载的不利布置。如果跨数不是很多，可将可变荷载逐跨单独作用在开口框架上，分别计算结构的内力，然后根据所设构件的某个截面组合出最不利内力。

当竖向可变荷载产生的内力小于永久荷载及水平荷载所产生的内力时，可不考虑可变荷载的最不利布置，而把竖向可变荷载同时作用于所有的框架梁上。这样求得的内力在支座处与按最不利荷载位置法求得的内力极为相近，可直接进行内力组合。但求得的梁跨中弯矩比最不利荷载位置法的计算结果要小，因此，对梁跨中弯矩应乘以1.1～1.2的系数予以增大。

（三）设计内力的修正

弹性内力分析所得到的梁端弯矩、剪力是轴线处的内力，截面设计时可取梁端柱边的弯矩和剪力。梁端柱边的弯矩和剪力可近似按下式计算：

$$\left.\begin{aligned} M &= M_0 - V_0\frac{h_c}{2} \\ V &= V_0 - (g+q)\frac{h_c}{2} \end{aligned}\right\} \tag{5-16}$$

式中，M、V——柱边截面的弯矩和剪力；

M_0、V_0——内力分析得到的轴线处的弯矩和剪力；

g、q——作用在梁上的竖向分布永久荷载和可变荷载；

h_c——柱的截面高度。

当计算水平荷载或竖向集中荷载产生的内力时，则$V=V_0$。

（四）梁端弯矩调幅

前面介绍的框架结构内力分析采用的是弹性理论，并且假定梁、柱节点是完全刚性的。实际上，当梁端截面首先出现塑性后，将发生与连续梁类似的内力重分布；另外，对于混凝土装配式框架和装配整体式框架，节点并非完全刚性，梁端实际弯矩将小于其弹性计算值。因此，在进行框架结构设计时，一般对梁端弯矩进行调幅，以使内力分布更符合实际情况，并方便施工和简化支座处的节点构造。

设某框架梁在竖向荷载作用下，梁端最大负弯矩分别为M_{A0}、M_{B0}，梁跨内最大正弯矩为M_{C0}，则调幅后梁端弯矩可取

$$\left.\begin{aligned} M_A &= (1-\beta)M_{A0} \\ M_B &= (1-\beta)M_{B0} \end{aligned}\right\} \tag{5-17}$$

式中，β 为弯矩调幅系数，对于现浇混凝土框架，可取 β=0.1～0.2；对于装配整体式框架，一般取 β=0.2～0.3。

梁端弯矩调幅后，在相应荷载作用下的跨内弯矩必将增加，这时应校核该梁的静力平衡条件，即调幅后梁端弯矩M_A、M_B的平均值与跨内最大正弯矩M_{C0}之和应大于或等于按简支梁计算的跨中弯矩值M_0。

$$\frac{|M_A+M_B|}{2}+M_{C0}\geqslant M_0 \tag{5-18}$$

弯矩调幅只对竖向荷载作用下的内力进行，即水平荷载作用下产生的弯矩不参加调幅。因此，弯矩调幅应在内力组合之前进行。同时还要注意，梁截面设计时所采用的跨中设计弯矩不应小于简支梁跨中弯矩的一半。

（五）内力组合

多层框架柱属压弯（偏心受力）构件，控制内力为弯矩和轴力，其最不利内力组合与单层排架柱相同。对钢柱组合最大弯矩及相应的轴力、最大轴力及相应的弯矩；对钢筋混凝土柱和型钢混凝土柱尚须组合最小轴力及相应的弯矩。

框架梁属受弯构件，控制内力为弯矩和剪力，最不利内力组合有：梁端截面的最大弯矩及最大剪力、跨中截面的最大弯矩。

（六）荷载组合

多层框架结构的荷载组合方法与单层框架结构（单层排架和单层刚架）相同。因可变荷载仅风荷载和楼面可变荷载两项，共有三种组合方式：

①1.2× 永久荷载标准值产生的内力+1.4× 楼面可变荷载标准值产生的内力+1.4× 风荷载组合值产生的内力：

②1.2× 永久荷载标准值产生的内力+1.4× 风荷载标准值产生的内力+1.4× 楼面可变荷载组合值产生的内力：

③1.35× 永久荷载标准值产生的内力+1.4×（风荷载组合值产生的内力+楼面可变荷载组合值产生的内力）。

对于抗震设防区尚须考虑水平地震作用效应组合：

1.2× 重力荷载标准值产生的内力+1.3× 水平地震作用标准值产生的内力。

二、钢筋混凝土构件设计

（一）框架梁、柱

框架梁截面计算内容包括：承载能力极限状态的正截面承载力和斜截面承载力计算；正常使用极限状态的裂缝宽度和挠度验算。

框架柱截面计算内容包括：承载能力极限状态的正截面受压承载力和斜截面承载力计算；正常使用极限状态的裂缝宽度验算（对 $e_0/h_0 \leqslant 0.55$ 的偏心受压柱可不验算裂缝宽度）。

框架柱的斜截面承载力按下式计算：

$$V \leqslant \frac{1.75}{\lambda+1} f_t b h_0 + f_{yv} \frac{A_{sv}}{s} h_0 + 0.07N \tag{5-19}$$

式中，λ——计算截面的剪跨比，当反弯点在层高范围内时可以取 $\lambda = H_n / (2h_0)$，其中 H_n 为柱净高；1≤ λ ≤3；

N——与剪力设计值相对应的轴向力设计值，当 $N \geqslant 0.3 f_c A$ 时，取 $N = 0.3 f_c A$。

（二）框架节点

节点是保证框架结构整体工作的重要部位。对于非抗震设防区，框架节点的承载能力一般通过采取适当的构造措施来保证，不必专门计算。

1. 一般要求

框架节点区的混凝土强度等级：对于现浇框架一般与柱的混凝土强度等级相同；对于装配整体式框架则要求比预制构件的混凝土强度等级提高一级。

节点的截面尺寸一般与柱相同。对于顶层边节点，梁的截面尺寸应满足下式要求：

$$0.35 \beta_a f_c b_b h_0 \geqslant A_s f_y \tag{5-20}$$

式中，A_s——顶层端节点处梁上部纵向钢筋的截面面积；

b_b、h_0——分别为梁腹板宽度和截面有效高度；

β_c——混凝土强度影响系数，当混凝土强度等级不超过C50时，取 β_c=1.0；当混凝土强度等级为C80时，取 β_c=0.8；其间按线性内插法确定。

节点内应设置水平箍筋，其要求与柱相同，但间距不宜大于250mm。当顶层端节点内设有梁上部纵向钢筋和柱外侧纵向钢筋的搭接接头时，节点内水平箍筋应满足纵筋搭接范围内的箍筋设置要求。

2. 柱纵筋的连接以及在节点区的锚固

为了施工方便，柱纵向钢筋的连接接头一般设在楼层处。连接接头应相互错开，同一连接区段内纵向受拉钢筋的接头面积百分比不宜超过50%。其中，连接区段长度按下列规定确定：对绑扎搭接取1.3倍搭接长度，而搭接长度 l_l 与接头面积百分比有关，当接头面积百分比小于25%时为1.2 l_a（l_a 为纵向受拉钢筋的锚固长度），当接头面积百分比为50%时为1.4 l_a；对机械连接接头和焊接接头取35d（d为纵向钢筋的最大直径）。

纵向受力钢筋绑扎搭接长度 l_l 范围内的箍筋间距：当钢筋受拉时，不大于较小纵筋直径的5倍，且不大于100mm；当钢筋受压时，不大于较小纵筋直径的10倍，且不大于200mm。对于变截面柱，当斜度不大于1 ∶ 6时，下柱纵筋直接弯折与上柱纵筋搭接；否则应将上柱纵筋锚入下柱内。

柱纵向钢筋锚入顶层节点的长度自梁底算起不应小于锚固长度l_a，并必须伸至柱顶；当顶层梁高小于l_a时，柱纵筋伸至柱顶后可向内水平弯折，弯折前的竖直段长度不应小于0.5l_{ab}（l_{ab}是受拉钢筋基本锚固长度），弯折后水平段长度不宜小于12d；当顶层为现浇混凝土板且厚度不小于80mm时，柱纵筋也可以向外水平弯折。

3. 梁纵筋在节点区的锚固

框架梁上部纵向钢筋在中间节点一般是贯通的，当需要在节点处锚固时，伸入节点的长度不应小于l_a，且应伸过柱中心线5d；当柱截面尺寸不足时，可伸至节点对边后向下弯折，弯折前的水平段长度不小于0.4l_{ab}，弯折的竖直段不小于15d。

框架梁下部纵向钢筋当计算中不利用该钢筋的强度时，或利用其抗压强度时，按梁板结构中的主梁处理；当计算中须利用该钢筋的抗拉强度时（支座处下面受拉），伸入节点的长度不小于l_a；当柱子截面尺寸不足时，可向上弯折，弯折前的水平段长度不小于0.4l_{ab}，弯折的竖直段不小于15d。

4. 梁上部纵筋与柱外侧纵筋在顶层边节点的搭接

顶层边节点梁上部纵向与柱外侧纵向钢筋的搭接可采用两种方案：一种是将柱外侧纵向钢筋伸入梁内，其搭接长度不小于1.5l_{ab}；对于无法伸入梁内的梁宽范围以外的柱角筋，可伸至柱内边后向下弯折，弯折长度不小于8d，但其数量不宜超过全部外侧纵向钢筋的35%。另一种方案是柱外侧纵向钢筋伸至柱顶，将梁上部纵向钢筋伸入柱内，竖直段搭接长度不小于1.7l_{ab}。

三、钢构件设计

（一）框架梁、柱

当多层框架采用混凝土楼板（钢筋混凝土楼板或压型钢板组合楼板），并与钢梁有可靠连接时，可不考虑轴力的影响，按受弯构件设计钢梁。由于楼板能阻止梁受压翼缘的侧向变形，钢梁可不计算整体稳定性，仅进行承载能力极限状态的强度计算、局部稳定计算和正常使用极限状态的挠度验算。

框架柱按压弯构件，进行承载能力极限状态的强度、整体稳定和局部稳定计算。多层框架柱平面内的计算长度取值与框架类型和分析方法有关。

当框架设有竖向桁架、剪力墙、筒体等抗侧力结构时，称为支撑框架。支撑框架根据其侧移刚度的大小又分为强支撑框架和弱支撑框架。当支撑框架的侧移刚度满足下式时称为强支撑框架，否则为弱支撑框架。

$$S_b \geqslant 3\left(1.2\sum N_{bj}-\sum N_{0j}\right) \tag{5-21}$$

式中，$\sum N_{bj}$、$\sum N_{0j}$——分别为第 j 层所有柱按无侧移框架和有侧移框架柱算得的轴压杆稳定承载力之和；

S_b——第 j 层产生单位层间位移角（层间位移 Δu 与层高 h 的比值）所施加的水平力。

对于强支撑框架，框架柱的计算长度系数按无侧移框架确定；对于弱支撑框架，框架柱的轴压杆稳定系数 φ 按下式计算：

$$\varphi=\varphi_0+\left(\varphi_1-\varphi_0\right)S_b/\left[3\left(1.2\sum N_{bj}-\sum N_{0j}\right)\right] \tag{5-22}$$

式中，φ_1、φ_0 分别为按有侧移框架和无侧移框架计算长度系数算得的轴压杆稳定系数。

（二）框架节点

1. 梁与柱的连接

多层框架节点一般采用柱贯通型。下面主要介绍梁与柱的刚性连接。

框架结构梁与柱的连接可采用焊接、高强螺栓连接或栓焊混合连接。当框架梁与柱翼缘刚性连接时，需要进行连接部位在弯矩和剪力作用下的承载力、节点域抗剪强度计算以及梁上下翼缘标高处柱水平加劲肋（对H形截面柱）或隔板（对箱形或圆管形截面柱）的厚度验算。

梁、柱连接部位的承载力计算有精确法和近似法两种。精确法计算时，梁翼缘连接承担按翼缘惯性矩与腹板惯性矩比值进行分配的部分梁端弯矩；梁腹板连接承担全部梁端剪力和剩余的梁端弯矩。近似法计算时假定梁端弯矩全部由梁翼缘连接承担；梁腹板连接仅承担全部梁端剪力，并要求连接强度不小于腹板净截面受剪承载力的一半或梁端弯矩下的剪力值。

由柱翼缘和水平加劲肋包围的节点域，在周边弯矩和剪力作用下，其抗剪强度应满足下式要求：

$$\tau=\frac{M_{b1}+M_{b2}}{V_P}\leqslant\frac{4}{3}f_v \tag{5-23}$$

式中，M_{b1}、M_{b2}——分别为节点两侧梁端弯矩设计值，其中 M_{b2} 与 M_{b1} 同向时为正、反向时为负；

f_v——节点域钢材的抗剪强度设计值；

V_P——节点域体积。

当节点域厚度不满足式（5-23）要求时，对工字形组合柱宜将柱腹板在节点域局部加厚；对H形钢柱可在节点域加焊贴板，贴板上下边缘应伸出加劲肋以外不少于150mm，并用不少于5mm的角焊缝连接贴板和柱翼缘。

柱腹板厚度尚应满足：

$$t_{cw} \geqslant \left(h_{cf} + h_{bf}\right)/90 \tag{5-24a}$$

当梁受压翼缘处柱腹板厚度 t_{cw} 和梁受拉翼缘处柱翼缘板厚度 t_{cf} 不能满足下列条件时，在梁翼缘对应位置应设置柱水平加劲肋：

$$t_{cw} \geqslant \begin{cases} A_{fc} f_b / \left(b_e f_c\right) \\ \dfrac{h_c}{30}\sqrt{f_{yc}/235} \end{cases} \tag{5-24b}$$

$$t_{cf} \geqslant 0.4\sqrt{A_{ft} f_b / f_c} \tag{5-24c}$$

式中，A_{fc}、A_{ft}——分别为梁受压、受拉翼缘面积；

f_b、f_c——分别为梁、柱钢材抗拉、抗压强度设计值；

f_{yc}——柱钢材强度屈服点；

h_c——柱腹板的宽度；

b_e——集中荷载作用下，柱腹板计算高度边缘处压应力的假定分布长度，$b_e = t_{bf} + 5t_c$，其中 t_{bf} 为梁的受压翼缘厚度。

水平加劲肋应能有效传递梁翼缘的集中力，其中心线与梁翼缘中心线对准，厚度应为梁翼缘厚度的50%～100%，并应符合板件宽厚比限值。当柱两侧的梁高不等时，每个梁翼缘对应位置均应设置柱水平加劲肋，加劲肋间距不应小于150mm，且不应小于水平加劲肋的宽度。当无法满足此条件时，可调整截面高度较小的梁的端部高度。当与柱相连的两个互相垂直方向的梁高不等时，也应分别设置水平加劲肋。

2. 柱与柱的拼接

柱与柱的拼接节点，一般若干层设一个，理想位置应该选择内力较小处，如反弯点处。但为了方便施工，常将拼接节点设置在离楼面1.1～1.3m处。

对H形柱，其翼缘通常采用全焊透的对接焊缝，腹板可以采用高强螺栓连接；对于箱形截面和管形截面，则全部采用全焊透的对接焊缝。

当拼接处柱的弯矩较小、不产生拉力，且被连接柱端面磨平顶紧时，可考虑通过上下柱接触面直接传递25%的轴力和弯矩，剩余的轴力和弯矩以及全部剪力由连接传递。

柱拼接连接有等强度设计法和实用设计法两种。等强度设计法是按被连接的柱翼缘和腹板净截面面积的等强条件来进行拼接连接的设计。当柱的拼接连接采用焊接时，通常采用完全焊透的坡口对接焊缝，并采用引弧板施焊。此时可以认为焊缝与被连接的柱翼缘或腹板是等强的，因而不必进行焊缝的强度计算。它多用于抗震设计或按弹塑性设计结构中柱的拼接连接，以确保结构的连续性、强度和刚度。

实用设计法假定柱翼缘同时承受分担的轴向压力 $N_f\left(N_f = NA_f / A\right)$ 和绕强轴的全部弯矩肱，而腹板同时承受分担的轴向压力 $N_w\left(N_w = NA_w / A\right)$ 和全部剪力V。

在轴向压力 N_f 和弯矩M的共同作用下，柱单侧翼缘连接所需的高强度螺栓数目为：

$$n_{f1} = \left[N_f + \frac{M}{(H-t)}\right] / N_v^b \tag{5-25a}$$

在轴向压力 N_w 和剪力V的共同作用下，柱腹板连接所需的高强度螺栓数目为：

$$n_w = \sqrt{N_w^2 + V^2} / N_v^b \tag{5-25b}$$

式中，A——柱的毛截面面积；

N、V、M——分别为拼接连接处的轴向压力、剪力和绕强轴的弯矩设计值；

N_v^b——单个螺栓的抗剪承载力。

当柱截面需要随高度变化时，优先考虑保持截面高度不变，而改变板件厚度或翼缘宽度。如果需要改变截面高度，对边柱可采用图5-7（a）所示的做法，但应考虑上下柱偏心引起的附加弯矩；对中柱宜采用图5-7（b）所示的做法。变截面的上下端均应设置横隔板。变截面段设置在梁柱接头时，变截面两端距离梁翼缘不小于150mm，见图5-7（c）。

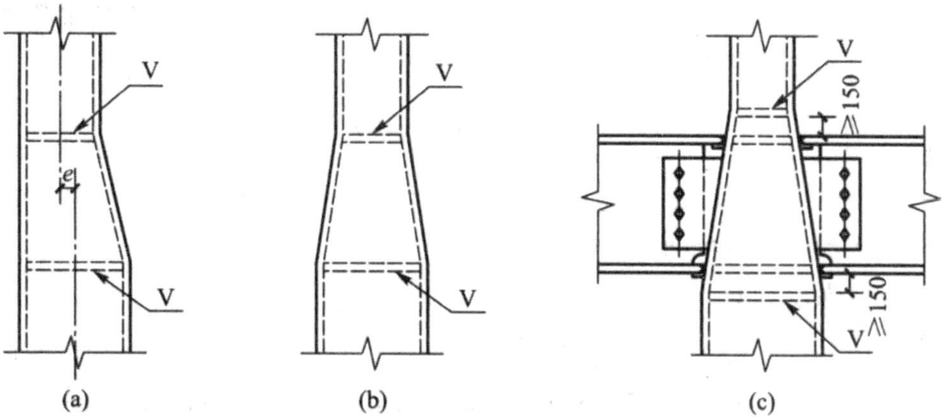

图5-7 变截面柱的拼接

3. 梁与梁的拼接

框架梁在工地的拼接主要用于柱带悬臂梁段与梁的连接，有三种接头形式：翼缘和腹板均采用全焊透焊缝连接；翼缘采用全焊透焊缝连接，腹板采用摩擦型高强螺栓连接；翼缘和腹板均采用摩擦型高强螺栓连接。

梁拼接节点的计算与梁柱节点类似，也有精确法和近似法两种。当接头处内力较小时，接头承载力不应小于梁截面承载力的50%。

四、型钢混凝土构件设计

（一）框架梁

实腹式型钢混凝土梁根据型钢的配置方式分为充满型和非充满型，充满型是指型钢贯穿截面的受拉区和受压区；非充满型是仅在截面受拉区配置型钢。充满型型钢混凝土梁一般能保证型钢与混凝土的共同工作，下面讨论的内容都是针对充满型型钢混凝土梁的。

型钢混凝土梁的承载能力极限状态计算包括正截面受弯承载力和斜截面承载力；正常使用极限状态的验算包括挠度和裂缝宽度。

1. 正截面受弯承载力计算

图5-8（a）所示型钢混凝土梁，截面宽度为b，截面高度为h，截面有效高度为h_0；型钢的受压翼缘面积用$A_{af}^{'}$表示，受拉翼缘面积用A_{af}表示；腹板的厚度用t_w表示，腹板顶离截面顶面的距离用$\delta_1 h_0$表示，腹板底离截面顶面的距离用$\delta_2 h_0$表示。

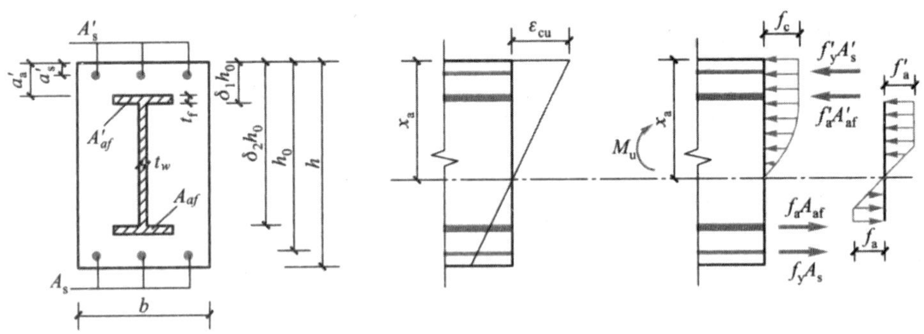

图 5-8　型钢混凝土梁截面

试验表明：型钢和钢筋配置适当时，充满型型钢混凝土梁的破坏与一般的钢筋混凝土适筋梁非常相似。型钢受拉翼缘和受拉钢筋首先达到屈服，然后受压翼缘和受压钢筋屈服，最后受压混凝土压碎；在极限状态，截面混凝土、钢筋和型钢的应变基本能保持平面。

基于上述结果，《组合结构设计规范》（JGJ 138-2016）在正截面承载力计算中采用了如下基本假定：

①截面应变保持平面；

②不考虑受拉混凝土的作用；

③钢筋和型钢的应力取应变乘以弹性模量，但不大于其强度设计值；钢的极限拉应变 ε_{su} 取0.01；

④受压混凝土的极限压应变 ε_{su} 取0.003，相应的最大应力取混凝土轴心抗压强度设计值 f_c。

根据假定①和④，可得到截面的应变分布，如图5-8（b）所示；根据假定②、③和④可以进一步得到截面的应力分布，如图5-8（c）所示。图中，f_y、f_y' 分别为受拉和受压钢筋的强度设计值，f_a、f_a' 分别为型钢受拉和受压翼缘的强度设计值。

为了计算方便，受压混凝土应力采用等效矩形分布，矩形应力图形的受压区高度 x 取按平截面假定所确定的中和轴高度 x_a 乘以系数 β_1，其中 β_1 按以下规定取：混凝土强度等级不超过C50时取 β_1 =0.8；混凝土强度等级为C80时取 β_1 =0.74，其间按线性内插法确定。矩形应力图形的应力值取为混凝土的轴心抗压强度设计值 f_c 乘以系数 α_1。型钢腹板的轴向合力用 N_{aw} 表示；型钢腹板轴向合力对受拉钢筋和型钢受拉翼缘合力点的力矩用 N_{aw} 表示。

由水平力和力矩平衡条件，可得到：

$$\alpha_1 f_c bx + f_y' A_s' + f_a' A_{af}' - f_y A_s - f_a A_{af} + N_{aw} = 0 \tag{5-26}$$

$$M_u = \alpha_1 f_c bx\left(h_0 - x/2\right) + f_y' A_s'\left(h_0 - a_s'\right) + f_a' A_{af}'\left(h_0 - a_a'\right) + M_{aw} \tag{5-27}$$

如果 $x_a > \delta_1 h_0$，或 $x/\beta_1 > \delta_1 h_0$；$x_a < \delta_2 h_0$，或 $x/\beta_1 < \delta_2 h_0$，说明实际中和轴位于型钢腹板内，腹板的应力图形如图5-9（a）所示。在确定型钢腹板的轴向合力 N_{aw} 和型钢腹板轴向合力对受拉钢筋和型钢受拉翼缘合力点的力矩 N_{aw} 时，对腹板的应力分布进行了简化，用矩形应力分布代替梯形应力分布，如图5-9（b）所示。

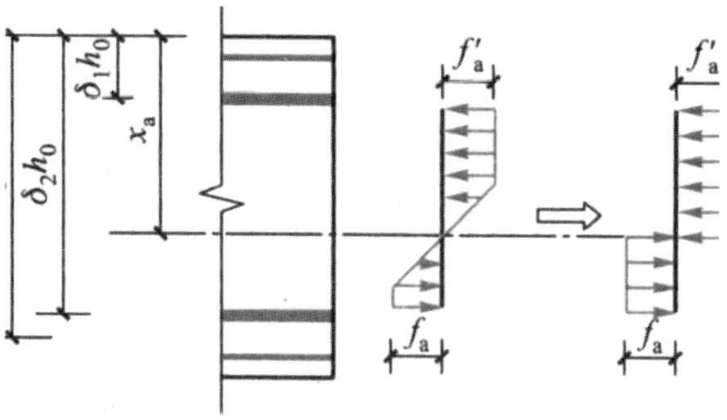

(a) 实际分布　　(b) 简化分

图 5-9　型钢腹板应力的简化

容易得到型钢腹板的轴向合力：

$$N_{aw}=\left[\left(x_a-\delta_1 h_0\right)-\left(\delta_2 h_0-x_a\right)\right]t_w f_a$$

其中，$x_a=x/\beta_1=\xi h_0/\beta_1$，代入上式整理后有：

$$N_{aw}=\left[2\xi/\beta_1-\left(\delta_1+\delta_2\right)\right]t_w h_0 f_a \tag{5-28a}$$

型钢腹板轴向合力对受拉钢筋和型钢受拉翼缘合力点的力矩：

$$M_{aw}=\left(x_a-\delta_1 h_0\right)t_w f_a\left[h_0-\frac{1}{2}\left(x_a+\delta_1 h_0\right)\right]-\left(\delta_2 h_0-x_a\right)t_w f_a\left[h_0-\frac{1}{2}\left(x_a+\delta_2 h_0\right)\right]$$

整理后有：

$$M_{aw}=\left[\frac{1}{2}\left(\delta_1^2+\delta_2^2\right)-\left(\delta_1+\delta_2\right)+\frac{2\xi}{\beta_1}-\left(\frac{\xi}{\beta_1}\right)^2\right]t_w h_0^2 f_a \tag{5-28b}$$

式（5-26）、式（5-27）是建立在受拉钢筋和型钢受拉翼缘屈服基础上的，因而受压区高度应满足：

$$x\leqslant\xi_b h_0 \tag{5-29a}$$

其中，界限相对受压区高度ξ_b按下式计算：

$$\xi_b=\frac{\beta_1}{1+\dfrac{f_y+f_a}{2\times0.003E_s}} \tag{5-29b}$$

为了保证型钢受压翼缘屈服，受压区高度尚应满足：

$$x\geqslant a_a'+t_f \tag{5-30}$$

2. 斜截面承载力计算

型钢混凝土梁的斜截面破坏，随着剪跨比的不同主要有两种形态：剪压破坏和斜压破坏，其中斜压破坏由截面控制条件来保证；剪压破坏通过斜截面承载力计算来保证。

型钢混凝土梁的斜截面承载力与普通钢筋混凝土梁相比，增加了型钢的抗剪作用，而型钢部分对受剪承载力的贡献主要是腹板部分。

规范采用了如下假定：型钢混凝土梁的斜截面承载力等于钢筋混凝土部分的承载力与型钢部分的承载力之和；型钢部分仅考虑腹板部分的作用，并假定腹板全截面处于纯剪状态（因而屈服剪应力为$\tau_y = f_a / \sqrt{3}$）。

对一般梁和承受集中荷载为主的独立梁，其斜截面承载力分别按下式计算：

$$V_u = \begin{cases} 0.8 f_t b h_0 + f_{yv} \dfrac{A_{sv}}{s} h_0 + 0.58 f_a t_w h_w & \text{(一般)} \\ \dfrac{1.75}{\lambda+1} f_t b h_0 + f_{yv} \dfrac{A_{sv}}{s} h_0 + \dfrac{0.58}{\lambda} f_a t_w h_w & \text{(受集中荷载梁)} \end{cases} \tag{5-31}$$

式中，f_a——型钢腹板的强度设计值；

t_w、h_w——分别为型钢腹板的厚度和高度；

0.58——剪切强度系数；其余符号含义同普通钢筋混凝土梁。

为避免发生斜压破坏，截面尺寸应满足：

$$V \leqslant 0.45 \beta_c f_c b h_0 \tag{5-32}$$

式中，V——截面的剪力设计值；

β_c——混凝土强度影响系数，同式（5-30）。

3. 变形验算

型钢混凝土框架梁挠度的计算方法与普通混凝土连续梁相同：假定同号弯矩区段内的刚度相等，并取用该区段内最大弯矩处的刚度；按荷载效应的准永久组合值计算，并在刚度公式中用 θ 考虑荷载长期作用影响：

$$B = \frac{B_s - E_a I_a}{\theta} + E_a I_a$$

其中，型钢混凝土梁的短期刚度 B_s 按下式计算：

$$B_s = \left(0.22 + 3.75 \frac{E_s}{E_c} \rho_s\right) E_c I_c + E_a I_a \tag{5-33}$$

式中，E_s、E_c、E_a——分别为钢筋、混凝土和型钢的弹性模量；

I_c、I_a——分别为混凝土截面惯性矩和型钢截面惯性矩；

ρ_s——受拉纵向钢筋的配筋率。

4. 裂缝宽度验算

型钢混凝土梁的裂缝宽度计算是将型钢翼缘和部分腹板等效为纵向受拉钢筋，采用普通混凝土梁的裂缝计算公式：

$$w_{max}=1.9\psi\frac{\sigma_{sa}}{E_s}\left(1.9c+0.08\frac{d_e}{\rho_{te}}\right)$$

其中，有效配筋率 ρ_{te}、钢筋应力 σ_{sa}、受拉纵向钢筋的等效直径 d_e 以及纵向受拉钢筋和型钢受拉翼缘与部分腹板的周长之和分别按下式计算：

$$\rho_{te}=\left(A_s+A_{af}+kA_{aw}\right)/(0.5bh) \tag{5-34a}$$

$$\sigma_{sa}=\frac{M_k}{0.87\left(A_sh_0\ +A_{af}h_{0f}+kA_{aw}h_{0w}\right)} \tag{5-34b}$$

$$d_e=4\left(A_s+A_{af}+kA_{aw}\right)/u \tag{5-34c}$$

$$u=n\pi d_s+\left(2b_f+2t_f+2kh_{aw}\right)\times 0.7 \tag{5-34d}$$

式中，k——型钢腹板影响系数，其值取梁受拉侧1/4梁高范围内的腹板高度与整个腹板高度的比值；

h_{0s}、h_{0f}、h_{0w}——分别为纵向受拉钢筋、型钢受拉翼缘、部分型钢腹板截面重心至混凝土截面受压边缘的距离；

b_f、t_f——分别为型钢受拉翼缘的宽度和厚度；

n、d_s——分别为纵向受拉钢筋的数量和直径；其余符号同前。

5. 构造要求

型钢混凝土梁的截面宽度不宜小于300mm，截面高度与截面宽度的比值不宜大于4。混凝土强度等级不宜小于C30，钢筋的保护层厚度要求与普通混凝土梁相同；型钢的保护层厚度不宜小于100mm，且型钢翼缘离两侧的距离之和（b_1+b_2）不宜小于梁截面宽度的1/3 。纵向倒筋的直径宜大于16mm，配筋率宜大于0.3%；最小配箍率的要求同普通混凝土梁；型钢腹板的配置量应满足：

$$f_at_wh_w/\left(f_cbh_0\right)\geqslant 0.1 \tag{5-35}$$

梁高超过500mm时，在两侧沿高度方向每隔200mm应配置一道纵向构造钢筋，并设拉结筋。

（二）框架柱

型钢混凝土柱须进行承载能力极限状态的正截面承载力和斜截面承载力计算。

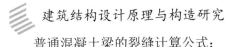

1. 正截面承载力计算

型钢混凝土柱的正截面承载力计算采用与梁正截面计算相同的基本假定，截面的计算应力见图5-10。

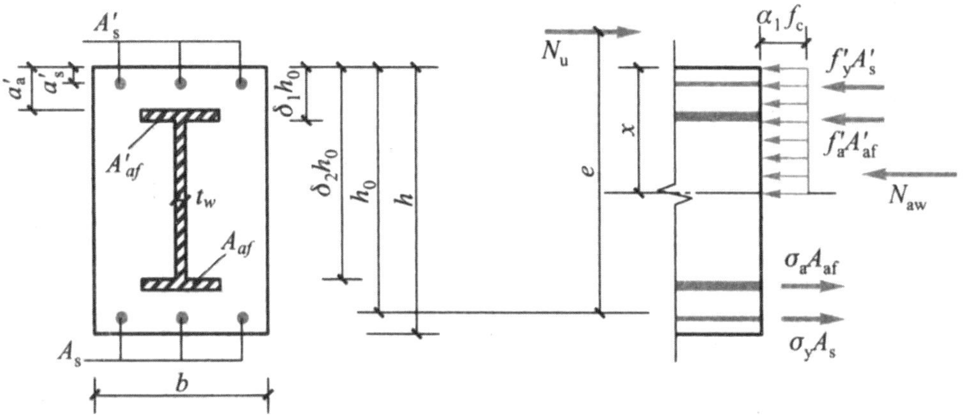

图5-10　型钢混凝土柱截面计算应力图形

由水平力平衡条件和力矩平衡条件，容易得到：

$$N_{\mathrm{u}}=\alpha_1 f_{\mathrm{c}} bx+f_{\mathrm{y}}^{'}A_{\mathrm{s}}^{'}+f_{\mathrm{a}}^{'}A_{\mathrm{af}}^{'}-\sigma_{\mathrm{s}}A_{\mathrm{s}}-\sigma_{\mathrm{a}}A_{\mathrm{af}}+N_{\mathrm{aw}} \tag{5-36}$$

$$N_{\mathrm{u}}e=\alpha_1 f_{\mathrm{c}} bx\left(h_0-x/2\right)+f_{\mathrm{y}}^{'}A_{\mathrm{s}}^{'}\left(h_0-a_{\mathrm{s}}^{'}\right)+f_{\mathrm{a}}^{'}A_{\mathrm{af}}^{'}\left(h_0-a_{\mathrm{a}}^{'}\right)+M_{\mathrm{aw}} \tag{5-37}$$

式中，e——轴向压力作用点至纵向受拉钢筋和型钢受拉翼缘合力点的距离，计算方法同普通混凝土柱；

σ_{s}、σ_{a}——分别为纵向受拉钢筋和型钢受拉翼缘的应力，当$x \leqslant \xi_{\mathrm{b}}h_0$时，属大偏压，取$\sigma_{\mathrm{s}}=f_{\mathrm{y}}$、$\sigma_{\mathrm{a}}=f_{\mathrm{a}}$；当$x>\xi_{\mathrm{b}}h_0$时，属小偏压，按下式计算：

$$\left.\begin{aligned}\sigma_{\mathrm{s}}&=\frac{f_{\mathrm{y}}}{\xi_{\mathrm{b}}-\beta_1}\left(\frac{x}{h_0}-\beta_1\right)\\ \sigma_{\mathrm{a}}&=\frac{f_{\mathrm{a}}}{\xi_{\mathrm{b}}-\beta_1}\left(\frac{x}{h_0}-\beta_1\right)\end{aligned}\right\} \tag{5-38}$$

其中，ξ_b按（5-29b）计算；

N_{aw}、M_{aw}——分别为型钢腹板的轴向合力N_{aw}和型钢腹板轴向合力对受拉钢筋及型钢受拉翼缘合力点的力矩M_{aw}，当$x/\beta_1>\delta_1 h_0$、$x/\beta_1<\delta_2 h_0$时，中和轴在型钢腹板内，按式（5-28a）、式（5-28b）计算；当$x/\beta_1>\delta_2 h_0$时，中和轴在型钢腹板外，N_{aw}、M_{aw}分别按下式计算：

$$N_{aw}=\left(\delta_2-\delta_1\right)t_w h_0 f_a \tag{5-39a}$$

$$M_{aw}=\left[\left(\delta_2-\delta_1\right)-0.5\left(\delta_2^2-\delta_1^2\right)\right]t_w h_0^2 f_a \tag{5-39b}$$

2. 斜截面承载力计算

轴向压力能抑制斜裂缝开展，提高斜截面承载力；但有一定限度，当轴压比 $N/\left(f_c bh\right)$ 达到0.3～0.5时，受剪承载力达到最大值；再增加轴向压力破坏形态将发生变化，由受压破坏控制。

型钢混凝土柱的斜截面受剪承载力按下式计算：

$$V_u=\frac{1.75}{1.0+\lambda}f_t bh_0+f_{yv}\frac{A_{sv}}{s}h_0+\frac{0.58}{\lambda}f_u t_w h_w+0.07N \tag{5-40}$$

式中，λ——计算截面的剪跨比，当反弯点在层高范围内时可以取 $\lambda=H_n/\left(2h_0\right)$，其中，$H_n$ 为柱净高；1≤λ≤3；

N——与剪力设计值相对应的轴向力设计值，当 $N\geqslant 0.3f_c A_c$ 时，取 $N=0.3f_c A_c$。

型钢混凝土柱的斜截面限制条件同型钢混凝土梁［式（5-32）］。

3. 构造要求

型钢混凝土柱的强度等级、型钢的板件宽厚比等要求同型钢混凝土梁。型钢的保护层厚度不宜小于120mm。全部纵向钢筋的配筋率不宜小于0.8%，净距不宜小于60mm；型钢的含钢率不宜小于4%。

（三）框架节点

型钢混凝土框架节点采用刚性连接，节点承载力对于非抗震设防区，是通过采取适当的构造措施来保证的。

在节点处，柱型钢和全部柱纵向钢筋应贯通，梁型钢焊于柱型钢。对应于梁型钢上、下翼缘处，在柱内型钢上应设置水平加劲肋，水平加劲肋与梁型钢翼缘等厚，并不小于12mm。

柱型钢截面形式的选择应便于梁纵向钢筋的贯穿。梁纵向钢筋应优先考虑从柱型钢翼缘外侧通过，尽量减少梁纵向钢筋穿过柱内型钢的数量，且不宜穿过柱型钢翼缘，也不应与柱型钢直接焊接连接；当必须穿过柱型钢腹板时，腹板截面损失率宜小于25%。

梁纵向钢筋在节点的锚固应满足钢筋混凝土框架节点的要求；柱型钢和梁型钢的拼接应满足钢框架结构的连接要求。

第四节 多层房屋基础设计

一、基础的种类与选型

多层房屋常用的基础类型有柱下独立基础、墙下和柱下条形基础、十字形基础、筏形基础、箱形基础和桩基础。前五种基础为浅基础，一般采用钢筋混凝土；桩基础属于深基础，常采用钢筋混凝土或型钢。

当层数不多、荷载不大而场地地质条件较好（地基承载力较高，土层分布均匀）时，多层框架结构也可采用柱下独立基础。当柱距、荷载较大或地基承载力不是很高时，单个基础的底面积将很大，这时可以将单个基础在一个方向连成条形，做成柱下条形基础。条形基础与独立基础相比，可以适当调节地基可能产生的不均匀沉降，减轻不均匀沉降对上部结构产生的不利影响。为了既保证一定的底板面积，又增加基础的刚度和调节地基不均匀沉降的能力，柱下条形基础常做成肋梁式的。条形基础的布置方向应与承重框架方向一致，即对于横向框架承重方案，在横向布置条形基础，纵向则布置构造连系梁；对于纵向框架承重方案，在纵向布置条形基础，横向则布置构造连系梁。对于纵横向框架承重方案，需要在两个方向布置条形基础，成十字形基础。

随着上部荷载的增加，所要求的底板面积相应增大，当底板连成一片时即成为筏形基础（又称片筏基础）。筏形基础有梁板式和平板式两种形式。平板式筏形基础施工简单方便，但混凝土用量大；梁板式筏形基础通过布置肋梁增加基础的刚度，可以减小板的厚度，但施工相对复杂。

当房屋设有地下室时，可以将地下室底板、侧板和顶板连成整体，并设置一定数量的隔板，形成箱形基础。箱形基础的整体刚度很大，调节地基不均匀沉降的能力很强。箱形基础常用于高层建筑。需要说明的是，为了形成整体工作，箱形基础的隔墙是必不可少的。如果没有隔墙，则地下室底板按一般筏形基础设计，顶板按一般楼盖设计，侧板则按承受土压力的竖板设计。

采用筏形基础后地基的承载力和变形仍不能满足要求时，需要采用桩基础将上部荷载传至较深的持力层。桩基础是高层建筑的主要基础形式，有时还结合地下室采用桩—箱复合基础。

基础类型的选择须考虑场地土的工程地质情况、上部结构对地基不均匀沉降的敏感程度、上部结构荷载的大小以及现场施工条件等因素。一般来说，浅基础的工程造价比深基础低，应优先采用浅基础。当天然浅土层的工程地质条件无法满足基础承载要求时，还可通过碾压夯实、换土填层、排水固结、化学加固等地基处理方法改善其性能，满足浅基础的要求。

二、基础分析模型

上部结构、基础和地基是相互联系、相互作用的整体，所以理想的方法是对三者组成的整体模型进行分析。由于地基土的复杂性，目前尚没有成熟的整体分析模型。工程中常常采用简化分析模型，将上部结构与地基基础分开分析。

任何一种简化分析模型都必须满足上部结构与基础、基础与地基之间的力的平衡和变形协调条件。基础受到来自上部结构传来的荷载和地基反力（基底压力）的作用。前者可以通过上部结构内力分析得到，而后者涉及地基模型。

（一）地基模型

地基模型是对地基变形（沉降）与基底压力之间关系的描述。地基模型很多，常用的有文克勒模型、半空间地基模型和压缩层地基模型。

文克勒模型是1876年捷克工程师E. Winkler在计算铁路钢轨时提出的。该模型假定地基上某一点所受到的压强p与该点的地基沉降s成正比，其比例系数k称为基床系数：$p=ks$。这一假定认为，任一点的沉降仅与该点受到的压强有关，而与其他点的压强无关。这实际上忽略了地基土的切应力，相当于地基是由一根根单独的弹簧组成，故这一模型又称为弹簧地基模型。

由于忽略了切应力的存在，根据该模型地基中的附加应力不可能向四周扩散分布，使基底以外的地表发生沉降，这显然不太符合实际情况。但由于模型的简单，目前仍相当普遍地被使用。对于厚度不超过基础宽度一半的薄压缩层地基较适用于这种模型。

另一种较为常用的地基模型是半空间地基模型。弹性半空间表面作用竖向集中荷载F时，任一点地基表面的沉降可表示为：

$$s=w(x,y,0)=\frac{P\left(1-\nu^{2}\right)}{\pi E\sqrt{x^{2}+y^{2}}}$$

其中，E为土的弹性模量；ν为泊松比；x、y为任一点离开集中荷载作用点的距离。

该模型将地基假定为半无限空间匀质弹性体，地基上任意一点的沉降与整个基底反力的分布有关。弹性半空间模型虽然具有能够考虑应力和变形的扩散，但计算所得的沉降量和地表的沉降范围常常超过实测结果。一般认为这是实际地基的压缩层厚度都是有限的缘故。此外，即使是同种土层组成的地基，其力学指标也是随深度变化的，并非匀质体。

压缩层地基模型假定地基沉降等于压缩层范围内各计算分层在完全侧限条件下的压缩量之和。该模型能较好地反映地基土扩散应力和变形能力，容易考虑土层沿深度和平面上的变化以及非匀质性。但由于它只能计及土的压缩变形，所以仍无法考虑地基反力的塑性重分布。

为了了解实际地基反力与沉降的关系，一些典型工程进行了现场实测，在实测数据的基础上提出基底反力的经验计算公式。

（二）基础模型

目前，基础的解析分析都是建立在文克勒地基模型上的，在对上部结构、基础和地基进行整体数值分析时，也有采用其他地基模型的。

基础分析模型除了与地基模型有关外，还与基础和上部结构有关。建立在文克勒地基模型上的基础分析模型可以分为两大类：刚性基础模型和弹性基础模型。对于条形基础，弹性基础模型又称为弹性地基梁模型。

1. 刚性基础模型

刚性基础模型假定基础刚度相对于地基为无限大，因而地基发生变形时，基础仅发生刚体位移，即基础的沉降沿水平方向线性分布。由于总是假定基础与地基保持接触，即满足变形协调条件，所以地基沉降沿水平方向也应该是线性分布的。而根据文克勒地基假定，基底反力必定是线性分布，这时就可以完全由静力平衡条件确定地基反力分布。

对于条形基础，刚性基础模型根据上部结构的刚度大小有静力法和倒梁法两种计算方法。

为了得到基础梁的单独分析模型，须将基础从整体结构中分离出来。将柱端切开后，需要研究此处的边界条件。假定柱的抗弯刚度相对于基础梁可以忽略不计，即认为柱子对基础梁没有转动约束（这一假定与分析上部结构时假定柱子固接于基础顶面是一致的）。这时，上部结构的作用可以用竖向弹性（弹簧）铰支座代替，而将柱端弯矩直接反作用于基础梁（因铰支座无法传递弯矩）。

当上部结构抵抗竖向位移的刚度很大时（相对于基础），可以认为基础梁在与柱子的连接处没有相对竖向位移，即上部结构绝对刚性，因而柱子可以被看成是基础梁的固定铰支座，基础梁相当于倒置的连续梁，受到地基反力的作用，称为倒梁法。

当上部结构抵抗竖向位移的刚度很小并可忽略时，柱子对基础梁的竖向变形没有任何约束作用，即上部结构绝对柔性，柱子仅起传递荷载的作用。这时，基础梁根据静力平衡条件可以求出任一截面的内力，称为静力法。

2. 弹性基础模型

如果基础的变形不可忽略，地基的沉降是基础刚体位移与基础弹性变形的总和，一般沿水平方向不再是线性分布，地基反力无法仅根据静力平衡条件确定，需要利用基础与地基的变形协调条件。目前，比较成熟的计算方法有地基系数法、链杆法和有限差分法。

地基系数法是根据基础梁的挠度等于地基沉降以及地基沉降与基底反力之间的关系建立基础梁的弹性挠曲线微分方程。

对于中间作用集中荷载P_0的弹性基础梁，由基础梁和地基的变形协调条件，地基沉降s等于梁的挠度；又根据文克勒地基模型，基础梁受到的地基线反力为Bks，其中B为基础梁的宽度。根据材料力学的弯矩——曲率公式以及弯矩、剪力、荷载之间的导数关系，可以得到基础梁的挠度微分方程：

$$\frac{\mathrm{d}^4 s}{\mathrm{d}x^4}+4\lambda^4 s=0 \tag{5-41}$$

其中，$\lambda=\sqrt[4]{\frac{Bk}{4EI}}$，称为基础梁的刚度特征值；EI为基础梁的截面抗弯刚度。

方程（5-41）的解为：

$$s=e^{\lambda x}\left(C_1\cos\lambda x+C_2\sin\lambda x\right)+e^{-\lambda x}\left(C_3\cos\lambda x+C_4\sin\lambda x\right) \tag{5-42}$$

式中的C_1、C_2、C_3、C_4为积分常数，根据边界条件确定。

求得基础梁的挠度后，利用挠度与截面弯矩、剪力的关系$M=-EI\mathrm{d}^2s/\mathrm{d}x^2$、$V=\mathrm{d}M/\mathrm{d}x$，可得到基础梁截面的弯矩、剪力。

集中力P_0作用于无限长梁时，作用点的沉降为：

$$s_{x=0}=\frac{P_0\lambda}{2Bk} \tag{5-43}$$

链杆法是将梁底接触面等分成若干个段落，每个段落的中点设置一根链杆，段落范围内基底反力的合力用链杆的内力代替；将链杆内力作为未知数，用结构力学方法求解。

有限差分法是用差分方程代替微分方程的一种数值分析方法，可以用来分析板式基础。

链杆法和有限差分法参阅《基础工程》，下面介绍的基础设计方法均采用刚性基础模型。

三、柱下条形基础设计

（一）内力分析

1. 确定基底反力和基础底面尺寸

基础的底面尺寸根据地基承载力和地基变形限值确定。

采用文克勒地基模型，加上刚性基础假定，可以推出基底反力为线性分布。设条形基础长为L、宽为B。

根据基础的平衡条件，基底反力的合力和合力点位置必须与上部荷载相同，得到基底反力的最大值和最小值为：

$$\left.\begin{matrix} p_{\max} \\ p_{\min} \end{matrix}\right\} = \frac{\sum N}{BL} \pm \frac{6\sum M}{BL^2} \tag{5-44}$$

式中，$\sum N$——竖向荷载总和，包括上部荷载传至基础顶面的标准组合值、基础自重和覆土的标准值；

$\sum M$——荷载对基底形心产生的偏心力矩总和。

基础长度由轴线尺寸和两端的悬挑长度确定；根据地基承载力要求，可确定基础宽度B：

$$\begin{cases} \dfrac{p_{\max} + p_{\min}}{2} \leqslant f_a \\ p_{\max} \leqslant 1.2 f_a \end{cases} \tag{5-45}$$

式中，f_a为修正后的地基承载力特征值。

2. 静力法计算内力

对于沿长度方向等截面的基础梁，其自重和覆土重并不会在梁内产生弯矩和剪力，因而进行基础内力分析时，基底反力采用不包括基础自重和覆土重的净反力，而传至基础顶面的上部荷载采用基本组合值。

基础梁在基底净反力和柱子传来的竖向力、力矩作用下，任一截面的弯矩和剪力可利用理论力学中的截面法方便地求出。一般可选取若干个截面进行计算，然后绘制弯矩、剪力图。

3. 倒梁法计算内力

倒梁法将基础梁作为以柱子为铰支座的连续梁，可以用结构力学的方法计算内力。用倒梁法算得的支座反力一般并不等于上部柱子传来的竖向荷载（柱子轴力），即在上部结构与基础之间不满足力的平衡条件，计算结果需要进行调整。在实用中，通过调整局部基底反力来消除这种差异。将支座反力与轴力间的差值（正或负）均匀分布在相应支座两侧各三分之一跨度范围内，作为基底反力的调整值，然后再进行一次连续梁分析。如果调整后柱子轴力与支座反力的差异仍较大，可继续调整，直至两者基本吻合。

4. 静力法与倒梁法计算模型的讨论

对于同一根基础梁，采用静力法和倒梁法计算的结果一般是不同的，除非用倒梁法算出的支座反力未经调整刚好等于柱轴力时，两者的结果才会一致。

一般说来，当层数较少、楼盖刚度较小时，上部结构的竖向刚度较小，静力法比较适用；反之，当层数较多、楼盖刚度较大时，上部结构的竖向刚度较大，倒梁法比较适用。实际工程中的上部结构刚度既不是绝对柔性，也不是绝对刚性，必要时可参考上述两种计算结果的内力包络图进行截面设计。

前面讲过，任何基础分析模型都必须满足基础与上部结构之间力的平衡和变形协调条件，静力法和倒梁法采用了不同的途径来满足这一条件。静力法通过将柱端内力直接作用于基础，来满足力的平衡；根据上部结构柔性假定，柱子自动具有与接触点基础梁相同的变形。倒梁法的柱与基础铰接，使基础在铰接点具有与柱相同的变形；而力的平衡是通过不断调整局部基底反力来满足的。

（二）截面计算

柱下条形基础的截面计算包括肋梁和翼板两部分，其中，肋梁须进行受弯承载力、受剪承载力和抗冲切承载力计算；翼板须进行受弯承载力和抗冲切承载力计算。肋梁的弯矩和剪力由上面的基础内力分析得到，翼板的弯矩按固支在肋梁的悬臂板计算。

（三）构造要求

柱下条形基础的梁高宜为柱距的1/8 ～ 1/4。翼板厚度不宜小于200mm。当翼板原度为200 ～ 250mm时，宜用等厚度翼板；当翼板厚度大于250mm时，可用变厚度翼板，其坡度≤ 1 ∶ 3。

为减小边跨跨中的弯矩，条形基础的端部应向外伸出，其长度宜为边跨跨距的25%。

基础梁的肋宽宜比柱子的截面边长至少大100mm。

基础梁顶面的纵向受力钢筋应全部贯通；底面通长钢筋不少于受力钢筋面积的1/3。肋中受力钢筋的直径不应小于10mm；翼板受力钢筋的直径不小于8mm，间距100～200mm。当翼板的悬伸长度l_f＞750mm时，翼板受力钢筋的一半可在距翼板边（0.5l_f-20d）处切断。

箍筋直径不应小于8mm。当肋宽b≤350mm时可用双肢箍；当350mm＜b≤800mm时采用四肢箍；b＞800mm时用六肢箍。

第六章 楼地层与楼梯构造

第一节 楼地层构造

一、楼地层的设计要求和组成

楼地层是楼板层和地坪层的统称，是建筑物中分隔上下楼层的水平构件。楼板层是水平方向的分隔构件，同时也是承重构件，它承受自重和其上的使用荷载，并将其传递给墙或柱，再传递给基础；地坪层是建筑物底层与土壤相接的构件，与楼板层一样承受着作用在其上的全部荷载，并将它们均匀地传递给地基。

（一）楼地层的设计要求

1. 具有足够的强度和刚度

强度要求是指楼板层应保证在自重和活荷载的作用下安全可靠，不发生任何破坏。这主要是通过结构设计来满足要求。刚度要求是指楼板层在一定荷载作用下不发生过大的变形，以保证正常使用状况。结构规范规定楼板的允许挠度不大于跨度的1/250，可用板的最小厚度（1/40L ～ 1/35L）来保证其刚度。

2. 具有一定的隔声能力

不同使用性质的房间对隔声的要求不同，楼层的隔声量一般为40 ～ 50dB。对一些特殊性质的房间如广播室、录音室、演播室等的隔声要求则更高。楼板主要是隔绝固体传声，如人的脚步声、拖动家具、敲击楼板等都属于固体传声，防止固体传声可采取以下措施：

①在楼板表面铺设地毯、橡胶、塑料毡等柔性材料。

②在楼板与面层之间加弹性垫层以降低楼板的振动。

③在楼板下加设吊顶，使固体噪声不直接传入下层空间。

3. 具有一定的防火能力

楼地层应根据建筑物的等级、对防火的要求等进行设计，保证在火灾发生时，在一定时间内不致因楼板塌陷而给生命和财产带来损失。

4. 具有防潮、防水能力

对于厨房、卫生间等易产生积水的房间或者房间长期处于潮湿环境，应处理好楼地层的防潮、防水问题。

5. 满足各种管线的设置

在现代建筑中，各种功能日趋完善，同时必须有更多管线借助楼板层敷设，为使室内平面内布置灵活，空间使用完整，在楼板层设计中应充分考虑各种管线的布置要求。

6. 满足建筑经济的要求

选用楼板时应结合当地实际选择合适的结构材料和类型，提高装配化程度。一般多层建筑中楼板层造价占建筑物总造价的20% ～ 30%，要合理选配，降低造价。

（二）楼地层的组成

1. 楼板层的组成

楼板层主要由面层、结构层和顶棚三部分组成。根据使用的实际需要可在楼板层中设置附加层。

①面层。面层又称楼面（地面），是人、家具、设备等直接接触的部分，起着保护楼板和室内装饰的作用。

②结构层。结构层的主要功能在于承受楼板层上的全部荷载并将这些荷载传递给墙或柱；同时，还对墙身起水平支撑作用，以加强建筑物的整体刚度。根据所用材料不同，可分为木楼板、砖拱楼板、钢筋混凝土楼板、压型钢板组合楼板等多种类型。

③附加层。附加层又称功能层，根据楼板层的具体要求而设置，主要作用是隔声、隔热、保温、防水、防潮、防腐蚀、防静电等。根据需要，有时和面层合二为一，有时又和吊顶合为一体。

④顶棚层。顶棚层位于楼板层最下层，主要作用是保护楼板、安装灯具、遮挡各种水平管线，改善使用功能，装饰美化室内空间。

2. 地坪层的组成

地坪层的基本组成部分有面层、垫层和基层。对有特殊要求的地坪常在面层和垫层之间增设一些附加层。

①面层。面层是人们生活、工作、学习时直接接触的地面层，是地面直接经受摩擦

承受各种作用的表面层。根据使用要求，面层应具有耐磨、不起尘、平整、防水、吸热少等性能。

②垫层。垫层是指面层和基层之间的填充层，起承上启下的作用，即承受面层传来的荷载和自重并将其均匀地传递给下部的基层。垫层一般采用60～100mm的C10素混凝土，也可用柔性垫层，如：砂、粉煤灰等。

③基层。基层为地面的承重层，一般为土壤。当土壤条件较好或地层上荷载不大时，一般采用原土夯实或填土分层夯实；当地层上荷载较大时，需要进行换土或夯入碎砖、砾石等，如：100～150mm厚2：8灰土，或碎砖、炉渣、三合土等。

④附加层。附加层是为满足某些特殊使用功能要求而设置的一些层次，一般位于面层与垫层之间，如：防潮层、保温层、防水层等。

二、钢筋混凝土楼板

钢筋混凝土楼板按其施工方法不同，可分为现浇式、预制装配式和装配整体式三种。

（一）现浇式钢筋混凝土楼板

现浇式钢筋混凝土楼板整体性好，特别适用于有抗震设防要求的多层房屋和对整体性要求较高的其他建筑，对有管道穿过的房间、平面形状不规整的房间、尺度不符合模数要求的房间和防水要求较高的房间，都适合采用现浇式钢筋混凝土楼板，但模板用量大、工序多、工期长，工人劳动强度大，并且施工受季节影响较大。现浇式钢筋混凝土楼板按构造不同可分为以下五种：

1. 板式楼板

楼板下不设置梁，直接搁置在墙上的板称为板式楼板。楼板根据受力特点和支承情况，分为单向板和双向板。当板的长边与短边之比大于2时，由于作用于板上的荷载主要是沿板的短向传递的，因此称之为单向板，板内受力钢筋沿短边方向设置，板的长边承担板的全部荷载；当板的长边与短边之比不大于2时，作用在板上的荷载是沿板的双向传递的，此时，板的四边均发挥作用，因此称之为双向板。

板式楼板底面平整、美观，施工方便。其适用于小跨度房间，如：走廊、厕所和厨房等。板式楼板厚度一般不超过120mm，经济跨度在3000mm之内。

2. 肋梁楼板

肋梁楼板由板、次梁和主梁组成。其荷载传递路线为板→次梁→主梁→柱（或墙）。主梁的经济跨度为5～8m，主梁高为主梁跨度的1/14～1/8，主梁宽为高的

1/3～1/2；次梁的经济跨度为4～6m，次梁高为次梁跨度的1/18～1/12，宽度为梁高的1/3～1/2，次梁跨度即为主梁间距；板的厚度确定同板式楼板，由于板的混凝土用量占整个肋梁楼板混凝土用量的50%～70%，因此板宜取薄些，通常板跨不大于3m；其经济跨度为1.7～2.5m。

3. 井式楼板

井式楼板是肋梁楼板的一种特殊形式。当房间尺寸较大，并接近正方形时，常沿两个方向布置等距离、等截面高度的梁（不分主、次梁），板为双向板，形成井格形的梁板结构，纵梁和横梁同时承担着由板传递的荷载。当双向板肋梁楼板的板跨相同，且两个方向的梁截面也相同时，就形成了井式楼板，分为正井式和斜井式。井式楼板适用于长宽比不大于1.5的矩形平面，井式楼板中板的跨度为3.5～6m，梁的跨度可达20～30m，梁截面高度不小于梁跨的1/15，宽度为梁高的1/4～1/2，且不少于120mm。由于井式楼板可以用于较大的无柱空间，而且楼板底部的井格整齐划一，很有韵律，稍加处理就可形成艺术效果很好的顶棚。

4. 无梁楼板

无梁楼板为等厚的平板直接支承在柱上，分为有柱帽和无柱帽两种。当楼面荷载比较小时，可采用无柱帽楼板；当楼面荷载较大时，必须在柱顶加设柱帽。无梁楼板的柱可设计成方形、矩形、多边形和圆形；柱帽可根据室内空间要求和柱截面形式进行设计；板的最小厚度不小于120mm且不小于板跨的1/35～1/32。无梁楼板的柱网一般布置为正方形或矩形，间跨一般不超过6m。

无梁楼板楼层净空较大，顶棚平整，采光通风和卫生条件较好，适用于活荷载较大的商店、仓库和展览馆等建筑。

5. 压型钢板组合楼板

压型钢板组合楼板是利用凹凸相间的压型薄钢板做衬板与现浇混凝土面层浇筑在一起而形成的钢衬板组合楼板，既提高了楼板的强度和刚度，又加快了施工进度。

（二）预制装配式钢筋混凝土楼板

预制装配式钢筋混凝土楼板是指在构件预制加工厂或施工现场外预先制作，然后运到工地现场进行安装的钢筋混凝土楼板。预制板的长度一般与房屋的开间或进深一致，为3M的倍数；板的宽度一般为1M的倍数；板的截面尺寸须经结构计算确定。

1. 板的类型

预制钢筋混凝土楼板有预应力和非预应力两种。预制钢筋混凝土楼板常用类型有实心平板、槽形板、空心板三种。

①实心平板。预制实心平板规格较小，厚度一般为50～80mm，板的跨度为2.4m，板宽度为500～900mm。预制实心平板由于其跨度小，常用于过道和小房间、卫生间、厨房的楼板。

②槽形板。槽形板是一种肋板结合的预制构件，即在实心板的两侧设有边肋，作用在板上的荷载都由边肋来承担，板宽为500～1200mm，非预应力槽形板跨长通常为3～6m。板肋高为120～240mm，板厚仅30mm。槽形板减轻了板的自重，具有省材料、便于在板上开洞等优点，但隔声效果差。

③空心板。空心板也是一种梁板结合的预制构件，其结构计算理论与槽形板相似，两者的材料消耗也相近，但空心板上下板面平整，且隔声效果优于槽形板，因此是目前广泛采用的一种形式。

目前，我国预应力空心板的跨度可达到6m、6.6m、7.2m等，板的厚度为120～300mm。空心板安装前，应在板端的圆孔内填塞C15混凝土短圆柱（堵头）以避免板端被压坏。

2. 板的结构布置方式

在进行楼板结构布置时，应先根据房间开间、进深的尺寸确定构件的支承方式，然后选择板的规格，进行合理的安排。结构布置时应注意以下几点原则：

①尽量减少板的规格、类型。板的规格过多，不仅给板的制作增加麻烦，而且施工也较复杂，甚至容易搞错。

②为减少板缝的现浇混凝土量，应优先选用宽板，窄板做调剂用。

③板的布置应避免出现三面支承情况，即楼板的长边不得搁置在梁或砖墙内，否则，在荷载作用下，板会产生裂缝。

④按支承楼板的墙或梁的净尺寸计算楼板的块数，不够整块数的尺寸可通过调整板缝或于墙边挑砖或增加局部现浇板等办法来解决。当缝差超过200mm时，应考虑重新选板或采用调缝板。

⑤遇有上下管线、烟道、通风道穿过楼板时，为防止圆孔板开洞过多，应尽量将该处楼板现浇。

板的结构布置方式可采用墙承重系统和框架承重系统。当预制板直接搁置在墙上时称为板式结构布置；当预制板搁置在梁上时称为梁板式结构布置。

3. 板的搁置要求

①预制板直接搁置在墙上的称为板式布置；若楼板支承在梁上，梁再搁置在墙上的称为梁板式布置。支承楼板的墙或梁表面应平整，其上用厚度为20mm的M5水泥砂浆坐浆，以保证安装后的楼板平正、不错动，避免楼板层在板缝处开裂。

②为满足荷载传递、墙体抗压要求，预制楼板搁置在钢筋混凝土梁上时，其搁置长度应不小于80mm；搁置在墙上时，其搁置长度应不小于100mm。铺板前，先在墙或梁上用20mm厚M5水泥砂浆找平（即坐浆），然后再铺板，使板与墙或梁有较好的连接，同时也使墙体受力均匀。

4. 板缝处理

预制板板缝起着连接相邻两块板协同工作的作用，使楼板成为一个整体。板缝包括端缝和侧缝，一般侧缝接缝形式有V形缝、U形缝和凹槽缝等。在具体布置楼板时，往往出现缝隙。当缝隙小于60mm时，可调节板缝（使其≤30mm，灌C20细石混凝土）；当缝隙为60～120mm时，可在灌缝的混凝土中加配2φ6通长钢筋；当缝隙为120～200mm时，设现浇钢筋混凝土板带，且将板带设在墙边或有穿管的部位；当缝隙大于200mm时，调整板的规格。

5. 楼板上隔墙的处理

预制钢筋混凝土楼板上设隔墙时，宜采用轻质隔墙，可搁置在楼板的任何位置。若隔墙自重较大时，如采用砖隔墙、砌块隔墙等，应避免将隔墙搁置在一块板上，通常将隔墙设置在两块板的接缝处。当采用槽形板或小梁隔板的楼板时，隔墙可直接搁置在板的纵肋或小梁上；当采用空心板时，须在隔墙下的板缝处设现浇板带或梁支承隔墙。

6. 装配式钢筋混凝土楼板的抗震构造

圈梁应紧贴预制楼板板底设置，外墙则应设缺口圈梁（L形梁），将预制板箍在圈梁内。当板的跨度大于4.8m，并与外墙平行时，靠外墙的预制板边应设拉结筋与圈梁拉结。

（三）装配整体式钢筋混凝土楼板

装配整体式钢筋混凝土楼板是先将楼板中的部分构件预制、现场安装后，再浇筑混凝土面层而形成的整体楼板。这种楼板的特点是整体性好、省模板、施工快，集中了现浇和预制的优点。装配整体式钢筋混凝土楼板的类型主要包括以下两种：

1. 密肋填充块楼板

密肋填充块楼板由密肋楼板和填充块叠合而成。密肋楼板有现浇密肋楼板、预制小梁现浇楼板、带骨架芯板填充块楼板等。

密肋楼板由布置得较密的肋（梁）与板构成。肋的间距及高应与填充物尺寸配合，通常肋的间距为700～1000mm、肋宽为60～150mm、肋高为200～300mm，板的厚度不小于50mm，楼板的适用跨度为4～10m。

密肋楼板间的填充块，常用陶土空心砖或焦渣空心砖、矿渣混凝土实心块等作为肋间填充块来现浇密肋和面板而成。密肋填充块楼板的密肋小梁有现浇和预制两种。预制小梁填充楼板是在预制小梁之间填充陶土空心砖、矿渣混凝土实心块、煤渣空心块等，上面现浇面层而成。

密肋填充块楼板板底平整，有较好的隔声、保温、隔热效果，在施工中空心砖还可以起到模板作用，也利于管道的敷设。密肋填充块楼板由于肋间距小，肋的截面尺寸不大，使楼板结构所占的空间较小。此种楼板常用于学校、住宅、医院等建筑中。

2. 叠合楼板

现浇式钢筋混凝土楼板的整体性好但施工速度慢，耗费模板，不经济。装配式钢筋混凝土楼板的整体性差但施工速度快，省模板。预制薄板与现浇混凝土面层叠合而成的装配整体式楼板，或称叠合式楼板，则既省模板，整体性又较好，但施工麻烦。叠合楼板的预制钢筋混凝土薄板既是永久性模板承受施工荷载，也是整个楼板结构的一个组成部分。预应力钢筋混凝土薄板内配以高强度钢丝作为预应力筋，同时，也是楼板的跨中受力钢筋，板面现浇混凝土叠合层，只须配置少量的支座负弯矩钢筋。所有楼板层中的管线均事先埋在叠合层内，现浇层内预制薄板底面平整，作为顶棚可直接喷浆或粘贴装饰顶棚壁纸。预制薄板叠合楼板目前已在住宅、宾馆、学校、办公楼、医院以及仓库等建筑中应用。

叠合楼板跨度一般为4～6m，最大可达9m，通常以5.4m以内较为经济。预应力薄板厚为60～70mm，板宽为1.1～1.8m。为了保证预制薄板与叠合层有较好的连接，薄板上表面须做处理，常见的有两种：一种是在薄板表面做刻槽处理，刻槽直径为50mm，深为20mm，间距为150mm；另一种是在薄板表面露出较规则的三角形的结合钢筋。现浇叠合层的混凝土强度等级为C20，厚度一般为70～120mm。叠合楼板的总厚度取决于板的跨度，一般为150～250mm，楼板厚度以薄板厚度的2倍为宜。

三、楼地面构造

楼板层的面层和地坪层的面层统称为地面。区别只是下面的基层有所不同，底层面层通常做在垫层上，楼板层面层则做在结构层上。

（一）地面的设计要求

1. 具有足够的坚固性

有足够的坚固性，保证在各种外力作用下不宜磨损，且表面平整光洁、宜清扫、不起灰。

2. 保温性能好

要求地面材料的导热系数小，给人以温暖舒适的感觉，冬季时走在上面不致感到寒冷。

3. 具有一定的弹性

当人们行走时不致有过硬的感觉，同时，有弹性的地面对防撞击声有利。

4. 易清洁、经济

对有水作用的房间，地面应做好防水、防潮；对实验室等有酸碱作用的房间，地面应具有耐腐蚀能力；在某些房间内，地面还要有较高的耐火性能。

（二）地面的构造做法

按面层所用材料和施工方式不同，常见地面做法可分为以下几类：

1. 整体地面

①水泥砂浆地面。水泥砂浆地面通常是水泥砂浆抹压而成。它原料供应充足方便，造价低且耐水，是目前应用广泛的一种低档地面做法；但有易结露、易起灰、无弹性、热传导性高等缺点。

水泥砂浆地面通常有单层和双层两种做法。单层做法只以一层15～20mm厚1 ∶ 2水泥砂浆压实抹光；双层做法是先以15～20mm厚1 ∶ 3水泥砂浆打底、找平，再以5～10mm厚1 ∶ 2或1 ∶ 2.5水泥砂浆抹面。分层构造虽增加了施工程序，却能保证质量，减少了表面干缩时产生裂纹的可能。

②水泥石屑地面。水泥石屑地面是将水泥砂浆里的中粗砂换成3～6mm的石屑，或称豆石或瓜米石地面。在垫层或结构层上直接做25mm厚1 ∶ 2水泥石屑，水胶比不大于

0.4，刮平拍实，碾压多遍，出浆后抹光。这种地面表面光洁、不起尘、易清洁，造价是水磨石地面的50%，但强度高，性能近似水磨石。

③水磨石地面。水磨石地面是将用水泥做胶结材料、大理石或白云石等中等硬度石料的石屑做集料而形成的水泥石屑浆，浇抹硬结后，经磨光打蜡而成。其性能与水泥砂浆地面相似，但耐磨性好、表面光洁、不易起灰。由于造价较高，常用于卫生间、公共建筑的门厅、走廊楼梯间以及标准较高的房间。

水磨石地面为分层构造，底层为10 ～ 15mm厚1 ∶ 3水泥砂浆打底、找平，按设计图采用1 ∶ 1水泥砂浆固定分格条（玻璃条、铜条等），再用1 ∶ 2 ～ 1 ∶ 2.5水泥石屑抹面，浇水养护约一周后用磨石机磨光，再用草酸清洗，打蜡保护。水泥石碴12mm厚，石颗粒径为8 ～ 10mm，分格条一般高10mm，用1 ∶ 1水泥砂浆固定。水磨石地面分格的作用是将地面划分成面积较小的区格，减少开裂的可能，分格条形成的图案增加了地面的美观，同时也方便维修。

2. 块材地面

块材地面是利用各种人造的和天然的预制块材、板材镶铺在基层上面。

（1）铺砖地面

铺砖地面有烧结普通砖地面、水泥砖地面、预制混凝土块地面等。铺设方式有干铺和湿铺两种。干铺是在基层上铺一层20 ～ 40mm厚沙子，将砖块等直接铺设在沙上，板块之间用沙或砂浆填缝；湿铺是在基层上铺12 ～ 20mm厚1 ∶ 3水泥砂浆，用1 ∶ 1水泥砂浆灌缝。

（2）缸砖、地面砖及陶瓷马赛克地面

①缸砖是陶土加矿物颜料烧制而成的一种无釉砖块，主要有红棕色和深米黄色两种，缸砖质地细密坚硬，强度较高，耐磨、耐水、耐油、耐酸碱，易于清洁，不起灰，施工简单，因此广泛应用于卫生间、盥洗室、浴室、厨房、实验室及有腐蚀性液体的房间地面。

②地面砖的各项性能都优于缸砖，且色彩图案丰富，装饰效果好，造价也较高，多用于装修标准较高的建筑物地面。缸砖、地面砖构造做法：20mm厚1 ∶ 3水泥砂浆找平，3 ～ 4mm厚水泥胶（水泥 ∶ 108胶 ∶ 水=1 ∶ 0.1 ∶ 0.2）粘贴缸砖，用素水泥浆擦缝。

③陶瓷马赛克质地坚硬，经久耐用，色泽多样，耐磨、防水、耐腐蚀、易清洁，适用于有水、有腐蚀的地面。做法类同缸砖，后用滚筒压平，使水泥胶挤入缝隙，用水洗去牛皮纸，用白水泥浆擦缝。

（3）天然石板地面

石板地面包括天然石地面和人造石地面。

常用的天然石板是指大理石板和花岗石板，由于它们质地坚硬，色泽丰富艳丽，属高档地面装饰材料，一般多用于高级宾馆、会堂，公共建筑的大厅、门厅等处。做法是在基层上刷素水泥浆一道后，30mm厚1 ：3干硬性水泥砂浆找平，再用5 ～ 10mm厚1 ：1水泥砂浆铺贴石板，缝中灌稀水泥浆擦缝。

（4）木地面

按构造方式有架空、实铺和粘贴三种。

①架空式木地板常用于底层地面，主要用于舞台、运动场等有弹性要求的地面。

②实铺木地面是将木地板直接钉在钢筋混凝土基层上的木搁栅上。木搁栅为50mm×60mm方木，中距为400mm，40mm×50mm横撑，中距为1000mm与木搁栅钉牢。为了防腐，可在基层上刷冷底子油和热沥青，搁栅及地板背面满涂防腐油或煤焦油。

③粘贴木地面的做法是先在钢筋混凝土基层上采用沥青砂浆找平，然后刷冷底子油一道、热沥青一道，用2mm厚沥青胶环氧树脂乳胶等随涂随铺贴20mm厚硬木长条地板。

3. 卷材地面

常用的塑料地毡为聚氯乙烯塑料地毡和聚氯乙烯石棉地板及地毯等。

①聚氯乙烯塑料地毡（又称地板胶），是软质卷材，可直接干铺在地面上。

②聚氯乙烯石棉地板是在聚氯乙烯树脂中掺入60% ～ 80%的石棉绒和碳酸钙填料。由于树脂少、填料多，所以质地较硬，常做成300mm×300mm的小块地板，用胶黏剂拼花对缝粘贴。

4. 涂料地面

涂料类地面耐磨性好，耐腐蚀，耐水防潮，整体性好，易清洁，不起灰，弥补了水泥砂浆和混凝土地面的缺陷，同时价格低廉，易于推广。

（三）地面细部构造

1. 踢脚线构造

踢脚线又称踢脚板，是对楼地面与墙面相交处的构造处理，它所用的材料一般与地面材料相同，与踢脚线地面一起施工。踢脚线的作用是保护墙脚，防止脏污或碰坏墙面，踢脚线的高度为100 ～ 150mm。所用材料有水泥砂浆、水磨石、木材、石材等。

2. 地面变形缝构造

地面变形缝包括楼板层与地坪层变形缝。对于一般民用建筑，楼板层、地坪层变形缝的位置和大小应与墙体及屋面变形缝一致。在构造上，面层变形缝宽度不应小于10mm，混凝土垫层的缝宽不小于20mm，楼板结构层的缝宽同墙体变形缝。缝内填塞有弹性的松软材料，如：沥青麻丝、上铺活动盖板或橡皮条等，以防灰尘下落；地面面层也可以用沥青胶嵌缝。

3. 防水构造

用水频繁的房间，如厕所、浴室等地面容易积水且易发生渗漏水现象，注意做好排水和防水。

（1）楼地面排水

楼地面排水的通常做法是将面层按需要设置1% ～ 1.5%的坡度，并配置地漏。为防止用水房间积水外溢，用水房间地面应比相邻房间或走道等地面低20 ～ 30mm，也可用门槛挡水。

（2）楼地面防水

现浇钢筋混凝土楼板是用水房间防水的常用做法。

当房间有较高的防水要求时，还须在现浇楼板上设置一道防水层，再做地面面层。常用材料有卷材、防水砂浆、防水涂料等。

（3）管道穿过楼板的防水构造

①对冷水管道的做法：将管道穿过的楼板孔洞用C20干硬性细石混凝土填实，再用涂料或卷材做密封处理。

②当热力管道穿过楼板时，须增设防止温度变化引起混凝土开裂的热力套管，保证热力管自由伸缩，套管应高出楼地面面层30mm。

第二节 楼梯构造

一、楼梯的组成、类型、设计要求及尺度

（一）楼梯的组成

楼梯一般由楼梯段、平台及栏杆（或栏板）三部分组成。

1. 楼梯段

楼梯段又称楼梯跑，是楼梯的主要使用和承重部分。它由若干个踏步组成。为减少人们上下楼梯时的疲劳和适应人行的习惯，一个楼梯段的踏步数要求最多18级、最

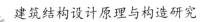

少3级。

2. 平台

平台是指两楼梯段之间的水平板，有楼层平台和中间平台之分。中间平台的主要作用在于缓解疲劳，让人们在连续上楼时可在平台上稍加休息，故又称休息平台。同时，平台还是楼梯段之间转换方向的连接处。

3. 栏杆（或栏板）扶手

为了保障在楼梯上行走的安全，在楼梯和平台的临空边缘应设栏杆（或栏板）和扶手。一般设置在梯段的边缘和平台临空的一边，要求它必须坚固可靠，并保证有足够的安全高度。

（二）楼梯的类型

按位置不同分，楼梯有室内与室外两种；按使用性质分，室内有主要楼梯、辅助楼梯，室外有安全楼梯、防火楼梯；按材料分有木楼梯、钢筋混凝土楼梯、钢楼梯、混合式及金属楼梯等；按楼梯的平面形式不同，可分为如下几种：

1. 直行单跑楼梯

直行单跑楼梯无中间平台，由于单跑梯段踏步数一般不超过18级，故仅用于层高不大的建筑。

2. 直行多跑楼梯

直行多跑楼梯是直行单跑楼梯的延伸，仅增设了中间平台，将单梯段变为多梯段。一般为双跑梯段，适用于层高较大的建筑。

直行多跑楼梯给人以直接、顺畅的感觉，导向性强，在公共建筑中常用于人流较多的大厅。但是，由于其缺乏方位上回转上升的连续性，当用于须上多层楼面的建筑，会增加交通面积并加长人流行走距离。

3. 平行双跑楼梯

平行双跑楼梯由于上完一层楼刚好回到原起步方位，与楼梯上升的空间回转往复性吻合，比直跑楼梯节约面积并缩短人流行走距离，是最常用的楼梯形式之一。

4. 平行双分双合楼梯

平行双分双合楼梯可分为平行双分楼梯和平行双合楼梯两种形式。

①平行双分楼梯，此种楼梯形式是在平行双跑楼梯基础上演变产生的。其梯段平行而行走方向相反，且第一跑在中部上行，然后其中间平台处往两边以第一跑的二分之一梯段宽，各上一跑到楼层面。通常在人流多、梯段宽度较大时采用。由于其造型的对称严谨性，常用作办公类建筑的主要楼梯。

②平行双合楼梯，此种楼梯与平行双分楼梯类似，区别仅在于楼层平台起步第一跑梯段前者在中而后者在两边。

5. 折行多跑楼梯

折行多跑楼梯可分为折行双跑楼梯、折行三跑楼梯、折行四跑楼梯等形式。

①折行双跑楼梯。此种楼梯人流导向较自由，折角可变，可为90°，也可大于或小于90°；当折角＞90°时，由于其行进方向性类似直行双跑楼梯，故常用于仅上一层楼的影剧院、体育馆等建筑的门厅中；当折角＜90°时，其行进方向回转延续性有所改观，形成三角形楼梯间，可用于上多层楼的建筑中。

②折行三跑楼梯。此种楼梯中部形成较大梯井，在设有电梯的建筑中，可利用楼梯井作为电梯井的位置，但对视线有遮挡。由于有三跑梯段，常用于层高较大的公共建筑中。当楼梯井未作为电梯井时，因楼梯井较大，不安全，供少年儿童使用的建筑不能采用此种楼梯。

6. 剪刀楼梯

剪刀楼梯也可称为交叉跑楼梯，它可认为是由两个直单跑楼梯交叉并列布置而成，通行的人流量较大，且为上下楼层的人流提供了两个方向，对于空间开敞、楼层人流多方向进出有利，但仅适合层高小的建筑。

当层高较大时，可设置中间平台，中间平台为人流变换行走方向提供了条件，适用于层高较大且有楼层人流多向性选择要求的建筑，如：商场、多层食堂等。

7. 螺旋形楼梯

螺旋形楼梯通常是围绕一根单柱布置，平面呈圆形。其平台和踏步均为扇形平面，踏步内侧宽度很小，并形成较大的坡度，行走时不安全，且构造较复杂。这种楼梯不能作为主要人流交通和疏散楼梯，但由于其流线型造型美观，常作为建筑小品布置在庭院或室内。

8. 弧形楼梯

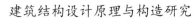

弧形楼梯与螺旋形楼梯的不同之处在于它围绕一较大的轴心空间旋转，未构成

水平投影圆，仅为一段弧环，并且曲率半径较大。其扇形踏步的内侧宽度也较大（>220mm），使坡度不至于过大，可以用来通行较多的人流。弧形楼梯也是折行楼梯的演变形式，当布置在公共建筑的门厅时，具有明显的导向性和优美轻盈的造型。但和施工难度较大，通常采用现浇钢筋混凝土结构。

（三）楼梯的设计要求

①楼梯作为竖向的承重构件，应满足安全的要求。在设计上要满足强度、刚度、稳定性的要求。

②作为主要楼梯，应与主要出入口邻近，且位置明显；同时，还应避免垂直交通与水平交通在交接处拥挤、堵塞。

③必须满足防火要求，楼梯间除允许直接对外开窗采光外，不得向室内任何房间开窗；楼梯间四周墙壁必须为防火墙；对防火要求高的建筑物特别是高层建筑，应设计成封闭式楼梯或防烟楼梯。

④楼梯间必须有良好的自然采光。

（四）楼梯的尺度

1. 楼梯段的宽度

楼梯段的宽度必须满足上下人流及搬运物品的需要。从确保安全的角度出发，楼梯段宽度是由通过该梯段的人流数确定的。梯段宽度按每股人流500～600mm宽度考虑，单人通行时为900mm，双人通行时为1000～1200mm，三人通行时为1500～1800mm，其余类推。同时，须满足各类建筑设计规范中对梯段宽度的限定，如：住宅≥1100mm、公建≥1300mm等。

2. 楼梯的坡度与踏步尺寸

楼梯的坡度是指楼梯段的坡度。楼梯的坡度可用楼梯斜面与水平面的夹角来表示，如：30°、45°等；也可用楼梯斜面的垂直投影高度与斜面的水平投影长度之比来表示，如：1∶12、1∶8等。楼梯常见坡度为20°～45°，其中30°左右较为通用。楼梯段的最大坡度不宜超过38°；当坡度小于20°时，采用坡道；大于45°时，则采用爬梯。

楼梯坡度实质上与楼梯踏步密切相关，踏步高与宽之比即可构成楼梯坡度。踏步高常以h表示，踏步宽常以b表示。在民用建筑中，楼梯踏步的最小宽度与最大高度的限制值见表6-1。

表 6-1　楼梯踏步最小宽度和最大高度（单位：mm）

楼梯类别	最小宽度 b	最大高度 h
住宅公用楼梯	250（260 ～ 300）	180（150 ～ 175）
幼儿园楼梯	260（260 ～ 280）	150（120 ～ 150）
医院、疗养院等楼梯	280（300 ～ 350）	160（120 ～ 150）
学校、办公楼等楼梯	260（280 ～ 340）	170（140 ～ 160）
剧院、会堂等楼梯	220（300 ～ 350）	200（120 ～ 150）

楼梯踏步尺寸经验公式：

h+b=450mm 或 2h+b=610 ～ 620mm；

其中，b=275 ～ 300mm，h=150 ～ 175mm。

踏步的高度，成人以150mm左右较适宜，不应高于175mm。踏步的宽度（水平投影宽度）以300mm左右为宜，不应窄于260mm。当踏步宽过宽时，将导致梯段水平投影面积的增加；而踏步宽过窄时，会使人流行走不安全。为了保证踏面宽有足够尺寸而又不增加总深度，在踏步宽一定的情况下提高行走舒适度，可以采取加做踏口（或凸缘）或将踢面倾斜的方式加宽踏面。常将踏步出挑20 ～ 40mm，使踏步实际宽度不大于其水平投影宽度。

3. 楼梯栏杆扶手的高度

楼梯栏杆扶手的高度，是指踏面前缘至扶手顶面的垂直距离。楼梯扶手的高度与楼梯的坡度、楼梯的使用要求有关，很陡的楼梯，扶手的高度矮些，坡度平缓时高度可稍大。在30° 左右的坡度下常采用900mm；儿童使用的楼梯一般为600mm。对一般室内楼梯≥900mm，靠梯井一侧水平栏杆长度＞500mm时，其高度≥1 000mm，室外楼梯栏杆高≥1050mm。

4. 楼梯平台的宽度

楼梯平台是楼梯段的连接，也供行人稍加休息之用。楼梯平台宽度分为中间平台宽度和楼层平台宽度。对于平行和折行多跑等类型楼梯，其转向后的中间平台宽度应不小于梯段宽度，以保证通行与梯段同股数人流。住宅共用楼梯平台应便于家具搬运，净宽应不小于梯段净宽且不得小于1.2m。医院建筑还应保证担架在平台处能转向通行，其中间平台宽度应＞1800mm。对于直行多跑楼梯，其中间平台宽度可等于梯段宽，或者＞1000mm。对于楼层平台宽度，则应比中间平台更宽松一些，以利人流分配和停留。

5. 梯井宽度

梯井是指梯段之间形成的空当，此空当从顶层到底层贯通。在平行多跑楼梯中，可无梯井，但为了梯段安装和平台转弯缓冲，可设梯井。为了安全，其宽度应小一些，以60～200mm为宜。

二、现浇钢筋混凝土楼梯

钢筋混凝土楼梯按施工方式可分为现浇式和预制装配式两类。现浇式钢筋混凝土楼梯是指楼梯段、楼梯平台等整体浇筑在一起的楼梯。它的优点是结构整体性好、刚度大、可塑性强，能适应各种楼梯间平面和楼梯形式；其缺点是需要现场支模，模板耗费较大，施工周期较长，且抽孔困难，不便做成空心构件，所以，混凝土用量和自重较大。按梯段的传力特点，有板式楼梯和梁板式楼梯之分。

（一）板式楼梯

板式楼梯是运用最广泛的楼梯形式，可用于单跑楼梯、双跑楼梯、三跑楼梯等。板式楼梯可现浇也可预制，但目前大部分采用现浇。板式楼梯的优点是下表面平整，施工支模方便；缺点是斜板较厚，当跨度较大时，材料用量较多。板式楼梯外观美观，多用于住宅、办公楼、教学楼等建筑，目前跨度较大的公共建筑也多采用。

板式楼梯是指将楼梯段作为一块整板，斜搁在楼梯的平台梁上，平台梁之间的距离便是这块板的跨度。板式楼梯是将楼梯作为一块板考虑，板的两端支承在休息平台的边梁上，休息平台支承在墙上。板式楼梯传力路线：楼梯板—平台梁—墙或柱。板长在3m以内时比较经济。

为了保证平台过道处的净空高度，可以在板式楼梯的局部位置取消平台梁，这种楼梯称为折板式楼梯或悬挑板式楼梯。

（二）梁板式楼梯

当梯段较宽或楼梯负载较大时，采用板式梯段往往不经济，须增加梯段斜梁（简称梯梁）以承受板的荷载，并将荷载传递给平台梁，这种梯段称为梁板式梯段。梁板式楼梯传力路线：楼梯板—梯梁—平台梁—墙或柱。

梁板式梯段在结构布置上有双梁布置和单梁布置之分。梯梁在板下部的称为正梁式梯段；将梯梁反向上面称为反梁式梯段。正梁式梯段，梯梁在踏步板之下，踏步板外露，又称为明步，形式较为明快，但在板下露出的梁的阴角容易积灰；反梁式梯段，梯梁在踏步板之上，形成反梁，踏步包在里面，又称为暗步。暗步楼梯段底面平整，洗刷楼梯时污水不致污染楼梯底面，但梯梁占去了一部分梯段宽度。

在梁板式结构中，单梁式楼梯是近年来公共建筑中采用较多的一种结构形式。这种楼梯的每个梯段由一根梯梁支承踏步。梯梁布置有两种方式：一种是单梁悬臂式楼梯；另一种是单梁挑板式楼梯。单梁楼梯受力复杂，梯梁不仅受弯，而且受扭。但这种楼梯外形轻巧、美观，常为建筑空间造型所采用。

单梁挑板式楼梯是将梯段斜梁布置在踏步的中间，让踏步从梁的两端挑出。

三、预制装配式钢筋混凝土楼梯

预制装配式钢筋混凝土楼梯根据构件尺度不同分为小型构件装配式楼梯、中型构件装配式楼梯和大型构件装配式楼梯三大类。

（一）小型构件装配式楼梯

小型构件装配式楼梯是把楼梯的组成部分划分为若干构件，每一构件体积小、质量轻、易于制作、便于运输和安装。但由于安装时件数较多，所以施工工序多，现场湿作业较多，施工速度较慢。其适用于施工过程中没有吊装设备或只有小型吊装设备的房屋。

1. 梯段

①预制踏步板。预制踏步板断面形式有一字形、正L形、倒L形、三角形等。

②梯斜梁。一般为矩形截面梯斜梁和锯齿形截面梯斜梁两种。矩形截面梯斜梁用于搁置三角形断面踏步板；锯齿形截面梯斜梁主要用于搁置一字形、L形、倒L形的踏步板。

2. 平台梁及平台板

①平台梁。为了便于支承梯斜梁，平衡梯段水平分力并减少平台梁所占结构空间，一般将平台梁做成L形断面。

②平台板。平台板可根据需要采用预制钢筋混凝土空心板、槽形板或平板。在平台上有管道井处，不宜布置空心板。平台板一般平行于平台梁布置，以利于加强楼梯间整体刚度。当垂直于平台梁布置时，常采用小平板。

3. 预制踏步的支承结构

预制踏步的支承有梁支承、墙支承和悬挑式三种形式。

①梁支承式楼梯。梁支承式楼梯是指预制踏步支承在梯斜梁上，形成梁式梯段，梯段支承在平台梁上。

②双墙支承式楼梯。双墙支承式楼梯是将预制L形或一字形踏步板的两端直接搁置在墙上，荷载传递给两侧的墙体，不需要设梯梁和平台梁，从而节约了钢材和混凝土。

③悬挑式楼梯。悬挑式楼梯是将踏步板的一端固定在楼梯间墙上，另一端悬挑，利

用悬挑的踏步支承全部荷载，并直接传递给墙体。

（二）中型构件装配式楼梯

中型构件装配式楼梯一般由楼梯段和带平台梁的平台板两个构件组成。按其结构形式不同分为板式梯段和梁式梯段两种。板式梯段为预制整体梯段板，两端搁在平台梁出挑的翼缘上，将梯段荷载直接传递给平台梁，有实心和空心两种；梁式梯段由踏步板和梯梁共同组成一个构件。

梯段的两端搁置在L形平台梁上，安装前应先在平台梁上坐浆，使构件间的接触面贴紧，受力均匀。预埋件焊接或将梯段预留孔套接在平台梁的预埋铁件上。孔内用水泥砂浆填实的方式，将梯段与平台梁连接在一起。

（三）大型构件装配式楼梯

大型构件装配式楼梯是把整个梯段和平台预制成一个构件。按结构形式不同分为板式楼梯和梁板式楼梯两种。其优点是构件数量少、装配化程度高、施工速度快；缺点是施工时需要大型的起重运输设备。

四、楼梯的细部构造

（一）踏步的踏面

楼梯踏步的踏面应光洁、耐磨、易于清扫。面层常采用水泥砂浆、水磨石等，也可采用铺缸砖、贴油地毡或铺大理石板。前两种多用于一般工业与民用建筑中，后几种多用于有特殊要求或较高级的公共建筑中。

为防止行人在上下楼梯时滑跌，特别是水磨石面层以及其他表面光滑的面层，常在踏步近踏口处，用不同于面层的材料做出略高于踏面的防滑条或者防滑槽；或用带有槽口的陶土块或金属板包住踏口。如果面层采用水泥砂浆抹面，由于表面粗糙，可不做防滑条。防滑槽的做法是做踏步面层时留两三道凹槽。防滑条材料可采用铁屑水泥、金刚砂、塑料条、橡胶条、金属条、马赛克等。采用耐磨防滑材料如缸砖、铸铁等做防滑包口，既防滑又起保护作用。

（二）栏杆、栏板与扶手

1. 栏杆

栏杆是布置在楼梯梯段和平台边缘处有一定安全保障度的围护构件。栏杆或栏板顶部供人们行走倚扶用的连续构件，称为扶手。栏杆、扶手在设计、施工时应考虑坚固、安全、适用、美观。栏杆多采用方钢、圆钢、钢管或扁钢等材料，并可焊接或铆接成各种图案，既起防护作用，又起装饰作用。

栏杆与踏步的连接方式有锚接、焊接和栓接三种。锚接是在踏步上预留孔洞，然后将钢条插入孔内，预留孔一般为50mm×50mm，插入洞内至少80mm，洞内浇筑水泥砂浆或细石混凝土嵌固；焊接则是在浇筑楼梯踏步时，在需要设置栏杆的部位，沿踏面预埋钢板或在踏步内埋套管，然后将钢条焊接在预埋钢板或套管上；栓接是指利用螺栓将栏杆固定在踏步上，方式可有多种。

2. 实体栏板

栏板是由实体材料构成的，多用钢筋混凝土、加筋砖砌体、有机玻璃、钢化玻璃等制作。

砖砌栏板，当栏板厚度为60mm（标准砖侧砌）时，外侧要用钢筋网加固，再用钢筋混凝土扶手与栏板连成整体。

钢筋混凝土栏板有预制和现浇两种。现浇钢筋混凝土楼梯栏板经支模、扎筋后，与梯梯段整浇。预制钢筋混凝土楼梯栏板则用预埋钢板焊接。

3. 组合式栏板

组合式栏板是将空花栏杆与实体栏板组合而成的一种栏杆形式。空花部分多用金属材料制成，栏板部分可用砖砌栏板、有机玻璃、钢化玻璃等，两者共同组成组合式栏杆。

4. 扶手

楼梯扶手按材料分为木扶手、金属扶手、塑料扶手等；按构造分为镂空栏杆扶手、栏板扶手和靠墙扶手等。

木扶手、塑料扶手用木螺钉通过扁铁与镂空栏杆连接；金属扶手通过焊接或螺钉连接；靠墙扶手则由预埋铁脚的扁钢用木螺钉来固定。栏板上的扶手多采用抹水泥砂浆或水磨石粉面的处理方式。

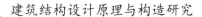

第七章 墙体与门窗构造

第一节 墙体构造

一、墙体的类型及设计要求

（一）墙体的类型

1. 按墙体所在位置分类

按在平面上所处的位置不同，墙体可分为外墙和内墙；按布置方向又可分为纵墙和横墙。沿建筑物长轴方向布置的墙称为纵墙；沿建筑物短轴方向布置的墙称为横墙；外横墙又称为山墙。对一片墙来说，窗与窗之间和窗与门之间的墙称为窗间墙；窗台下面的墙称为窗下墙；屋顶上部的墙称为女儿墙。

2. 按墙体受力状况分类

在混合结构建筑中，墙体按受力方式不同分为承重墙和非承重墙两种。非承重墙又可分为两种：一种是自承重墙，不承受外来荷载，仅承受自身重量并将其传至基础；另一种是隔墙，起分隔房间的作用，不承受外来荷载，并把自身重量传递给梁或楼板。框架结构中的墙称为框架填充墙。

3. 按墙体构造和施工方法分类

①按构造方式，墙体可以分为实体墙、空体墙和组合墙三种。实体墙由单一材料组成，如：砖墙、砌块墙等；空体墙也是由单一材料组成，可由单一材料砌成内部空腔，也可用具有孔洞的材料建造墙，如：空斗砖墙、空心砌块墙等；组合墙由两种以上的材料组合而成，如：混凝土、加气混凝土复合板材墙，其中混凝土起承重作用，加气混凝土起保温、隔热作用。

②按施工方法，墙体可以分为块材墙、版筑墙及板材墙三种。块材墙是用砂浆等胶结材料将砖石块材等组砌而成，如：砖墙、石墙及各种砌块墙等；版筑墙是在现场立模板，现浇而成的墙体，如：现浇混凝土墙等；板材墙是预先制成墙板，施工时安装而成的墙，如：预制混凝土大板墙、各种轻质条板内隔墙等。

（二）墙体的设计要求

1. 结构要求

对以墙体承重为主的结构，常要求各层的承重墙上、下必须对齐，各层的门、窗洞孔也以上、下对齐为佳。另外，还需要考虑以下两个方面的要求：

（1）合理选择墙体结构布置方案

大量民用建筑一般为多层砖混结构类型，即由墙体承受屋顶和楼板的荷载，并连同自重一起将垂直荷载传递至基础和地基。在地震区，墙体还可能受到水平地震作用的影响。因此，在墙体的设计中应满足相应的结构要求。墙体结构布置方案有以下几种：

①横墙承重：凡以横墙承重的称为横墙承重方案或横向结构系统。这时，楼板、屋顶上的荷载均由横墙承受，纵向墙只起纵向稳定和拉结的作用。它的主要特点是横墙间距密，加上纵墙的拉结，使建筑物的整体性好、横向刚度大，对抵抗地震作用等水平荷载有利。但横墙承重方案的开间尺寸不够灵活，适用于房间开间尺寸不大的宿舍、住宅及病房楼等小开间建筑。

②纵墙承重：凡以纵墙承重的称为纵墙承重方案或纵向结构系统。这时，楼板、屋顶上的荷载均由纵墙承受，横墙只起分隔空间的作用，有的起横向稳定作用。纵墙承重可使房间开间的划分灵活，多适用于需要较大开间的办公楼、商店、教学楼等公共建筑。

③纵横墙承重（双向承重）：凡由纵向墙和横向墙共同承受楼板、屋顶荷载的结构布置称为纵横墙（混合）承重方案。该方案房间布置较灵活，建筑物的刚度也较好。混合承重方案多用于开间、进深尺寸较大且房间类型较多的建筑和平面复杂的建筑中，前者如教学楼、住宅等建筑。

④部分框架承重：在结构设计中，有时采用墙体和钢筋混凝土梁、柱组成的框架共同承受楼板和屋顶的荷载，这时，梁的一端支承在柱上，而另一端则搁置在墙上，这种结构布置称为部分框架结构或内部框架承重方案。它较适合于室内需要较大使用空间的建筑，如商场等。

（2）具有足够的强度和稳定性

强度是指墙体承受荷载的能力，它与所采用的材料以及同一材料的强度等级有关。作为承重墙的墙体，必须具有足够的强度，以确保结构的安全。

墙体的稳定性与墙的高度、长度和厚度有关。高而薄的墙稳定性差，矮而厚的墙稳定性好；长而薄的墙稳定性差，短而厚的墙稳定性好。

2. 热工要求

我国幅员辽阔，气候差异大。墙体作为围护构件应具有保温、隔热等功能要求。

（1）墙体的保温要求

采暖建筑的外墙应有足够的保温能力，寒冷地区冬季室内温度高于室外，热量从高温传至低温。为了减少热损失，须提高构件的热阻，通常采取以下措施：

①增加墙体的厚度。墙体的热阻与其厚度成正比，欲提高墙身的热阻，可增加其厚度。

②选择导热系数小的墙体材料。要增加墙体的热阻，常选用导热系数小的保温材料，如：泡沫混凝土、加气混凝土、陶粒混凝土、膨胀珍珠岩、膨胀蛭石、浮石及浮石混凝土、泡沫塑料、矿棉及玻璃棉等。其保温构造有单一材料的保温结构和复合保温结构之分。

③采取隔蒸汽措施。为防止墙体产生内部凝结，常在墙体的保温层靠高温一侧，即蒸汽渗入的一侧，设置一道隔蒸汽层。隔蒸汽层一般采用沥青、卷材、隔汽涂料以及铝箔等防潮、防水材料。

（2）墙体的隔热要求

炎热地区夏季太阳辐射强烈，室外热量通过外墙传入室内，使室内温度升高，产生过热现象，影响人们的工作与生活，甚至损害人的健康。外墙应具有足够的隔热能力，可以选用热阻大、重量大的材料做外墙，也可以选用光滑、平整、浅色的材料，以增强对太阳光的反射能力。常用的隔热措施如下：

①外墙采用浅色而平滑的外饰面，如：白色外墙涂料、玻璃马赛克、浅色墙地砖、金属外墙板等，以反射太阳光，减少墙体对太阳辐射的吸收；

②在外墙内部设通风间层，利用空气的流动带走热量，降低外墙内表面温度；

③在窗口外侧设置遮阳设施，以遮挡太阳光直射室内；

④在外墙外表面种植攀缘植物使之遮盖整个外墙，吸收太阳辐射热，从而起到隔热作用。

3. 建筑节能要求

为贯彻国家的节能政策，改善严寒和寒冷地区居住建筑采暖能耗大、热工效率差的状况，必须通过建筑设计和构造措施来节约能耗。

4. 隔声要求

为保证建筑的室内使用要求，不同类型的建筑具有相应的噪声控制标准。墙体主要隔离由空气直接传播的噪声，空气声在墙体中的传播途径有两种：一是通过墙体的缝隙和微孔传播；二是在声波作用下墙体受到振动，声音透过墙体而传播。建筑内部的噪声，如：说话声、家用电器声等，室外噪声如：汽车声、喧闹声等，从各个构件传入室内。控制噪声，对墙体一般采取以下措施：

①加强墙体缝隙的填密处理；

②增加墙厚和墙体的密实性；

③采用有空气间层式多孔性材料的夹层墙；

④尽量利用垂直绿化降噪声。

5. 其他方面的要求

①防火要求：选择燃烧性能和耐火极限符合《建筑防火设计规范》（GB 50016—2014）规定的材料。在较大的建筑中应设置防火墙，将建筑分成若干区段，以防止火灾蔓延。根据防火规范，一级、二级耐火等级的建筑，防火墙最大间距为150m，三级为100m，四级为60m。

②防水防潮要求：在卫生间、厨房、实验室等有水的房间及地下室的墙体应采取防水、防潮措施。选择良好的防水材料以及恰当的构造做法，保证墙体的坚固耐久性，使室内有良好的卫生环境。

③建筑工业化要求：在大量民用建筑中，墙体工程量占着相当大的比重。同时劳动力消耗大，施工工期长。因此，建筑工业化的关键是墙体改革，必须改变手工生产及操作，提高机械化施工程度，提高工效、降低劳动强度，并应采用轻质高强的墙体材料，以减轻自重、降低成本。

二、砖墙构造

（一）砖墙材料

砖墙是用砂浆将一块块砖按一定技术要求砌筑而成的砌体，其材料是砖和砂浆。

1. 砖

砖按材料不同，有烧结普通砖、页岩砖、粉煤灰砖、灰砂砖、炉渣砖等；按形状分为实心砖、多孔砖和空心砖等。其中常用的是烧结普通砖。

烧结普通砖以黏土为主要原料，经成型、干燥焙烧而成。其有红砖和青砖之分。青砖比红砖强度高、耐久性好。

我国标准砖的规格为240mm×115mm×53mm，即砖长：宽：厚=4 ：2 ：1（包括10mm

宽灰缝），标准砖砌筑墙体是以砖宽度的倍数，即115+10=125（mm）为模数。这与我国现行《建筑模数协调标准》（GB/T 50002—2013）中的基本模数M=100mm不协调，因此在使用中，须注意标准砖的这一特征。

砖的强度以强度等级表示，分别为MU30、MU25、M20、MU15、MU10五个级别。如：MU30表示砖的极限抗压强度平均值为30MPa，即每平方毫米可承受30N的压力。

2. 砂浆

砂浆是砌块的胶结材料。常用的砂浆有水泥砂浆、石灰砂浆、混合砂浆和黏土砂浆。

①水泥砂浆由水泥、砂加水拌和而成，属于水硬性材料，强度高，但可塑性和保水性较差，适宜砌筑湿环境下的砌体，如：地下室、砖基础等。

②石灰砂浆由石灰膏、砂加水拌和而成。由于石灰膏为塑性掺和料，所以石灰砂浆的可塑性很好，但它的强度较低，且属于气硬性材料，遇水强度即降低，所以适宜砌筑次要的民用建筑的地上砌体。

③混合砂浆由水泥、石灰膏、砂加水拌和而成。既有较高的强度，也有良好的可塑性和保水性，故民用建筑地上砌体中被广泛采用。

④黏土砂浆是由黏土、砂加水拌和而成，强度很低，仅适用于土坯墙的砌筑，多用于乡村民居。它们的配合比取决于结构要求的强度。

砂浆强度等级有M15、M10、M7.5、M5、M2.5、M1、M0.4共七个级别。

（二）砖墙的组砌方式

组砌是指砌块在砌体中的排列。组砌的关键是错缝搭接，使上下皮砖的垂直缝交错，保证砖墙的整体性。如果墙体表面或内部的垂直缝处于一条线上，即形成通缝，在荷载作用下，通缝会使墙体的强度和稳定性显著降低。当墙面不抹灰做清水时，组砌还应考虑墙面图案的美观。

在砖墙的组砌中，把砖的长方向垂直于墙面砌筑的砖叫作丁砖；把砖的长方向平行于墙面砌筑的砖叫作顺砖。上下皮之间的水平灰缝称为横缝；左右两块砖之间的垂直缝称为竖缝。要求丁砖和顺砖交替砌筑，灰浆饱满，横平竖直。

常用的错缝方法是将丁砖和顺砖上下皮交错砌筑。每排列一层砖称为一皮。常见的砖墙组砌方式有全顺式（120墙）、一顺一丁式、三顺一丁式或多顺一丁式、每皮丁顺相间式（也称十字式或梅花丁）（240墙）、两平一侧式（180墙）等。

（三）砖墙的尺度

砖墙的尺度是指厚度和墙段两个方向的尺寸。除应满足结构和功能设计要求外，砖墙的尺度还必须符合砖的规格。以标准砖为例，根据砖块尺寸和数量，再加上灰缝，即可组成不同的墙厚和墙段。

1. 墙厚

标准砖的规格为240mm×115mm×53mm，用砖块的长、宽、高作为砖墙厚度的基数，在错缝或墙厚超过砖块时，均按灰缝10mm进行组砌。从尺寸上可以看出，它以砖厚加灰缝、砖宽加灰缝后与砖长形成1 ∶ 2 ∶ 4的比例为其基本特征，组砌灵活。

2. 砖墙洞口与墙段尺寸

①洞口尺寸。砖墙洞口主要是指门窗洞口，其尺寸应按模数协调统一标准制定，这样可减少门窗规格，有利于工业化生产。国家及各地区的门窗通用图集都是按照扩大模数3M的倍数，因此，一般门窗洞口宽、高的尺寸采用300mm的整倍数，但是在1000mm以内的小洞口可采用基本模数100mm的整倍数。

②墙段尺寸。墙段尺寸是指窗间墙、转角墙等部位墙体的长度。墙段由砖块和灰缝组成。烧结普通砖最小单位为115mm砖宽加上10mm灰缝，共计125mm，并以此为砖的组合模数。按此砖模数的墙段尺寸有240mm、370mm、490mm、620mm、740mm、870mm、990mm、1120mm、1240mm等数列。

砖模和模数协调统一标准是不相协调的，民用建筑的开间、进深、门窗都是按扩大模数300mm的倍数，墙段是以砖模125mm为基础，这样在同一栋房屋中采用两种模数，必然给设计和施工造成困难。解决这一矛盾的办法是调整灰缝大小。由于施工规范允许竖缝宽度为8 ～ 12mm，使墙段有少许的调整余地。但是，墙段短时，灰缝数量少，调整范围小。例如，240mm墙段无调整余地，490mm、620mm、740mm、870mm墙段调整范围在10mm以内。墙段长时，调整幅度大些。通常墙段超过1.5m时，可不用考虑砖的模数。

（四）墙体细部构造

为了保证砖墙的耐久性和墙体与其他构件的连接，应在相应的位置进行构造处理。砖墙的细部构造包括门窗过梁、窗台、勒脚、散水、明沟、变形缝、圈梁、构造柱等。

1. 门窗过梁

过梁的形式有砖拱过梁、钢筋砖过梁和钢筋混凝土过梁三种。

①砖拱过梁。砖拱过梁分为平拱和弧拱。由竖砌的砖做拱券，一般将砂浆灰缝做成上宽下窄，上宽不大于20mm，下宽不小于5mm。砖不低于MU7.5，砂浆不能低于M2.5，砖砌平拱过梁净跨宜小于1.2m，不应超过1.8m，中部起拱高约为1/50L。

②钢筋砖过梁。钢筋砖过梁用砖不低于MU7.5，砌筑砂浆不低于M2.5。一般在洞口上方先支木模，砖平砌，下设3～4根φ6钢筋（要求伸入两端墙内不少于240mm），梁高砌5～7皮砖或≥1/4门窗洞口宽度。钢筋砖过梁净跨宜为1.5～2m。

③钢筋混凝土过梁。钢筋混凝土过梁有现浇和预制两种，梁高及配筋由计算确定。为了施工方便，梁高应与砖的皮数相适应，以方便墙体连续砌筑，故常见梁高为60mm、120mm、180mm、240mm，即60mm的整倍数。梁宽一般同墙厚，梁两端支承在墙上的长度不少于240mm，以保证有足够的承压面积。

过梁断面形式有矩形和L形。为简化构造，节约材料，可将过梁与圈梁、悬挑雨篷、窗楣板或遮阳板等结合起来设计。如在南方炎热的多雨地区，常从过梁上挑出300～500mm宽的窗楣板，既保护窗户不淋雨，又可遮挡部分直射太阳光。

2. 窗台

窗台构造做法分为外窗台和内窗台两个部分。

外窗台应设置排水构造，其目的是防止雨水积聚在窗下、侵入墙身和向室内渗透。因此，外窗台应有不透水的面层，并向外形成2%左右的坡度，以利于排水。外窗台有悬挑窗台和不悬挑窗台两种。悬挑窗台常采用丁砌一皮砖出挑60mm，或将一砖侧砌并出挑60mm，也可采用钢筋混凝土窗台。悬挑窗台底部边缘处抹灰时应做宽度和深度均不小于10mm的滴水线或滴水。

3. 墙脚

底层室内地面以下、基础以上的墙体常称为墙脚。墙脚包括勒脚、墙身防潮层、散水和明沟等。

（1）勒脚

勒脚是外墙墙身接近室外地面的部分，为防止雨水上溅墙身和机械力等的影响，所以要求勒脚坚固、耐久和防潮。一般采用以下几种构造做法：

①抹灰：可采用20mm厚1∶3水泥砂浆抹面，1∶2水泥白石子浆水刷石或斩假石抹面。此法多用于一般建筑。

②贴面：可采用天然石材或人工石材，如：花岗石、水磨石板等。其耐久性、装饰效果好，用于高标准建筑。

③勒脚采用石材，如条石等。

（2）墙身防潮层

在墙身中设置防潮层的目的是防止土壤中的水分沿基础墙上升，使位于勒脚处的地面水渗入墙内，而导致墙身受潮。因此，必须在内、外墙脚部位连续设置防潮层。构造形式上有水平防潮层和垂直防潮层。

①防潮层的位置。水平防潮层一般应在室内地面不透水垫层（如混凝土）范围以内，通常在-0.060m标高处设置，而且至少要高于室外地坪150mm，以防雨水溅湿墙身。当地面垫层为透水材料（如：碎石、炉渣等）时，水平防潮层的位置应平齐或高于室内地面60mm，即在+0.060m处。当两相邻房间之间室内地面有高差时，应在墙身内设置高低两道水平防潮层，并在靠土壤一侧设置垂直防潮层，以避免回填土中的潮气侵入墙身。

②墙身水平防潮层的构造做法常用的有以下三种：

a. 防水砂浆防潮层，采用1 ：2水泥砂浆加水泥用量3% ～ 5%的防水剂，厚度为20 ～ 25mm，或用防水砂浆砌三皮砖做防潮层。此种做法构造简单，但砂浆开裂或不饱满时影响防潮效果。

b. 细石混凝土防潮层，采用60mm厚的细石混凝土带，内配三根 ϕ6钢筋，其防潮性能好。

c. 卷材防潮层，先抹20mm厚水泥砂浆找平层，上铺防水卷材，此种做法防水效果好，但有卷材隔离，削弱了砖墙的整体性，不应在刚度要求高或地震区采用。

如果墙脚采用不透水的材料（如：条石或混凝土等），或设有钢筋混凝土地圈梁时，可以不设防潮层。

③垂直防潮层的做法。在须设垂直防潮层的墙面（靠回填土一侧）先用水泥砂浆抹面，刷上冷底子油一道，再刷热沥青两道；也可以采用掺有防水剂的砂浆抹面的做法。

（3）散水和明沟

房屋四周可采取散水或明沟排除雨水。当屋面为有组织排水时一般设明沟或暗沟，也可设散水。

明沟的构造做法可用砖砌、石砌、混凝土现浇，沟底应做纵坡，坡度为0.5% ～ 1%，宽度为220 ～ 350mm。

散水是沿建筑物外墙设置的倾斜坡面，坡度一般为3% ～ 5%。散水又称散水坡或护坡。散水可用水泥砂浆、混凝土、砖、块石等材料做面层，其宽度一般为600 ～ 1000mm。当屋面为自由落水时，散水宽度应比屋檐挑出宽度大150 ～ 200mm。由于建筑物的沉降和勒脚与散水施工时间的差异，在勒脚与散水交接处应留有缝隙，缝内填粗砂或碎石子，上嵌沥青胶盖缝，以防渗水。散水整体面层纵向距离每隔6 ～ 12m做一道伸缩缝，缝内处理与勒脚和散水相交处构造相同。

4. 变形缝

由于温度变化、地基不均匀沉降和地震因素的影响，使建筑物发生裂缝或破坏。故在设计时事先将房屋划分成若干个独立的部分，使各部分能自由地变化，这种将建筑物垂直分开的预留缝称为变形缝。墙体结构通过变形缝的设置分为各自独立的区段。变形缝包括温度伸缩缝、沉降缝和防震缝三种。

（五）墙身的加固

1. 壁柱和门垛

当墙体的窗间墙上出现集中荷载，而墙厚又不足以承担其荷载；或当墙体的长度和高度超过一定限度并影响到墙体稳定性时，常在墙身局部适当位置增设凸出墙面的壁柱以提高墙体刚度。壁柱凸出墙面的尺寸一般为120mm×370mm、240mm×370mm、240mm×490mm或根据结构计算确定。

当在较薄的墙体上开设门洞时，为便于门框的安置和保证墙体的稳定，须在门靠墙转角处或丁字接头墙体的一边设置门垛，门垛凸出墙面不少于120mm，宽度同墙厚。

2. 圈梁

①圈梁的设置要求。圈梁是沿外墙四周及部分内墙设置在楼板处的连续闭合的梁，可提高建筑物的空间刚度及整体性，增加墙体的稳定性，减少由于地基不均匀沉降而引起的墙身开裂。对于抗震设防地区，利用圈梁加固墙身更加必要。

圈梁的截面尺寸不小于120mm×240mm，圈梁一般设在房屋四周外墙及部分内墙中，并处于同一水平高度，像箍一样把墙箍住。圈梁设置的数量和位置是：一般8m以下房屋可只设一道，或按多层民用建筑三层以下设一道圈梁考虑。随着高度的增加，每隔1～2层加设一道，但屋盖处必须设置，楼板处隔层设置，当地基不好时在基础顶面也应设置。圈梁主要沿纵墙设置，内横墙每隔10～15m设置一道。当抗震设防要求不同时，圈梁的设置要求相应有所不同。每层圈梁必须封闭交圈，若遇标高不同的洞口，应上下搭接。

②圈梁的构造。圈梁有钢筋砖圈梁和钢筋混凝土圈梁两种。钢筋砖圈梁多用于非抗震区，结合钢筋砖过梁沿外墙形成。钢筋混凝土圈梁的宽度同墙厚且不小于180mm，高度一般不小于120mm。钢筋混凝土圈梁在墙身上的位置，外墙圈梁顶一般与楼板持平，铺预制楼板的内承重墙的圈梁一般设在楼板之下。

圈梁最好与门窗过梁合一，在特殊情况下当圈梁被门窗洞口截断时，应在洞口上部增设相同截面的附加圈梁，附加圈梁与圈梁的搭接长度不应小于其垂直间距的2倍，且不得小于1.0m，其配筋和混凝土强度等级均不变。但对有抗震要求的建筑物，圈梁不宜被洞口截断。

3. 构造柱

钢筋混凝土构造柱是从抗震角度考虑设置的，一般设在外墙转角、内外墙交接处、较大洞口两侧及楼梯、电梯间四角。由于房屋的层数和地震烈度不同，构造柱的设置要求也有所不同。构造柱必须与圈梁紧密连接形成空间骨架，以增强房屋的整体刚度，提高墙体抵抗变形的能力，并使砖墙在受震开裂后也能“裂而不倒”。

构造柱的最小截面尺寸为240mm×180mm，构造柱的最小配筋量是：纵向钢筋4φ12，箍筋φ6，间距不大于250mm。构造柱下端应伸入地梁内，无地梁时应伸入底层地坪下500mm处。为加强构造柱与墙体的连接，构造柱处墙体宜砌成马牙槎，并应沿墙高每隔500mm设2φ6拉结钢筋，每边伸入墙内不少于1.0m，施工时应先放置构造柱钢筋骨架，后砌墙，随着墙体的升高而逐段浇筑混凝土构造柱。由于女儿墙的上部是自由端且位于建筑的顶部，在地震时易受破坏。一般情况下，构造柱应当通至女儿墙顶部，并与钢筋混凝土压顶相连，而且女儿墙内的构造柱间距应当加密。

三、隔墙构造

隔墙是分隔建筑物内部空间的非承重构件，本身重量由楼板或梁来承担。设计要求隔墙自重轻、厚度小，有隔声和防火性能，便于拆卸，浴室、厕所的隔墙能防潮、防水。常用隔墙有块材隔墙、轻骨架隔墙和板材隔墙三大类。

（一）块材隔墙

块材隔墙是用烧结普通砖、空心砖、加气混凝土等块材砌筑而成，常采用普通砖隔墙和砌块隔墙两种。

1. 普通砖隔墙

普通砖隔墙一般采用1/2砖（120mm）隔墙。1/2砖墙用烧结普通砖采用全顺式砌筑而成，砌筑砂浆强度等级不低于M5，砌筑较大面积墙体时，长度超过6m应设砖壁柱，高度超过5m时应在门过梁处设通长钢筋混凝土带。

为了保证砖隔墙不承重，在砖墙砌到楼板底或梁底时，将立砖斜砌一皮，或将空隙塞木楔打紧，然后用砂浆填缝。8度和9度时长度大于5.1m的后砌非承重砌体隔墙的墙顶，应与楼板或梁拉接。

2. 砌块隔墙

为减轻隔墙自重，可采用轻质砌块，墙厚一般为90～120mm。加固措施同1/2砖隔墙的做法。砌块不够整块时宜用烧结普通砖填补。因砌块孔隙率大、吸水量大，故在砌筑时先在墙下部实砌3～5皮烧结实心砖再砌砌块。

（二）轻骨架隔墙

轻骨架隔墙由骨架和面板层两部分组成。骨架有木骨架和金属骨架之分；面板有板条抹灰、钢丝网板条抹灰、胶合板、纤维板、石膏板等。由于先立墙筋（骨架），再做面层，故又称为立筋式隔墙。

1. 板条抹灰隔墙

板条抹灰隔墙是由上槛、下槛、墙筋、斜撑或横档组成木骨架，其上钉以板条再抹灰而成。

2. 立筋面板隔墙

立筋面板隔墙是指面板用人造胶合板、纤维板或其他轻质薄板，骨架为木质或金属组合而成。

①骨架。金属骨架一般采用薄型钢板、铝合金薄板或拉眼钢板网加工而成，并保证板与板的接缝在墙筋和横档上。

采用金属骨架时，可先钻孔，用螺栓固定，或采用膨胀钉将板材固定在墙筋上。立筋面板隔墙为干作业，自重轻，可直接支撑在楼板上，施工方便，灵活多变，故得到广泛应用，但隔声效果较差。

②饰面层。常用类型有胶合板、硬质纤维板、石膏板等。

（三）板材隔墙

板材隔墙是指单块轻质板材的高度相当于房间净高的隔墙，它不依赖骨架，可直接装配而成，目前多采用条板，如：碳化石灰板、加气混凝土条板、多孔石膏条板、纸蜂窝板、水泥刨花板、复合板等。

第二节 门窗构造

一、门窗的作用、形式与尺度

（一）门窗的作用

门在房屋建筑中的作用主要是交通联系，并兼采光和通风；窗的作用主要是采光、通风及眺望。在不同情况下，门和窗还有分隔、保温、隔声、防火、防辐射、防风沙等要求。

门窗在建筑立面构图中的影响也较大，它们的尺度、比例、形状、组合、透光材料的类型等，都影响着建筑的艺术效果。

（二）门的形式与尺度

1. 门的形式

门按其开启方式通常有平开门、弹簧门、推拉门、折叠门、转门、上翻门、升降门、卷帘门等。

2. 门的尺度

门的尺度通常是指门洞的高宽尺寸。门作为交通疏散通道，其尺度取决于人的通行要求、家具器械的搬运及与建筑物的比例关系等，并应符合现行《建筑模数协调标准》（GB/T 50002—2013）的规定。

①门的高度不宜小于2100mm。如门设有亮子时，亮子高度一般为300～600mm，则门洞高度为2400～3000mm。公共建筑大门高度可视需要适当提高。

②门的宽度：单扇门为700～1000mm，双扇门为1200～1800mm。宽度在2100mm以上时，则做成三扇门、四扇门或双扇带固定扇的门，因为门扇过宽易产生翘曲变形，同时也不利于开启。辅助房间（如：浴厕、储藏室等）门的宽度可窄一些，一般为700～800mm。

（三）窗的形式与尺度

1. 窗的形式

窗的形式一般按开启方式定，而窗的开启方式主要取决于窗扇铰链安装的位置和转动方式。

①固定窗。无窗扇、不能开启的窗为固定窗。固定窗的玻璃直接嵌固在窗框上，可供采光和眺望之用。

②平开窗。平开窗的铰链安装在窗扇一侧与窗框相连，向外或向内水平开启。有单扇、双扇、多扇及向内开与向外开之分。其构造简单，开启灵活，制作与维修均方便，是民用建筑中采用最广泛的窗。

③悬窗。悬窗因铰链和转轴的位置不同，可分为上悬窗、中悬窗和下悬窗。

④立转窗。立转窗引导风进入室内效果较好，防雨及密封性较差，多用于单层厂房

的低侧窗。因密闭性较差，不宜用于寒冷和多风沙的地区。

⑤推拉窗。推拉窗分为垂直推拉窗和水平推拉窗两种。它们不多占使用空间，窗扇受力状态较好，适宜安装较大玻璃，但通风面积受到限制。

⑥百叶窗。百叶窗主要用于遮阳、防雨及通风，但采光差。百叶窗可用金属、木材、钢筋混凝土等制作，有固定式和活动式两种。

2. 窗的尺度

窗的尺度主要取决于房间的采光、通风、构造做法和建筑造型等要求，并应符合现行《建筑模数协调标准》（GB/T 50002—2013）的规定。为使窗坚固耐久，一般平开木窗的窗扇高度为800 ～ 1200mm，宽度不宜大于500mm；上、下悬窗的窗扇高度为300 ～ 600mm；中悬窗的窗扇高度不宜大于1200mm，宽度不宜大于1000mm；推拉窗的高宽均不宜大于1500mm。对一般民用建筑用窗，各地均有通用图，各类窗的高度与宽度尺寸通常采用扩大模数3M数列作为洞口的标志尺寸，需要时只要按所需类型及尺度大小直接选用即可。

二、木门窗构造

（一）平开门的构造

1. 平开门的组成

门一般由门框、门扇、亮子、五金零件及其附件组成。门扇按其构造方式不同，有镶板门、夹板门、拼板门、玻璃门和纱门等类型。亮子又称腰头窗，在门上方，为辅助采光和通风之用，有平开、固定及上、中、下悬几种。门框是门扇、亮子与墙的联系构件。五金零件一般有铰链、插销、门锁、拉手、门碰头等。附件有贴脸板、筒子板等。

2. 门框

门框一般由两根竖直的边框和上框组成。当门带有亮子时，还有中横框，多扇门则还有中竖框。

①门框断面。门框的断面形式与门的类型、层数有关，同时应利于门的安装，并应具有一定的密闭性。

②门框安装。门框的安装根据施工方式，分为后塞口和先立口两种。

③门框在墙中的位置。门框在墙中的位置，可在墙的中间或与墙的一边平。一般多与开启方向一侧平齐，尽可能使门扇开启时贴近墙面。

3. 门扇

常用的木门门扇有镶板门（包括玻璃门、纱门）、夹板门和拼板门等。

①镶板门。镶板门是广泛使用的一种门，门扇由边梃、上冒头、中冒头（可做数根）和下冒头组成骨架，内装门芯板而构成。构造简单，加工制作方便，适用于一般民用建筑做内门和外门。

②夹板门。夹板门是用断面较小的方木做成骨架，两面粘贴面板而成。门扇面板可用胶合板、塑料面板和硬质纤维板，面板不再是骨架的负担，而是和骨架形成一个整体，共同抵抗变形。夹板门的形式可以是全夹板门、带玻璃或带百叶夹板门。

由于夹板门构造简单，可利用小料、短料，自重轻，外形简洁，便于工业化生产，故在一般民用建筑中广泛应用。

③拼板门。拼板门的门扇由骨架和条板组成。有骨架的称为拼板门；而无骨架的拼板门称为实拼门。有骨架的拼板门又分为单面直拼门、单面横拼门和双面保温拼板门三种。

4. 推拉门的构造

推拉门由门扇、门轨、地槽、滑轮及门框组成。门扇可采用钢木门、钢板门、空腹薄壁钢门等，每个门扇宽度不大于1.8m。推拉门的支承方式分为上挂式和下滑式两种。当门扇高度小于4m时，用上挂式，即门扇通过滑轮挂在门洞上方的导轨上。当门扇高度大于4m时，多用下滑式，在门洞上下均设导轨，门扇沿上下导轨推拉，下面的导轨承受门扇的重量。推拉门位于墙外时，门上方须设雨篷。

（二）平开窗的构造

1. 窗框安装

窗框与门框一样，在构造上应有裁口及背槽处理，裁口有单裁口与双裁口之分。窗框的安装与门框一样，分为后塞口与先立口两种。塞口时，洞口的高、宽尺寸应比窗框尺寸大10～20mm。

2. 窗框在墙中的位置

窗框在墙中的位置，一般是与墙内表面相平，安装时窗框凸出砖面20mm，以便墙面粉刷后与抹灰面平。框与抹灰面交接处，应用贴脸板搭盖，以阻止由于抹灰干缩形成缝隙后风透入室内，同时可增加美观。贴脸板的形状及尺寸与门的贴脸板相同。

当窗框立于墙中时，应内设窗台板，外设窗台。窗框外平时，靠室内一面设窗台板。

三、金属门窗构造

（一）钢门窗

钢门窗是用型钢或薄壁空腹型钢在工厂制作而成。它符合工业化、定型化与标准化的要求。在强度、刚度、防火、密闭等性能方面，均优于木门窗，但在潮湿环境下易锈蚀，耐久性差。

1. 钢门窗材料

①实腹式。实腹式钢门窗料是最常用的一种，有各种断面形状和规格。一般门可选用32料及40料；窗可选用25料及32料（25、32、40等表示断面高为25mm、32mm、40mm）。

②空腹式。空腹式钢门窗与实腹式窗料比较，具有更大的刚度，外形美观，自重轻，可节约钢材40%左右。但由于壁薄，耐腐蚀性差，不宜用于湿度大、腐蚀性强的环境。

2. 基本钢门窗

为了使用、运输方便，通常将钢门窗在工厂制作成标准化的门窗单元。这些标准化的单元，即是组成一樘门或窗的最小基本单元。设计者可根据需要，直接选用基本钢门窗，或用这些基本钢门窗组合出所需大小和形式的门窗。

钢门窗框的安装方法常采用塞框法。门窗框与洞口四周的连接方法主要有两种：一种在砖墙洞口两侧预留孔洞，将钢门窗的燕尾形铁脚埋入洞中，用砂浆窝牢；另一种在钢筋混凝土过梁或混凝土墙体内侧先预埋钢件，将钢窗的Z形铁脚焊在预埋钢板上。

3. 组合式钢门窗

当钢门窗的高、宽超过基本钢门窗尺寸时，就要用拼料将门窗进行组合。拼料起横梁与立柱的作用，承受门窗的水平荷载。

拼料与基本门窗之间一般用螺栓或焊接相连。当钢门窗很大时，特别是水平方向很长时，为避免大的伸缩变形引起门窗损坏，必须预留伸缩缝，一般是用两根∟56×36×4的角钢用螺栓组成拼件，角钢上穿螺栓的孔为椭圆形，使螺栓有伸缩余地。

（二）卷帘门

卷帘门主要由帘板、导轨及传动装置组成。工业建筑中的帘板常用页板式，页板可用镀锌钢板或合金铝板轧制而成，页板之间用铆钉连接。页板的下部采用钢板和角钢，用以增强卷帘门的刚度，并便于安设门钮。页板的上部与卷筒连接，开启时，页板沿着门洞两侧的导轨上升，卷在卷筒上。门洞的上部安设传动装置，传动装置分为手动和电动两种。

（三）彩板钢门窗

彩板钢门窗是以彩色镀锌钢板经机械加工而成的门窗。它具有自重轻、硬度高、采光面积大、防尘、隔声、保温密封性好、造型美观、色彩绚丽、耐腐蚀等特点。

彩板平开窗目前有两种类型，即带副框和不带副框两种。当外墙面为花岗石、大理石等贴面材料时，常采用带副框的门窗；当外墙装修为普通粉刷时，常用不带副框的门窗。

（四）铝合金门窗

1. 铝合金门窗的特点

①自重轻。铝合金门窗用料省、自重轻，较钢门窗轻50%左右。

②性能好。密封性好，气密性、水密性、隔声性、隔热性都较钢、木门窗有显著的提高。

③耐腐蚀，坚固耐用。铝合金门窗无须涂涂料，氧化层不褪色、不脱落，表面不需要维修。铝合金门窗强度高，刚性好，坚固耐用，开闭轻便灵活，无噪声，安装速度快。

④色泽美观。铝合金门窗框料型材表面经过氧化着色处理后，既可以保持铝材的银白色，又可以制成各种柔和的颜色或带色的花纹，如：古铜色、暗红色、黑色等。

2. 铝合金门窗的设计要求

①应根据使用和安全要求确定铝合金门窗的风压强度性能、雨水渗漏性能、空气渗透性能等综合指标。

②组合门窗设计宜采用定型产品门窗作为组合单元。非定型产品的设计应考虑洞口最大尺寸和开启扇最大尺寸的选择与控制。

③外墙门窗的安装高度应有限制。

3. 铝合金门窗框料系列

以铝合金门窗框的厚度构造尺寸来区别各种铝合金门窗系列。例如，平开门门框厚度构造尺寸为50mm宽，即称为50系列铝合金平开门；推拉窗窗框厚度构造尺寸为90mm宽，即称为90系列铝合金推拉窗等。在实际工程中，通常根据不同地区、不同性质的建筑物的使用要求选用相适应的门窗框。

4. 铝合金门窗安装

铝合金门窗是表面处理过的铝材经下料、打孔、铣槽、攻丝等加工，制作成门窗框料的构件，然后与连接件、密封件、开闭五金件一起，组合装配成门窗。

门窗安装时，将门窗框在抹灰前立于门窗洞处，与墙内预埋件对正，然后用木楔将三边固定。经检验确定门窗框水平、垂直、无翘曲后，用连接件将铝合金框固定在墙（柱、梁）上，连接件固定可采用焊接、膨胀螺栓或射钉等方法。

门窗框与墙体等的连接固定点，每边不得少于两点，且间距不得大于0.7m。在基本风压大于等于0.7kPa的地区，间距不得大于0.5m；边框端部的第一固定点与端部的距离不得大于0.2m。

四、塑钢门窗

塑钢门窗是以改性硬质聚氯乙烯（简称UPVC）为主要原料，加上一定比例的稳定剂、着色剂、填充剂、紫外线吸收剂等辅助剂，经挤出机挤出成型为各种断面的中空异形材。经切割后，在其内腔衬以型钢加强筋，用热熔焊接机焊接成型为门窗框扇，配装上橡胶密封条、压条、五金件等附件而制成门窗。其具有以下优点：

①强度好，耐冲击。

②保温隔热，节约能源。

③隔声性好。

④气密性、水密性好。

⑤耐腐蚀性强。

⑥防火。

⑦耐老化，使用寿命长。

⑧外观精美，清洗容易。

第八章 屋顶构造

第一节 屋顶概述

一、屋顶的作用

屋顶既是建筑最上层起覆盖作用的围护结构，又是房屋上层的承重结构，同时对房屋上部还起着水平支撑作用。

（一）承受荷载

屋顶要承受自身及其上部的荷载，并将这些荷载通过其下部的墙体或柱子，传递至基础。其上部的荷载包括风、雪和需要放置于屋顶上的设备、构件、植被以及在屋顶上活动的人的荷载等。

（二）围护作用

屋顶是一个重要的围护结构，它与墙体、楼板共同作用围合形成室内空间，同时能够抵御自然界风、霜、雨、雪、太阳辐射、气温变化以及外界各种不利因素对建筑物的影响。

（三）造型作用

屋顶的形态对建筑整体造型有非常重要的作用，无论是中国传统建筑特有的“反宇飞檐”，还是西方传统建筑教堂、宫殿中的各式坡顶都成了其传统建筑的文化象征，具有符号化的造型特征意义。由此可见，屋顶是建筑整体造型核心的要素之一，是建筑造型设计中最重要的内容。

二、屋顶的类型

屋顶按排水坡度大小及建筑造型要求可分为以下几种：

（一）平屋顶

平屋顶坡度很小，常用坡度为1% ～ 3%，高跨比为1/10，屋面基本平整，可上人活动，有的可作为屋顶花园，甚至作为直升机停机坪。平屋顶由承重结构、功能层及屋面三部分构成：承重结构多为钢筋混凝土梁（或桁架）及板；功能层除防水功能由屋面解决外，其他层次则根据不同地区而设，如：寒冷地区应加设保温层，炎热地区则加设隔热层。

（二）坡屋顶

传统坡屋顶多采用在木屋架或钢木屋架、木檩条、木望板上加铺各种瓦屋面等传统做法；而现代坡屋顶则多改为钢筋混凝土屋面桁架（或屋面梁）及屋面板，再加防水屋面等做法。

坡屋顶一般坡度都较大，如：高跨比为1/6 ～ 1/4，不论是双坡还是四坡，排水都较通畅，下设吊顶，保温隔热效果都较好。

（三）其他屋顶（如：悬索、薄壳、拱、折板屋面等）

现代一些大跨度建筑如体育馆多采用金属板为屋顶材料，如：彩色压型钢板或轻质高强、保温防水好的超轻型隔热复合夹心板等。

三、屋顶的设计要求

（一）防水要求

作为围护结构，屋顶最基本的功能是防止渗漏，因而屋顶构造设计的主要任务就是解决防水问题。一般屋顶构造设计通过采用不透水的屋面材料及合理的构造处理来达到防水的目的，同时也须根据情况采取适当的排水措施，将屋面积水迅速排掉，以减少渗漏的可能。因而，一般屋面都须做一定的排水坡度。屋顶的防水是一项综合性技术，涉及建筑及结构的形式、防水材料、屋顶坡度、屋面构造处理等问题，须综合加以考虑。设计中应遵循“合理设防、防排结合、因地制宜、综合治理”的原则。

我国现行的《屋面工程技术规范》（GB 50345—2012）根据建筑物的性质、重要程度、使用功能要求及防水耐久年限等，将屋面防水划分为四个等级，各等级均有不同的设防要求，如表8-1。

表 8-1　屋面防水等级和设防要求

项目	屋面防水等级			
	一	二	三	四
建筑物类别	特别重要或对防水有特殊要求的建筑	重要的建筑和高层建筑	一般建筑	非永久性建筑
防水层合理使用年限	25 年	15 年	10 年	5 年

续表

项目	屋面防水等级			
	一	二	三	四
防水层选用材料	宜选用合成高分子卷材、高聚物改性沥青防水卷材、金属板材、合成高分子防水涂料、细石混凝土等材料	宜选用高聚物改性沥青防水卷材、合成高分子防水卷材、金属板材、合成高分子防水涂料、高聚物改性沥青防水涂料、细石混凝土、平瓦、油毡瓦等材料	宜选用三毡四油沥青防水卷材、高聚物改性沥青防水卷材、合成高分子防水卷材、金属板材、高聚物改性沥青防水涂料、合成高分子防水涂料、细石混凝土、平瓦、油毡瓦等材料	可选用二毡三油沥青防水卷材、高聚物改性沥青防水涂料等材料
设防要求	三道或三道以上防水设防	二道防水设防	一道防水设防	一道防水设防

（二）保温隔热要求

在寒冷地区的冬季，室内一般都需要采暖，屋顶应有良好的保温性能，以保持室内温度。否则不仅浪费能源，还可能产生室内表面结露或内部受潮等一系列问题。南方炎热地区的气候属于湿热型气候，夏季气温高、湿度大、天气闷热。如果屋顶的隔热性能不好，在强烈的太阳辐射和气温作用下，大量的热量就会通过屋顶传入室内，影响人们的工作和休息。在处于严寒与炎热地区之间的中间地带，对高标准建筑也须做保温或隔热处理。对于有空调的建筑来说，为保持其室内气温的稳定，减少空调设备的投资和经常维持费用，要求其外围护结构具有良好的热工性能。

屋顶的保温，通常是采用导热系数小的材料，阻止室内热量由屋顶流向室外来实现。屋顶的隔热则通常靠设置通风间层，利用风压及热压差带走一部分辐射热，或采用隔热性能好的材料，减少由屋顶传入室内的热量来达到目的。

（三）结构要求

屋顶要承受风、雨、雪等荷载及其自重。如果是上人的屋顶，和楼板一样，还要承受人和家具等活荷载。屋顶将这些荷载传递给墙、柱等构件，与它们共同构成建筑的受力骨架，因而屋顶也是承重构件，应有足够的强度和刚度，以保证房屋的结构安全；从防水的角度考虑，屋顶也不允许受力后有过大的结构变形，否则易使防水层开裂，造成屋面渗漏。

（四）建筑艺术要求

屋顶是建筑外部形体的重要组成部分，其形式对建筑物的性格特征具有很大的影响。屋顶设计还应满足建筑艺术的要求。中国古典建筑的坡屋顶造型优美，具有浓郁的民族风格。天安门城楼采用重檐歇山屋顶和金黄色的琉璃瓦屋面，使建筑物显得灿烂辉煌。中华人民共和国成立后，我国修建的不少著名建筑，也采用了中国古建筑屋顶的某些手法，取得了良好的建筑艺术效果：北京民族文化宫塔楼为四角重檐尖屋顶，配以孔雀蓝琉璃瓦屋面，其民族特色分外鲜明；毛主席纪念堂虽采用的是平屋顶，但在檐口部分采用了两圈金黄色琉璃瓦，就与天安门广场上的建筑群形成了协调统一。

国外也有很多著名建筑，由于重视了屋顶的建筑艺术处理而使建筑各具特色。

第二节 屋顶的排水

一、排水坡度

（一）排水坡度的表示方法

1. 角度法

角度法即用屋面与水平面的夹角表示屋面的坡度，如：30°、45°等。

2. 斜率法（比值法）

斜率法即用斜面的垂直投影高度与水平投影长度之比表示屋面的坡度，如：1∶2、1∶4等。

3. 百分比法

百分比法即用斜面的垂直投影高度与水平投影长度之比（用百分比表示）表示屋面的坡度，常用i做标记，如：i=5%等。

（二）影响屋面排水坡度大小的因素

1. 防水材料尺寸大小的影响

防水材料的尺寸小，接缝必然较多，容易产生缝隙渗漏，因而屋面应有较大的排水坡度，以便将屋面积水迅速排除。坡屋顶的防水材料多为瓦材，如小青瓦、平瓦、琉璃筒瓦等，覆盖面积较小，应采用较大的坡度，一般为1∶2～1∶3，如果防水材料的覆盖面积大，接缝少而且严密，使防水层形成一个封闭的整体，屋面的坡度就可以小一些。平屋顶的防水材料多为卷材或现浇混凝土等，其屋面坡度一般为2%～3%。

2. 年降雨量的影响

降雨量的大小对屋面防水的影响很大。降雨量大，屋面渗漏的可能性较大，屋面坡度就应适当加大。我国南方地区年降雨量较大，北方地区年降雨量较小，因而在屋面防水材料相同时，一般南方地区屋面坡度比北方的大。

3. 其他因素的影响

其他一些因素也可能影响屋面坡度的大小，如：屋面排水的路线较长、屋顶有上人活动的要求、屋顶蓄水等，屋面的坡度可适当小一些；反之则可以取较大的排水坡度。

（三）屋面排水坡度的形成

形成屋面排水坡度应考虑以下因素：建筑构造做法合理，满足房屋室内外空间的视觉要求；不过多增加屋面荷载；结构经济合理；施工方便等。

1. 材料找坡

将屋面板水平搁置，其上用轻质材料垫置起坡，这种方法叫作材料找坡。常见的找坡材料有水泥焦渣、石灰炉渣等。由于找坡材料的强度和平整度往往均较低，应在其上加设水泥砂浆找平层。采用材料找坡的房屋，室内可获得水平的顶棚面，但找坡层会加大结构荷载，当房屋跨度较大时尤为明显。材料找坡适用于跨度不大的平屋顶，坡度宜为2%。

2. 结构找坡

将平屋顶的屋面板倾斜搁置，形成所需排水坡度，不在屋面上另加找坡材料，这种方法叫作结构找坡。结构找坡省工省料，构造简单，不足之处是室内顶棚呈倾斜状。结构找坡适用于室内美观要求不高或设有吊顶的房屋。单坡跨度大于9m的屋顶宜做结构找坡，且坡度不应小于3%。坡屋顶也是结构找坡，由屋架形成排水坡度。

二、屋顶排水方式

屋顶排水方式分为无组织排水和有组织排水两类。

（一）无组织排水

无组织排水又称自由落水，意指屋面雨水自由地从檐口落至室外地面。自由落水构造简单、造价低廉，缺点是自由下落的雨水会溅湿墙面。这种方法适用于三级及三级以下或檐高小于等于10m的中小型建筑物或少雨地区建筑，标准较高的低层建筑或临街建筑都不宜采用。

（二）有组织排水

有组织排水是通过排水系统，将屋面积水有组织地排至地面，即把屋面划分成若干排水区，使雨水有组织地排到檐沟中，经过水落口排至落管，再经水落管排到室外，最后排往城市地下排水管网系统。

有组织排水又可分为内排水和外排水两种方式。内排水的水落管设于室内，构造复杂，极易渗漏，维修不便，常用于多跨或高层屋顶，一般建筑应尽量采用有组织外排水方式。有组织排水方式的采用与降雨量大小及房屋的高度有关。在年降雨量大于900mm的地区，当檐口高度大于8m时，或年降雨量小于900mm的地区，檐口高度大于10m时，应采用有组织排水。

有组织排水广泛应用于多层及高层建筑，高标准低层建筑、临街建筑及严寒地区的建筑也应采用有组织排水方式。采用有组织排水方式时，应使屋面流水线路短捷，檐沟或天沟流水通畅，雨水口的负荷适当且布置均匀。采用有组织排水对排水系统还有如下要求：

①层面流水线路不宜过长，因而屋面宽度较小时可做成单坡排水；如屋面宽度较大，例如12m以上时，宜采用双坡排水。

②水落口负荷按每个水落口排除150～200m^2屋面集水面积的雨水量计算，且应符合《建筑给水排水设计规范》的有关规定。当屋面有高差时，如高处屋面的集水面积小于100m^2，可将高处屋面的雨水直接排在低屋面上，但出水口处应采取防护措施；如高处屋面面积大于100m^2，高屋面则应自成排水系统。

③檐沟或天沟应有纵向坡度，使沟内雨水迅速排到水落口。纵坡的坡度一般为1%，用石灰炉渣等轻质材料垫置起坡。

④檐沟净宽不小于200mm，分水线处最小深度大于120mm，沟底水落差不得超过200mm。

⑤水落管的管径有75mm、100mm、125mm等几种，一般屋顶雨水管内径不得小于100mm。管材有铸铁、石棉、水泥、塑料、陶瓷等。水落管安装时离墙面距离不小于20mm，管身用管箍卡牢，管箍的竖向间距不大于1.2m。

三、有组织排水常用方案

有组织排水通常采用檐沟外排水、女儿墙外排水及内排水方案。

（一）檐沟外排水

1. 平屋顶挑檐沟外排水

这种方案通常采用钢筋混凝土檐沟，由于它是悬挑构件，为了防止倾覆，常采用下列方式固定：现浇式、预制搁置式、自重平衡式。

檐沟外排水是使屋面雨水直接流入挑檐沟内，再由沟内纵坡导入水落口的排水方案。此种方案排水通畅，设计时檐沟的高度可视建筑体形而定。平屋顶挑檐沟外排水是一种常用的排水形式。

2. 坡屋顶檐沟外排水

外排水檐沟悬挂在坡屋顶的挑檐处，可采用镀锌铁皮或石棉水泥等轻质材料制作，水落管则仍可用铸铁、塑料、陶瓦、石棉水泥等材料制作。檐沟的纵坡一般由檐沟斜挂形成，不宜在沟内垫置材料起坡。

（二）女儿墙外排水

房屋周围的外墙高于屋面时即形成封檐，高于屋面的这段外墙又称作女儿墙。如将女儿墙与屋面交接处做出坡度为1%的纵坡，让雨水沿此纵坡流向弯管式水落口，再流入墙外的水落斗及水落管，即形成女儿墙外排水。这种方案的排水不如檐沟外排水通畅。平屋顶女儿墙外排水方案施工较为简便，经济性较好，建筑体形简洁，是一种常用的形式。坡屋顶女儿墙外排水的内檐沟排水不畅，极易渗漏，宜慎用。

（三）内排水

内排水方案的屋面向内倾斜，坡度方向与外排水相反。屋面雨水汇集到中间天沟内，再沿天沟纵坡流向水落口，最后排入室内水落管，经室内地沟排往室外。内排水方案的水落管在室内接头甚多，易渗漏，多用于不宜采用外排水的建筑屋顶，如高层及多跨建筑等。

（四）其他排水方案

上述几种排水方案是屋顶排水最基本的形式，实践中还可根据需要派生出各种不同的排水形式，如蓄水屋面常用的檐沟女儿墙外排水方案，为使水落管隐蔽而做的外墙暗管排水或管道井暗管内排水等。

第三节 卷材防水屋面

一、卷材防水屋面的材料

（一）高聚物改性沥青类防水卷材

高聚物改性沥青防水卷材是以高分子聚合物改性沥青为涂盖层，以纤维织物或纤维毡为胎体，以粉状、粒状、片状或薄膜材料为覆面材料制成的可卷曲的片状防水材料，如：SBS改性沥青油毡、再生胶改性沥青聚酯油毡、铝箔塑胶聚酯油毡、丁苯橡胶改性沥青油毡等。

（二）高分子类卷材

凡以各种合成橡胶、合成树脂或二者的混合物为主要原材料，加入适量化学助剂和填充料加工制成的弹性或弹塑性卷材，均称为高分子防水卷材，常见的有三元乙丙橡胶防水卷材、氯化聚乙烯防水卷材、聚氯乙烯防水卷材、氯丁橡胶防水卷材、再生胶防水卷材、聚乙烯橡胶防水卷材、丙烯酸树脂卷材等。

高分子防水卷材具有质量轻（$2kg/m^2$）、使用温度范围宽（-20℃～80℃）、耐候性能好、抗拉强度高（2～18.2MPa）、延伸率大（＞450%）等特点，近年来已逐渐在国内的各种防水工程中得到推广应用。

（三）卷材胶黏剂

用于高聚物改性沥青防水卷材和高分子防水卷材的黏合剂，主要为各种与卷材配套使用的溶剂型胶黏剂。例如，适用于改性沥青类卷材的RA-86型氯丁胶黏剂、SBS改性沥青胶黏剂等；三元乙丙橡胶卷材的聚氨酯底胶基层处理剂、CX-404氯丁橡胶黏合剂；氯化聚乙烯橡胶卷材的LYX-603胶黏剂等。

二、卷材防水屋面构造

（一）构造组成

1. 基本层次

卷材防水屋面由多层材料叠合而成，按各层的作用分别为结构层、找平层、结合层、防水层、保护层。

（1）结构层

多为钢筋混凝土屋面板，可以是现浇板，也可以是预制板。

（2）找平层

卷材防水层要求铺贴在坚固而平整的基层上，以防止卷材凹陷或断裂，因而在松软材料上应设找平层；在施工中，铺设屋面板难以保证平整，所以在预制屋面板上也应设找平层。找平层的厚度取决于基层的平整度，一般采用20mm厚1 ∶ 3水泥砂浆，也可采用1 ∶ 8沥青砂浆等。找平层宜留分隔缝，缝宽一般为5 ～ 20mm，纵横间距一般不宜大于6m。屋面板为预制时，分隔缝应设在预制板的端缝处。分隔缝上应附加200 ～ 300mm宽卷材，和胶黏剂单边点贴覆盖。

（3）结合层

结合层的作用是在基层与卷材胶黏剂间形成一层胶质薄膜，使卷材与基层胶结牢固。沥青类卷材通常用冷底子油做结合层；高分子卷材则多采用配套基层处理剂，也有采用冷底子油或稀释乳化沥青做结合层的。

（4）防水层

①高聚物改性沥青防水层：高聚物改性沥青防水卷材的铺贴做法有冷黏法和热熔法两种。冷黏法是用胶黏剂将卷材黏结在找平层上，或利用某些卷材的自黏性进行铺贴。铺贴卷材时注意平整顺直，搭接尺寸准确，不扭曲，应排除卷材下面的空气并辊压黏结牢固。热熔法施工是用火焰加热器将卷材均匀加热至表面光亮发黑，然后立即滚铺卷材使之平展，并辊压牢实。

②高分子卷材防水层（以三元乙丙卷材防水层为例）：先在找平层（基层）上涂刮基层处理剂（如CX-404胶等），要求薄而均匀，干燥不黏后即可铺贴卷材。卷材一般应由屋面低处向高处铺贴，并按水流方向搭接；卷材可垂直或平行于屋脊方向铺贴。卷材铺贴时要求保持自然松弛状态，不能拉得过紧。卷材长边应保持搭接50mm，短边保持搭接70mm，铺好后立即用工具辊压密实，搭接部位用胶黏剂均匀涂刷黏合。

（5）保护层

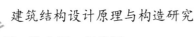

设置保护层的目的是保护防水层，使卷材在阳光和大气的作用下不致迅速老化；同时保护层还可以防止沥青类卷材中的沥青过热流淌，并防止暴雨对沥青的冲刷。保护层的构造做法应视屋面的利用情况而定。不上人时，改性沥青卷材防水屋面一般在防水层上撒粒径为3 ～ 5mm的小石子作为保护层，称为绿豆砂保护层；高分子卷材如三元乙丙橡胶防水屋面保护层做法等通常是在卷材面上涂刷水溶型或溶剂型浅色保护着色剂，如氯丁银粉

胶等。

上人屋面的保护层有着双重作用——既保护防水层又是地面面层，因而要求保护层平整耐磨。保护层的构造做法通常有：用沥青砂浆铺贴缸砖、大阶砖、混凝土板等块材；在防水层上现浇厚细石混凝土。板材保护层或整体保护层均应设分隔缝，位置是屋顶坡面的转折处，屋面与凸出屋面的女儿墙、烟囱等的交接处。保护层分隔缝应尽量与找平层分隔缝错开，缝内用油膏嵌封。上人屋面做屋顶花园时，水池、花台等构造均在屋面保护层上设置。

2. 辅助层次

辅助层次是根据屋顶的使用需要或为提高屋面性能而补充设置的构造层，如：保温层、隔热层、隔蒸汽层、找坡层等。

其中，找坡层是材料找坡屋面为形成所需排水坡度而设；保温层是为防止夏季或冬季气候使建筑顶部室内过热或过冷而设；隔蒸汽层是为防止潮气侵入屋面保温层，使其保温功能失效而设等。有关的构造详情将结合后面的内容做具体介绍。

（二）细部构造

卷材防水层是一个封闭的整体，如果在屋面开设孔洞，有管道出屋面，或屋顶边缘封闭不牢，都可能破坏卷材屋面的整体性，形成防水的薄弱环节而造成渗漏。因此，必须对这些细部加强防水处理。

1. 泛水构造

泛水是指屋面与垂直墙面相交处的防水处理。女儿墙、山墙、烟囱、变形缝等屋面与垂直墙面相交部位，均须做泛水处理，防止交接缝出现漏水。泛水的构造要点及做法为：

①将屋面的卷材继续铺至垂直墙面上，形成卷材泛水，泛水高度不小于250mm。

②在屋面与垂直于女儿墙面的交接缝处，砂浆找平层应抹成圆弧形或45°斜面，上刷卷材胶黏剂，使卷材铺贴牢实，避免卷材架空或折断，并加铺一层卷材。

③做好泛水上口的卷材收头固定，防止卷材在垂直墙面上下滑。一般做法是：在垂直墙中凿出通长凹槽，将卷材收头压入凹槽内，用防水压条钉压后再用密封材料嵌填封严，外抹水泥砂浆保护。凹槽上部的墙体亦应做防水处理。

2. 挑檐口构造

挑檐口按排水形式分为无组织排水和檐沟外排水两种。其防水构造的要点是做好卷材的收头，使屋顶四周的卷材封闭，避免雨水渗入。无组织排水檐沟的收头处通常用油膏嵌实，不可用砂浆等硬性材料，因为油膏有一定弹性，能适应卷材的温度变形；同时，施工无组织排水时应抹好檐口的滴水，使雨水迅速垂直下落。

挑檐沟的卷材收头处理通常是在檐沟边缘用水泥钉钉压条将卷材压住，再用油膏或砂浆盖缝。此外，檐沟内转角处水泥砂浆应抹成圆弧形，以防卷材断裂；檐沟外侧应做好滴水，沟内可加铺一层卷材以增强防水能力。

3. 水落口构造

水落口是用来将屋面雨水排至水落管而在檐口或檐沟开设的洞口，构造上要求排水通畅，不易渗漏和堵塞。有组织外排水最常用的有檐沟及女儿墙水落口两种构造形式。有组织内排水的水落口设在天沟上，其构造与外檐沟相同。

①檐沟外排水水落口构造。在檐沟板预留的孔中安装铸铁或塑料连接管，就形成水落口。水落口周围直径500mm范围内坡度不应小于5%，并应用防水涂膜涂封，其厚度不应小于2mm。为防止水落口四周漏水，应将防水卷材铺入连接管内50mm，周围用油膏嵌缝，水落口上用定型铸铁罩或钢丝球盖住，防止杂物落入水落口中。

水落口连接管的固定形式常见的有两种：一种是采用喇叭形连接管卡在檐沟板上，再用普通管箍固定在墙上；另一种则是用带挂钩的圆形管箍将其悬吊在檐沟板上。水落口过去一般用铸铁制作，易锈不美观。现在多改为硬质聚氯乙烯塑料（PVC）管，具有质轻、不锈、色彩多样等优点，已逐渐取代铸铁管。

②女儿墙外排水是在女儿墙上的预留孔洞中安装水落口构件，使屋面雨水穿过女儿墙排至墙外的水落斗中。为防止水落口与屋面交接处发生渗漏，也须将屋面卷材铺入水落口内，水落口上还应安装铁篦，以防杂物落入造成堵塞。

4. 屋面变形缝构造

屋面变形缝的构造处理原则是既要保证屋顶有自由变形的可能，又能防止雨水经由变形缝渗入室内。屋面变形缝按建筑设计可设于同层等高屋面上，也可设在高低屋面的交接处。等高层面的变形缝在缝的两边屋面板上砌筑矮墙，挡住屋面雨水。矮墙的高度应大于250mm，厚度为半砖墙厚；屋面卷材与矮墙的连接处理类同于泛水构造。矮墙顶部可用镀锌薄钢板盖缝，也可铺一层油毡后用混凝土板压顶。

高低屋面的变形缝则是在低侧屋面板上砌筑矮墙。当变形缝宽度较小时，可用镀锌薄钢板盖缝并固定在高侧墙上，做法同泛水构造，也可从高侧墙上悬挑钢筋混凝土板盖缝。

5. 屋面检修孔、屋面出入口构造

不上人屋面须设屋面检修孔，检修孔四周的孔壁可用砖立砌，也可在现浇屋面板时将混凝土上翻制成，高度一般为300mm。壁外的防水层应做成泛水并将卷材用镀锌薄钢板盖缝并压钉好。

出屋面的楼梯间一般须设屋面出入口，最好在设计中让楼梯间的室内地坪与屋面间留有足够的高差，以利防水，否则须在出入口处设门槛挡水。屋面出入口处的构造与泛水构造类同。

第四节 刚性防水屋面

一、刚性防水屋面概述

刚性防水屋面是指用细石混凝土做防水层的屋面，因混凝土属于脆性材料，抗拉强度较低，故而称为刚性防水屋面。刚性防水屋面的主要优点是构造简单、施工方便、造价较低；其缺点是易开裂，对气温变化和屋面基层变形的适应性较差。所以，刚性防水多用于日温差较小的我国南方地区防水等级为III级的屋面防水，也可用作防水等级为Ⅰ、Ⅱ级的屋面多道设防中的一道防水层。

刚性防水屋面要求基层变形小，一般只适用于无保温层的屋面，因为保温层多采用轻质多孔材料，其上不宜进行浇筑混凝土的湿作业；此外，混凝土防水层铺设在较松软的基层上也很容易产生裂缝。

刚性防水屋面也不宜用于高温、有振动和基础有较大不均匀沉降的建筑。

二、刚性防水屋面的构造层次及做法

刚性防水屋面的构造一般有防水层、隔离层、找平层、结构层等。刚性防水屋面应尽量采用结构找坡。

（一）防水层

防水层采用不低于C20的细石混凝土整体现浇而成，其厚度不小于40mm。为防止混凝土开裂，可在防水层中配直径为4～6mm、间距为100～200mm的双向钢筋网片，钢筋的保护层厚度不小于10mm。

为提高防水层的抗裂和抗渗性能，可在细石混凝土中掺入适量的外加剂，如：膨胀剂、减水剂、防水剂等。

（二）隔离层

隔离层位于防水层与结构层之间，其作用是减少结构变形对防水层的不利影响。

结构层在荷载作用下产生挠曲变形，在温度变化作用下产生胀缩变形。由于结构层较防水层厚，刚度相应也较大，当结构产生上述变形时容易将刚度较小的防水层拉裂，因此，宜在结构层与防水层间设一隔离层使二者脱开。隔离层可采用铺纸筋灰、低强度等级砂浆，或薄砂层上干铺一层油毡等做法。

（三）找平层

当结构层为预制钢筋混凝土屋面板时，其上应用1 ：3水泥砂浆做找平层，厚度为20mm；若屋面板为整体现浇混凝土结构时则可不设找平层。

（四）结构层

结构层一般采用预制或现浇的钢筋混凝土屋面板。结构应有足够的刚度，以免结构变形过大而引起防水层开裂。

三、混凝土刚性防水屋面的细部构造

与卷材防水屋面一样，刚性防水屋面也须处理好泛水、天沟、檐口、水落口等细部构造，另外还应做好防水层的分隔缝构造。

（一）分隔缝构造

分隔缝（又称分舱缝）是一种设置在刚性防水层中的变形缝。其作用有二：

①大面积的整体现浇混凝土防水层受气温影响产生的温度变形较大，容易导致混凝土开裂。设置一定数量的分隔缝将单块混凝土防水层的面积减小，从而减少其伸缩变形，可有效地防止和限制裂缝的产生。

②在荷载作用下屋面板会产生挠曲变形，支承端翘起，易引起混凝土防水层开裂，如在这些部位预留分隔缝就可避免防水层开裂。

由上述分析可知，分隔缝应设置在装配式结构屋面板的支承端、屋面转折处、刚性防水层与立墙的交接处，并应与板缝对齐。分隔缝的纵横间距不宜大于6m。在横墙承重的民用建筑中，屋脊是屋面转折的界线，故此处应设一纵向分隔缝；横向分隔缝每开间设一条，并与装配式屋面板的板缝对齐；沿女儿墙四周的刚性防水层与女儿墙之间也应设分隔缝，因为刚性防水层与女儿墙的变形不一致，所以刚性防水层不能紧贴在女儿墙上，它们之间应做柔性封缝处理，以防女儿墙或刚牲防水层开裂引起渗漏。

其他凸出屋面的结构物四周都应设置分隔缝。

分隔缝设计时还应注意以下三点：

①防水层内的钢筋在分隔缝处应断开。

②屋面板缝用浸过沥青的木丝板等密封材料嵌填，缝口用油膏等嵌填。

③缝口表面用防水卷材铺贴盖缝，卷材的宽度为200 ～ 300mm。

在屋脊和平行于流水方向的分隔缝处，也可将防水层做成翻边泛水，用盖瓦单边坐灰固定覆盖。

（二）泛水构造

刚性防水屋面的泛水构造要点与卷材屋面相同的地方是：泛水应有足够高度，一般不小于250mm，泛水应嵌入立墙上的凹槽内并用压条及水泥钉固定。不同的地方是：刚性防水层与屋面凸出物（女儿墙、烟囱等）间须留分隔缝，另铺贴附加卷材盖缝形成泛水。

（三）檐口构造

刚性防水屋面常用的檐口形式有自由落水檐口、挑檐沟外排水檐口、女儿墙外排水檐口、坡檐口等。

1. 自由落水檐口

当挑檐较短时，可将混凝土防水层直接悬挑出去形成挑檐口。当所需挑檐较长时，为了保证悬挑结构的强度，应采用与屋顶圈梁连为一体的悬臂板形成挑檐。在挑檐板与屋面板上做找平层和隔离层后，浇筑混凝土防水层，檐口处注意做好滴水。

2. 挑檐沟外排水檐口

挑檐口采用有组织排水方式时，常将檐部做成排水檐沟板的形式。檐沟板的断面为槽形并与屋面圈梁连成整体。沟内设纵向排水坡，防水层挑入沟内并做滴水，防止爬水。

3. 女儿墙外排水檐口

在跨度不大的平屋顶中，当采用女儿墙外排水时，常利用倾斜的屋面板与女儿墙间的夹角做成三角形断面天沟，其泛水做法与前述做法相同。大沟内也须设纵向排水坡。

4. 坡檐口

建筑设计中出于造型方面的考虑，常采用一种平顶坡檐的处理形式，意在使较为呆板的平顶建筑具有某种传统的韵味，形象更为丰富。由于在挑檐的端部加大了荷载，这种形式结构和构造设计都应特别注意悬挑构件的抗倾覆问题，要处理好构件的拉结锚固。

（四）水落口构造

刚性防水屋面的水落口常见的做法有两种：一种是用于天沟或檐沟的水落口，另一种是用于女儿墙外排水的水落口。前者为直管式，后者为弯管式。

1. 直管式水落口

安装时为了防止雨水从水落口套管与檐沟底板间的接缝处渗漏，应在水落口的四周加铺宽度约200mm的附加卷材，卷材应铺入套管内壁中，天沟内的混凝土防水层应盖在卷材的上面，防水层与水落口的接缝用油膏嵌填密实。其他做法与卷材防水屋面相似。

2. 弯管式水落口

弯管式水落口多用于女儿墙外排水，水落口可用铸铁或塑料做弯头。

第五节　涂膜防水屋面

一、涂膜防水屋面的材料

涂膜防水屋面的材料主要有各种涂料和胎体增强材料两大类。

（一）涂料

防水涂料的种类很多，按其溶剂或稀释剂的类型可分为溶剂型、水溶性、乳液型等类，按施工时涂料液化方法的不同则可分为热熔型、常温型等类。

（二）胎体增强材料

某些防水涂料（如氯丁胶乳沥青涂料）需要与胎体增强材料（所谓的布）配合，以增强涂层的贴附覆盖能力和抗变形能力。目前，使用较多的胎体增强材料为0.1mm×6mm×4mm或0.1mm×7mm×7mm的中性玻璃纤维网格布或中碱玻璃布、聚酯无纺布等。

二、涂膜防水层面的构造及做法

（一）氯丁胶乳沥青防水涂料屋面

氯丁胶乳沥青防水涂料以氯丁胶乳和石油沥青为主要原料，选用阳离子乳化剂和其他助剂，经软化和乳化而成，是一种水乳型涂料。其构造做法如下：

1. 找平层

先在屋面板上用1 ∶ 2.5 ～ 1 ∶ 3的水泥砂浆做15 ～ 20mm厚的找平层并设分隔缝，分隔缝宽20mm，其间距不大于6m，缝内嵌填密封材料。找平层应平整、坚实、洁净、干燥方可作为涂料施工的基层。

2. 底涂层

将稀释涂料均匀涂布于找平层上作为底涂，干后再刷2 ～ 3遍涂料。

3. 中涂层

中涂层为加胎体增强材料的涂层，要铺贴玻纤网格布，有干铺和湿铺两种施工方法。

①干铺法：在已干的底涂层上干铺玻纤网格布，展开后加以点黏固定，当铺过两个纵向搭缝以后依次涂刷防水涂料2 ～ 3遍，待涂层干后按上述做法铺第二层网格布，然后再涂刷1 ～ 2遍涂料。干后在其表面刮涂增厚涂料［防水涂料∶细砂=1 ∶（1 ～ 1.2）］。

②湿铺法：在已干的底涂层上边涂防水涂料边铺贴网格布，干后再刷涂料。一布二涂的厚度通常大于2mm，二布三涂的厚度大于3mm。

4. 面层

面层根据需要可做细砂保护层或涂覆着色层。细砂保护层是在未干的中涂层上抛撒20目浅色细砂并辊压，使砂牢固地黏结于涂层上；着色层可使用防水涂料或耐老化的高分子乳液做胶黏剂，加上各种矿物颜料配制成成品着色剂，涂布于中涂层表面。

（二）焦油聚氨酯防水涂料屋面

焦油聚氨酯防水涂料又名851涂膜防水胶，是以异氧酸酯为主剂和以煤焦油为填料的固化剂构成的双组分高分子涂膜防水材料，其甲、乙两液混合后经化学反应能在常温下形成一种耐久的橡胶弹性体，从而起到防水的作用。其防水屋面做法是：将找平以后的基层面吹扫干净并待其干燥后，用配制好的涂液（甲、乙二液的质量比为1 ∶ 2）均匀涂刷在基层上。不上人屋面可待涂层干后在其表面刷银灰色保护涂料；上人屋面在最后一遍涂料未干时撒上绿豆砂，3d后在其上做水泥砂浆或浇混凝土贴地砖的保护层。

（三）塑料油膏防水屋面

塑料油膏以废旧聚氯乙烯塑料、煤焦油、增塑剂、稀释剂、防老化剂及填充材料等配制而成。其防水屋面做法是：先用预制油膏条冷嵌于找平层的分隔缝中，在油膏条与基层的接触部位和油膏条相互搭接处刷冷黏剂1 ～ 2遍，然后按产品要求的温度将油膏热熔液化，按基层表面涂油膏、铺贴玻纤网格布、压实、表面再刷油膏、刮板收齐边缘的顺序进行，根据设计要求可做成一布二油或二布三油。

第六节　屋顶的保温和隔热

一、屋顶保温

寒冷地区或装有空调设备的建筑，其屋顶应设计成保温屋面。保温屋面按稳定传热原理考虑其热工计算，墙体在稳定传热条件下防止室内热损失的主要措施是提高墙体的热阻，这一原则同样适用于屋面的保温，提高屋顶热阻的办法是在屋面设置保温屋。

（一）保温材料

屋顶保温材料一般为轻质、疏松、多孔或纤维的材料，其重度不大于10kN/m^3，导热系数不大于0.25 W/（m•K）。屋顶保温材料按其成分有无机材料和有机材料两种，按其形状可分为以下三种类型：

1. 松散保温材料

常用的松散材料有膨胀蛭石（粒径3～15mm）、膨胀珍珠岩、矿棉、岩棉、玻璃棉、炉渣（粒径5～40mm）等。

2. 整体保温材料

屋顶整体保温的做法通常是用水泥或沥青等胶结材料与松散保温材料拌和，整体浇筑在须保温的部位。所用整体保温材料有沥青膨胀珍珠岩、水泥膨胀珍珠岩、水泥膨胀蛭石、水泥炉渣等。

3. 板状保温材料

屋顶用板状保温材料有加气混凝土板、泡沫混凝土板、膨胀珍珠岩板、膨胀蛭石板、矿棉板、泡沫塑料板、岩棉板、木丝板、刨花板、甘蔗板等。有机纤维板材的保温性能一般较无机板材为好，但耐久性较差，只有在通风条件良好、不易腐烂的情况下使用才较为适宜。

各类保温材料的选用应结合工程造价、铺设的具体部位、保温层是封闭还是敞露等因素加以考虑。

（二）平屋顶的保温构造

平屋顶的屋面坡度较小，宜在屋面结构层上放置保温层。其保温层的位置有以下两种处理方式：

①将保温层放在结构层之上、防水层之下，成为封闭的保温层。这种方式通常叫作正置式保温，也叫内置式保温。

②将保温层放在防水层上，成为敞露的保温层。这种方式通常叫作倒置式保温，也叫外置式保温。

刚性防水屋面由于防水层易开裂渗漏，造成内置的保温层受潮失去保温作用，一般不宜设置保温层，故而保温层多设于卷材防水或涂膜防水屋面。

与非保温屋面不同的是，保温屋面增加了保温层和保温层上下的找平层及隔蒸汽层。保温层上设找平层是因为保温材料的强度通常较低，表面也不够平整，其上须经找平后才便于铺贴防水卷材。保温层下设隔蒸汽层是因为冬季室内气温高于室外，热气流从室内向室外渗透，空气中的水蒸气随热气流从屋面板的孔隙渗透进保温层，由于水的导热系数比空气大得多，一旦多孔隙的保温材料进了水便会大大降低其保温效果。同时，积存在保温材料中的水分遇热也会转化为蒸汽而膨胀，容易引起卷材防水层的起鼓。因此，正置式保温层下应铺设隔蒸汽层，常用做法是“一毡二油”或“一布四油”。隔蒸汽层阻止了外界水蒸气渗入保温层，但也产生了一些副作用：因为保温层的上下均被不透水的材料封住，如施工中保温材料或找平层未干透就铺设了防水层，残存于保温层中的水蒸气就无法散发出去。

为了解决这个问题，须在保温层中设置排气道，道内填塞大粒径的炉渣，这样既可让水蒸气在其中流动，又可保证防水层的坚实牢靠。找平层内的相应位置也应留槽做排气道，并在其上干铺一层宽200mm的卷材，卷材用胶黏剂单边点贴铺盖。排气道应在整个屋面纵横贯通，并与连通大气的排气孔相通。排气孔的数量视基层的潮湿程度而定，一般以每36m^{2}设置一个为宜。

倒置式保温屋面于20世纪60年代开始在德国和美国被采用，其特点是保温层做在防水层之上，对防水层起到一个屏蔽和防护的作用，使之不受阳光和气候变化的影响而温度变化较小，也不易受到来自外界的机械损伤。因此，现在有不少人认为这种屋面是一种值得推广的保温屋面。

倒置式保温屋面的保温材料应采用吸湿性小的憎水材料，如：聚苯乙烯泡沫塑料板、聚氨酯泡沫塑料板等，不宜采用如加气混凝土或泡沫混凝十这类吸湿性强的保温材料。保温层上应铺设防护层，以防止保温层表面破损和延缓其老化。保护层应选择有一定重量，足以压住保温层的材料，使之不致在下雨时漂浮起来，可选择大粒径的石子或混凝土板做保护层，不能采用绿豆砂保护层。因此，倒置式屋面的保护层要比正置式的厚重一些。

倒置式保温屋面因其保温材料价格较高，一般适用于高标准建筑的保温屋面。

二、屋顶隔热

在夏季太阳辐射和室外气温的综合作用下，从屋顶传入室内的热量要比从墙体传入室内的热量多得多。在低屋顶多层建筑中，顶层房间占有很大比例，屋顶的隔热问题应予以认真考虑。我国南方地区的建筑屋面隔热尤为重要，应采取适当的构造措施解决屋顶的降温和隔热问题。屋顶隔热降温的基本原理是：减少直接作用于屋顶表面的太阳辐射热量。所采用的主要构造做法是：屋顶间层通风隔热、屋顶蓄水隔热、屋顶种植隔热、屋顶反射降温隔热等。

（一）屋顶间层通风隔热

通风隔热就是在屋顶设置架空通风间层，使其上层表面遮挡阳光辐射，同时利用风压和热压作用将间层中的热空气不断带走，使通过屋面板传入室内的热量大为减少，从而达到隔热降温的目的。通风间层的设置通常有两种方式：一种是在屋面上做架空通风隔热间层，另一种是利用吊顶棚内的空间做通风间层。

1. 架空通风隔热间层

架空通风隔热间层设于屋面防水层上，架空层内的空气可以自由流通。其隔热原理是：一方面利用架空的面层遮挡直射阳光；另一方面架空层内被加热的空气与室外冷空气产生对流，将层内的热量源源不断地排走，从而达到降低室内温度的目的。架空通风层通常用砖、瓦、混凝土等材料及制品制作。其中最常用的是砖墩架空混凝土板（或大阶砖）通风层。

架空通风层的设计要点有：

①架空层的净空高度应随屋面宽度和坡度的大小而变化：屋面宽度和坡度越大，净空越高，但不宜超过360mm，否则架空层内的风速反而变小，影响降温效果。架空层的净空高度一般以180～300mm为宜。屋面宽度大于10m时，应在屋脊处设置通风桥以改善通风效果。

②为保证架空层内的空气流通顺畅，其周边应留设一定数量的通风孔。如果在女儿墙上开孔有碍于建筑立面造型，也可以在离女儿墙至少250mm的范围内不铺架空板，让架空板周边开敞，以利于空气对流。

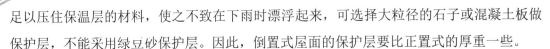

③隔热板的支承物可以做成砖垄墙式的，也可做成砖墩式的。当架空层的通风口能正对当地夏季主导风向时，采用前者可以提高架空层的通风效果。但当通风孔不能朝向夏季主导风向时，采用砖垄墙式的反而不利于通风。这时最好采用砖墩支承架空板方式，这种方式与风向无关，但通风效果不如前者。这是因为砖垄墙架空板通风是一种巷道式通风，只要正对主导风向，巷道内就易形成流速很快的对流风，散热效果好；而砖墩架空层内的对流风速要慢得多。

2. 顶棚通风隔热间层

利用顶棚与屋面间的空间做通风隔热层可以起到与架空通风层同样的作用。

顶棚通风隔热间层在设计中应注意满足下列要求：

①必须设置一定数量的通风孔，使顶棚内的空气能迅速对流。平屋顶的通风孔通常开设在外墙上，孔口饰以混凝土花格或其他装饰性构件。坡屋顶的通风孔常设在挑檐顶棚处、檐口外墙处、山墙上部。屋顶跨度较大时还可以在屋顶上开设天窗作为出气孔，以加强顶棚层内的通风。进气孔可根据具体情况设在顶棚或外墙上。有的地方还利用空心屋面板的孔洞作为通风散热的通道，其进风孔设在檐口处，屋脊处设通风桥。有的地区则在屋顶安放双层屋面板而形成通风隔热层，其中，上层屋面板用来铺设防水层，下层屋面板则用作通风顶棚，通风层的四周仍须设通风孔。

②顶棚通风层应有足够的净空高度，其高度应根据各综合因素所需高度加以确定，如：通风孔自身的必需高度，屋面梁、屋架等结构的高度，设备管道占用的空间高度及供检修用的空间高度等。仅做通风隔热用的空间净高一般为500mm左右。

③通风孔须考虑防止雨水飘进，特别是无挑檐遮挡的外墙通风孔和天窗通风口应注意解决好飘雨问题。当通风孔较小（不大于300mm×300mm）时，只要将混凝土花格靠外墙的内边缘安装，利用较厚的外墙洞口即可挡住飘雨；当通风孔尺寸较大时，可以在洞口处设百叶窗片挡雨。

（二）屋顶蓄水隔热

蓄水隔热屋面利用平屋顶所蓄积的水层来达到屋顶隔热的目的。其原理为：在太阳辐射和室外气温的综合作用下，水能吸收大量的热而由液体蒸发为气体，从而将热量散发到空气中，减少了屋顶吸收的热能，起到隔热的作用。水面还能反射阳光，减少阳光辐射对屋面的热作用。水层在冬季还有一定的保温作用。此外，水层长期将防水层淹没，使混凝土防水层处于水的养护下，可减少由于温度变化引起的开裂和防止混凝土的炭化，使诸如沥青和嵌缝胶泥之类的防水材料在水层的保护下推迟老化，延长使用年限。

总的来说，蓄水屋面具有既能隔热又可保温、既能减少防水层的开裂又可延长其使用寿命等优点。在我国南方地区，蓄水屋面对于建筑的防暑降温和提高屋面的防水质量能起到很好的作用。如果在水层中养殖一些水浮莲之类的水生植物，利用植物吸收阳光进行光合作用和叶片遮蔽阳光的特点，其隔热降温的效果将会更加理想。

蓄水屋面的构造设计主要应解决好以下几个方面的问题：

1. 水层深度及屋面坡度

过厚的水层会加大屋面荷载；过薄的水层夏季又容易被晒干，不便于管理。从理论上讲，50mm深的水层即可满足降温与保护防水层的要求，但实际比较适宜的水层深度为150 ～ 200mm。为保证屋面蓄水深度的均匀，蓄水层面的坡度不宜大于0.5%。

2. 防水层的做法

蓄水屋面既可用于刚性防水屋面，也可用于卷材防水屋面。采用刚性防水层时，也应按规定做好分格缝，防水层做好后应及时养护，蓄水后不得断水。采用卷材防水层时，其做法与前述的卷材防水屋面相同，应注意避免在潮湿条件下施工。

3. 蓄水区的划分

为了便于分区检修和避免水层产生过大的风浪，蓄水屋面应划分为若干蓄水区，每区的边长不宜超过10m。

蓄水区间用混凝土做成分舱壁，壁上留过水孔，使各蓄水区的水层连通，但变形缝的两侧应设计成互不连通的蓄水区。当蓄水屋面的长度超过40m时，应做横向伸缩缝一道。分舱壁也可用水泥砂浆砌筑砖墙，顶部设置直径为6mm或8mm的钢筋砖带。

4. 女儿墙与泛水

蓄水屋面四周可做女儿墙并兼做蓄水池的舱壁。在女儿墙上应将屋面防水层延伸到墙面形成泛水，泛水的高度应高出溢水孔100mm。若从防水层面起算，泛水高度刚为水层深度与100mm之和，即250 ～ 300mm。

5. 溢水孔与泄水孔

为避免暴雨时蓄水深度过大，应在蓄水池外壁上均匀布置若干溢水孔，通常每开间约设一个，以使多余的雨水溢出屋面。为便于检修时排除蓄水，应在池壁根部设泄水孔，每开间约设一个。泄水孔和溢水孔均应与排水檐沟或水落管连通。

6. 管道的防水处理

蓄水屋面不仅有排水管，一般还应设给水管，以保证水源的稳定。所有的给排水管、溢水管、泄水管均应在做防水层之前装好，并用油膏等防水材料妥善嵌填接缝。

综上所述，蓄水屋面与普通平屋顶防水屋面不同的就是增加了一壁三孔。所谓一壁是指蓄水池的舱壁，三孔是指溢水孔、泄水孔、过水孔。一壁三孔概括了蓄水屋面的构造特征。

近年来，我国南方部分地区也有采用深蓄水屋面做法的，其蓄水深度为600～700mm，视各地气象条件而定。采用这种做法是出于水源完全由天然降雨提供，无须人工补充水的考虑。为了保证池中蓄水不致干涸，蓄水深度应大于当地气象资料统计提供的历年最大雨水蒸发量，也就是说蓄水池中的水即使在连晴高温的季节也能保证不干。深蓄水屋面的主要优点是无须人工补充水，管理便利，池内还可以养鱼增加收入。但这种屋面的荷载很大，超过一般屋面板承受的荷载。为确保结构安全，应单独对屋面结构进行验算。

（三）屋顶种植隔热

种植隔热的原理是：在平屋顶上种植植物，借助栽培介质隔热及植物吸收阳光进行光合作用和遮挡阳光的双重功效来达到降温隔热的目的。

种植隔热根据栽培介质层构造方式的不同可分为一般种植隔热和蓄水种植隔热两类。

1. 一般种植隔热屋面

一般种植隔热屋面是在屋面防水层上直接铺填种植介质，栽培各种植物。其构造要点为：

①选择适宜的种植介质。为了不过多地增加屋面荷载，宜尽量选用轻质材料做栽培介质，常用的有谷壳、蛭石、陶粒、泥炭等，即所谓的无土栽培介质。近年来，还有以聚苯乙烯、尿甲醛、聚甲基甲酸酯等合成材料泡沫或岩棉、聚丙烯腈絮状纤维等做栽培介质的，其质量更轻，耐久性和保水性更好。

为了降低成本，也可以在发酵后的锯末中掺入约30%体积比的腐殖土做栽培介质，但其密度较大，须对屋面板进行结构验算，且容易污染环境。

②种植床的做法。种植床又称苗床，可用砖或加气混凝土来砌筑床埂。床埂最好砌在下部的承重结构上，内外用1∶3水泥砂浆抹面，高度宜大于种植层60mm左右。每个种植床应在其床埂的根部设不少于两个的泄水孔，以防种植床内积水过多造成植物烂根。为避免栽培介质的流失，泄水孔处须设滤水网，滤水网可用塑料网或塑料多孔板、环氧树脂涂覆的铁丝网等制作。

③种植屋面的排水和给水。一般种植屋面应有一定的排水坡度（1%～3%），以便及

时排除积水。通常在靠屋面低侧的种植床与女儿墙间留出300～400mm的距离，利用所形成的天沟组织排水。如采用含泥沙的栽培介质，屋面排水口处宜设挡水槛，以便沉积水中的泥沙，这种情况要求合理地设计屋面各部位的标高。

种植层的厚度一般都不大，为了防止久晴天气苗床内干涸，宜在每一种植分区内设给水阀一个，以供人工浇水之用。

④种植屋面的防水层。种植屋面可以采用一道或多道（复合）防水设防，但最上面一道应为刚性防水层，要特别注意防水层的防蚀处理。防水层上的裂缝可用“一布四涂”盖缝，分隔缝的嵌缝油膏应选用耐腐蚀性能好的；不宜种植根系发达、对防水层有较强侵蚀作用的植物，如：松树、柏树、榕树等。

⑤注意安全防护问题。种植屋面是一种上人屋面，需要经常进行人工管理（如：浇水、施肥、栽种），因而屋顶四周应设女儿墙等作为护栏以利安全。护栏的净保护高度不宜小于1.05m。如屋顶栽有较高大的树木或设有藤架等设施，还应采取适当的紧固措施，以免被风刮倒伤人。

2. 蓄水种植隔热屋面

蓄水种植隔热屋面是将一般种植屋面与蓄水屋面结合起来，进一步完善其构造后所形成的一种新型隔热屋面，以下分别介绍其构造要点：

①防水层。蓄水种植屋面由于有一蓄水层，故而防水层应采用设置涂膜防水层和配筋细石混凝土防水层的复合防水设防做法，以确保防水质量。应先做涂膜（或卷材）防水层，再做刚性防水层。各层做法与前述防水层做法相同。需要注意的是：由于刚性防水层的分隔缝施工质量往往不易保证，因此，除女儿墙泛水处应严格按要求做好分隔缝外，屋面的其余部分可不设分隔缝。屋面刚性防水层最好一次全部浇捣完成，以免渗漏。

②蓄水层。种植床内的蓄水层靠轻质多孔粗骨料蓄积，粗骨料的粒径不应小于25mm，蓄水层（包括水和粗骨料）的深度不小于60mm。种植床以外的屋面也蓄水，深度与种植床内相同。

③滤水层。考虑到保持蓄水层的畅通，不致被杂质堵塞，应在粗骨料的上面铺60～80mm厚的细骨料滤水层。细骨料按5～20mm粒径级配、下粗上细地铺填。

④种植层。蓄水种植屋面的构造层次较多，为尽量减轻屋面板的荷载，栽培介质的堆积重度不宜大于$10kN/m^3$。

⑤种植床坡。蓄水种植屋面应根据屋顶绿化设计用床坡进行分区，每区面积不宜大于$100m^2$。床埂宜高于种植层60mm左右，床埂底部每隔1200～1500mm设一个溢水孔，孔下口与水层面相平。溢水孔处应铺设粗骨料或安设滤网以防止细骨料流失。

⑥人行架空通道板。架空板设在蓄水层上、种植床之间，供人在屋面活动和操作管理之用，兼有给屋面非种植覆盖部分增加一隔热层的功效。架空通道板应满足上人屋面的荷载要求，通常可支承在两边的床坡上。

其他构造要求与一般种植屋面相同。

蓄水种植屋面与一般种植屋面主要的区别是增加了一个连通整个屋面的蓄水层，从而弥补了一般种植屋面隔热不完整、对人工补水依赖较多等缺点，又兼有蓄水屋面和一般种植屋面的优点，隔热效果更佳，但相对来说造价也较高。

种植屋面不但在降温隔热的效果方面优于所有其他隔热屋面，而且在净化空气、美化环境、改善城市生态、提高建筑综合利用效益等方面也具有极为重要的作用，是一种值得大力推广应用的屋面形式。

（四）屋顶反射降温隔热

屋面受到太阳辐射后，一部分辐射热量被屋面材料吸收，另一部分被屋面反射出去。反射热量与入射热量之比称为屋面材料的反射率（用百分比表示）。该比值取决于屋顶表面材料的颜色和粗糙程度，色浅而光滑的表面比色深而粗糙的表面具有更大的反射率。设计中如果能恰当地利用材料的这一特性，也能取得良好的降温隔热效果。例如，屋面采用浅色砾石、混凝土，或涂刷白色涂料，均可起到明显的降温隔热作用。

参考文献

[1]卢瑾.建筑结构设计研究[M].北京：中国纺织出版社，2022.04.

[2]戚军，张毅，李丹海.建筑工程管理与结构设计[M].汕头：汕头大学出版社，2022.04.

[3]丁灼伟，徐明刚.建筑结构[M].北京：机械工业出版社，2022.06.

[4]祝军权，傅煜明，王约发.建筑结构[M].广州：广东教育出版社，2022.03.

[5]刘任峰.建筑结构[M].北京：机械工业出版社，2022.07.

[6]王懿，龙建旭.建筑结构[M].北京：北京理工大学出版社，2022.07.

[7]李宏男，霍林生.建筑结构抗震分析与控制[M].北京：高等教育出版社，2022.03.

[8]林宗凡.建筑结构原理及设计第4版[M].北京：高等教育出版社，2022.06.

[9]史庆轩，梁兴文.高层建筑结构设计第3版[M].北京：中国科技出版传媒股份有限公司，2022.01.

[10]何子奇.建筑结构概念及体系[M].重庆：重庆大学出版社，2022.03.

[11]袁泉.建筑结构试验[M].北京：国家开放大学出版社，2022.

[12]林宗凡.建筑结构原理与设计[M].北京：高等教育出版社，2022.06.

[13]郝贠洪.建筑结构检测与鉴定[M].武汉：武汉理工大学出版社，2021.05.

[14]熊海贝.高层建筑结构设计[M].北京：机械工业出版社，2021.08.

[15]李英民，杨溥.建筑结构抗震设计第3版[M].重庆：重庆大学出版社，2021.01.

[16]王昌盛.建筑结构隔震技术与震动控制[M].武汉：武汉理工大学出版社，2021.11.

[17]李云峰，郭道盛，张增昌.高层建筑结构优化设计分析[M].济南：山东大学出版社，2021.05.

[18]张瑞云，朱永全.地下建筑结构设计[M].北京：机械工业出版社，2021.05.

[19]孙飞.BIM技术在建筑结构设计中的应用与实践[M].西安：西北工业大学出版社，2021.04.

[20]赵华，陈庆玉，江雪.山地建筑结构设计常见问题与处理对策[M].北京：北京

工业大学出版社，2021.02.

[21] 袁春燕．砖木结构古建筑群火灾风险评估与管理[M]．北京：中国建材工业出版社，2021.06.

[22] 李慧民，裴兴旺．旧工业建筑再生利用施工过程结构安全控制[M]．北京：冶金工业出版社，2021.10.

[23] 陈涌，窦楷扬，潘崇根．建筑结构[M]．哈尔滨：哈尔滨工业大学出版社，2021.10.

[24] 王旭，王明振，高霖．建筑结构抗震设计[M]．北京：北京科瀚伟业教育科学技术有限公司，2021.02.

[25] 孟琳．建筑构造[M]．北京：北京理工大学出版社，2021.01.

[26] 王峡．建筑装饰材料与构造[M]．天津：天津科学技术出版社，2021.05.

[27] 马立群．建筑构造[M]．北京：机械工业出版社，2021.11.

[28] 李慧宇，董海龙，林格．建筑构造与识图[M]．上海：同济大学出版社，2020.10.

[29] 杨金铎．房屋建筑构造[M]．北京：中国建材工业出版社，2020.01.

[30] 何培斌，李秋娜，李益．装配式建筑设计与构造[M]．北京：北京理工大学出版社，2020.07.

[31] 陈鹏，叶财华，姜荣斌．装配式混凝土建筑识图与构造[M]．北京：机械工业出版社，2020.06.

[32] 侯立君，贺彬，王静．建筑结构与绿色建筑节能设计研究[M]．北京：中国原子能出版社，2020.05.